U0290274

科 学 史 译 丛

炼金术的秘密

〔美〕劳伦斯·普林西比 著

张卜天 译

商務印書館
The Commercial Press
创于1897

Lawrence M. Principe

THE SECRETS OF ALCHEMY

Copyright © 2013 by the University of Chicago

根据芝加哥大学出版社 2013 年版译出

本书翻译受北京大学人文社会科学研究院资助

插图 1："硫水"对银的染色作用。左边是一枚未经处理的银币，右边则是用莱顿纸草中描述的硫水浸泡过的同样硬币。（作者的实验室）

插图 2：现代早期的实验室中常常会出现因为加热密闭容器和使用未退火的玻璃而引起的爆炸。在不太显著的位置，化学家 [炼金术士] 的妻子通过擦拭孩子的屁股来默默地评论其丈夫的失败活动。**Henrik Heerschop, *The Chymist's Experiment Takes Fire*, 1687。**

插图 3：左边是辉锑矿的样品，它是天然硫化锑，也是现代早期作者所说的"锑"。右边是作者制作的金色锑玻璃。上方则是作者制作的"星形锑块"，其表面显示出著名的晶体图案。

插图 4：制备哲人石的过程开始时，将哲学汞与金的混合物密封在哲学蛋里。（作者的实验室）

插图 5：哲学蛋里生长的哲人树。短树干和枝条的展开清晰可见，与斯塔基的珊瑚比喻密切相关。（作者的实验室）

插图 6：哲学蛋里生长的哲人树的特写。闪亮的银色和树的复杂分叉清晰可见，树的高度和宽度非常明显。无定形的初始材料最初只填充了烧瓶的不到四分之一（与插图 4 相比）。（作者的实验室）

插图 7 : 1716 年的一块金制奖章，据说由铅嬗变制得。图中斜躺着的人通过携带萨图恩的标志即镰刀和沙漏来寓意嬗变的金属（铅），并以太阳（金）为头。奖章上的铭文是："铅所生的金色后代"。

插图 8 : Adriaen van de Venne, *Rijcke-Armoede* (Rich Poverty), 1632

插图 9：Richard Brakenburgh, *An Alchemist's Workshop with Children Playing*, 17 世纪末。

插图 10：David Teniers the Younger, *The Alchemist*, 17 世纪。

插图 11：Thomas Wijck, *The Alchemist in His Studio*, 17 世纪。

插图 12：Thomas Wijck, *The Alchemist in His Studio*, 17 世纪。

《科学史译丛》总序

　　现代科学的兴起堪称世界现代史上最重大的事件，对人类现代文明的塑造起着极为关键的作用，许多新观念的产生都与科学变革有着直接关系。可以说，后世建立的一切人文社会学科都蕴含着一种基本动机：要么迎合科学，要么对抗科学。在不少人眼中，科学已然成为历史的中心，是最独特、最重要的人类成就，是人类进步的唯一体现。不深入了解科学的发展，就很难看清楚人类思想发展的契机和原动力。对中国而言，现代科学的传入乃是数千年未有之大变局的中枢，它打破了中国传统学术的基本框架，彻底改变了中国思想文化的面貌，极大地冲击了中国的政治、经济、文化和社会生活，导致了中华文明全方位的重构。如今，科学作为一种新的"意识形态"和"世界观"，业已融入中国人的主流文化血脉。

　　科学首先是一个西方概念，脱胎于西方文明这一母体。通过科学来认识西方文明的特质、思索人类的未来，是我们这个时代的迫切需要，也是科学史研究最重要的意义。明末以降，西学东渐，西方科技著作陆续被译成汉语。20世纪80年代以来，更有一批西方传统科学哲学著作陆续得到译介。然而在此过程中，一个关键环节始终阙如，那就是对西方科学之起源的深入理解和反思。应该说直到20世纪末，中国学者才开始有意识地在西方文明的背景下研究科学的孕育和发展过程,着手系统译介早已蔚为大观的西方科学思想史著作。时至今日,在科学史这个重要领域,中国的学术研究依然严重滞后,以致间接制约了其他相关学术领域的发展。长期以来,我们对作为西方文化组成部分的科学缺乏深入认识,对科学的看法过于简单粗陋,比如至今仍然意识不到基督教神学对现代科学的兴起产生了莫大的推动作用,误以为科学从一开始就在寻找客观"自然规律",等等。此外,科学史在国家学科分类体系中从属于理学,也导致这门学科难以起到沟通科学与人文的作用。

有鉴于此,在整个 20 世纪于西学传播厥功至伟的商务印书馆决定推出《科学史译丛》,继续深化这场虽已持续数百年但还远未结束的西学东渐运动。西方科学史著作汗牛充栋,限于编者对科学史价值的理解,本译丛的著作遴选会侧重于以下几个方面:

一、将科学现象置于西方文明的大背景中,从思想史和观念史角度切入,探讨人、神和自然的关系变迁背后折射出的世界观转变以及现代世界观的形成,着力揭示科学所植根的哲学、宗教及文化等思想渊源。

二、注重科学与人类终极意义和道德价值的关系。在现代以前,对人生意义和价值的思考很少脱离对宇宙本性的理解,但后来科学领域与道德、宗教领域逐渐分离。研究这种分离过程如何发生,必将启发对当代各种问题的思考。

三、注重对科学技术和现代工业文明的反思和批判。在西方历史上,科学技术绝非只受到赞美和弘扬,对其弊端的认识和警惕其实一直贯穿西方思想发展进程始终。中国对这一深厚的批判传统仍不甚了解,它对当代中国的意义也毋庸讳言。

四、注重西方神秘学(esotericism)传统。这个鱼龙混杂的领域类似于中国的术数或玄学,包含魔法、巫术、炼金术、占星学、灵知主义、赫尔墨斯主义及其他许多内容,中国人对它十分陌生。事实上,神秘学传统可谓西方思想文化中足以与"理性"、"信仰"三足鼎立的重要传统,与科学尤其是技术传统有密切的关系。不了解神秘学传统,我们对西方科学、技术、宗教、文学、艺术等的理解就无法真正深入。

五、借西方科学史研究来促进对中国文化的理解和反思。从某种角度来说,中国的科学"思想史"研究才刚刚开始,中国"科"、"技"背后的"术"、"道"层面值得深究。在什么意义上能在中国语境下谈论和使用"科学"、"技术"、"宗教"、"自然"等一系列来自西方的概念,都是亟待界定和深思的论题。只有本着"求异存同"而非"求同存异"的精神来比较中西方的科技与文明,才能更好地认识中西方各自的特质。

在科技文明主宰一切的当代世界,人们常常悲叹人文精神的丧失。然而,口号式地呼吁人文、空洞地强调精神的重要性显得苍白无力。若非基于理解,简单地推崇或拒斥均属无益,真正需要的是深远的思考和探索。回到西方文明的母体,正本清源地揭示西方科学技术的孕育和发展过程,是中国学术研究的必由之路。愿本译丛能为此目标贡献一份力量。

张卜天

2016 年 4 月 8 日

目　　录

导言:什么是炼金术?

虽然炼金术的辉煌岁月在大约三个世纪以前就结束了,但这门高贵技艺(Noble Art)仍然以许多方式存在着。"炼金术"(alchemy)一词会让人联想起神秘莫测之物,光线阴暗的实验室以及蜷着身子盯着熊熊火焰和沸腾大锅的巫师形象。今天,大多数人都听说过哲人石(Philosophers' Stone),这种物质能把铅变成炼金术士们极力寻求的黄金。的确,罗琳(J. K. Rowling)的畅销书《哈利·波特与哲人石》(*Harry Potter and the Philosopher's Stone*)[又译《哈利·波特与魔法石》]使整整一代人熟悉了哲人石和传说中的一位先驱——中世纪的巴黎抄写员尼古拉·弗拉梅尔(Nicolas Flamel)。(遗憾的是,美国出版商们将这种物质的古老名称篡改为无意义的"魔法石"[Sorcerer's Stone]。炼金术并不总能得到应有的尊重。)16 世纪的瑞士炼金术士特奥弗拉斯特·冯·霍恩海姆(Theophrastus von Hohenheim),或通常所说的帕拉塞尔苏斯(Paracelsus),最近在日本动漫作品《钢之炼金术师》(*Fullmetal Alchemist*)中作为"光之霍恩海姆"而获得新生,这些作品以耸人听闻的方式大量利用了炼金术概念。利用炼金术与转化之间的关联,许多现代书籍的标题中都包含有"炼金术",从而年复一年地维系着炼金术的现代存在。这类书籍从保罗·科埃略（Paul Coelho）1988年的畅销小说《炼金术士》（*The Alchemist*）[又译《牧羊少年奇幻之旅》]，到更加平淡无奇地借用这个术语的《爱的炼金术》（*The Alchemy of Love*）和《金融炼金术》（*The Alchemy of Finance*），再到更富于想象的《美国炼金术：美国固体废物管理的历史》（*American Alchemy：The History of Solid Waste Management in the United States*），不一而足。"转化"这一炼金术主题也是"炼金术"一词频繁出现在各种自助计划中的原因之一。

除了炼金术的各种转化版本的这些表现，世界上可能有许多人仍然在试图实现金属嬗变，其实现方式往往与数个世纪以前别无二致，尽管现代化学已经做出了令人灰心的预言。据我所知，甚至大学高校中也有这样一批现代追求者。就这样，炼金术继续以各种样貌和伪装存在着。

但现代世界对炼金术的熟悉更多是表面的，而不是真正了解。虽然这一主题因其神秘性而自然会引起兴趣，但其固有的困难和复杂性很容易使人产生误解。要想得出关于炼金术的令人满意的可靠结论，其难度似乎不亚于找到哲人石本身。炼金术的原始文献中充斥着故意的保密、古怪的语言、晦涩的想法和奇特的图像。炼金术士们并不想让别人轻易知晓他们在做什么。关于炼金术的研究文献往往更成问题，因为无论是书籍还是网站，很快就使读者陷入了一个充斥着冲突说法和矛盾断言的迷宫。今天富含历史信息的作品已经随处可见，无论是优秀的学术著作（当然预先假定读者具备相当的专业知识），还是入门的但现已过时的概述，①但各种通俗作家、神秘学家、热衷者和少数推销商的作品数量远超历史学家的作品数量，他们重述了各种陈词滥调、误解、历史错误和毫无根据的意见，而没有展现这一主题当前的认识状态。这些书大都以各种方式——这有利有弊——把炼金术与宗教、心理学、魔法、神智学（theosophy）、瑜伽、新时代运动，特别是与未经严格定义的"神秘学"（occult）概念联系在一起。事实证明，如果没有向导，即使是最勇敢的探索者也很难从这样一个迷宫中走出来，得出关于炼金术真正本质的任何明确可靠的结论。

那么，什么是炼金术？炼金术士是谁？他们相信什么，又做了什么？其目标是什么？完成了什么？他们是如何理解自己的世界和工作的？其同时代人是如何看待他们的？这些都是本书所要探讨的主要问题。

我的目标是为炼金术的各种秘密提供一个可靠的向导。关于这一主题的全面历史不仅会长得无法想象，而且也会很不成熟，因为学者们仍然有很多内容不太清楚。我所提供的只是一个导引和介绍，可以充当进一步研究的坚实基础。于是，我写这本书的主要动机是使更多读者了解近年来关于炼金术的一些重大发现。过

---

① 用英文撰写的对炼金术的一般历史概述包括 John Read, *Prelude to Chemistry: An Outline of Alchemy, Its Literature and Relationships*（originally published 1936）、E. J. Holmyard, *Alchemy*（originally published 1957）和 Frank Sherwood Taylor, *The Alchemists: Founders of Modern Chemistry*（originally published 1949），最后一本是其中最出色的。这些读物在当时都是有用的介绍，但其内容已经被后来的学术成果所超越。

去,炼金术一直被视为秘密的特权知识,我们今天保守得最好的炼金术秘密也许就是我们对这个主题的理解在过去40年里已经发生了彻底改变。炼金术现已成为科学史家研究的一个热门话题。已经尘封了数个世纪的书籍和手稿正在被重新解读,其内容被置于历史语境中,得到了更准确的理解。我们对炼金术的了解日新月异。然而,这些新的信息在很大程度上仍然不为大多数读者所知,因为它们以多种语言——往往是以英语以外的语言——发表于专业文献。结果是,关于炼金术的最流行的著作一再重复同样的错误观念,延续着几乎在80年前的学术文献中就已得到彻底纠正的种种错误。我认为有兴趣的读者理应读到更好的作品。

我希望《炼金术的秘密》能在两个层面上发挥作用。该书的主体面对的是非专业人士、一般读者和学生,无须事先具备关于炼金术或科学史的专门知识就能理解它。如果对化学比较熟悉,将会有助于理解第六章的内容,但并非绝对必需。不过,若有读者想深入探究这一主题的某些方面,有大量脚注可把他们引向更高级的讨论。这些注释旨在为这一主题当前最为可靠的学术成果和原始文献版本提供一个分门别类的(但并非全面的)指南。我当然不可能为每一个话题都事无巨细地列出所有资料,而是只选择了最优秀和最相关的成果。若有学者的相关作品我尚未看到,我要表示歉意。欢迎惠赐资料或单行本。

我一直极力避免使本书成为炼金术名人传记的简明汇编。该学科的许多从业者,包括一些重要人物,我只能顺便提及或根本没有提到,这可能会让一些读者感到失望。我决定集中于几位重要人物,每个人都代表炼金术的一个主要趋势或特征。这样一来,读者可以更熟悉漫长的炼金术传统中几位奠基者的思想,而不是对许多人只有表面的概览。

炼金术的分期与本书的结构

科学史家们通常按时间顺序把西方炼金术史分成三个主要时期:希腊-埃及时期、阿拉伯时期和拉丁欧洲时期。从公元3世纪到9世纪的希腊-埃及时期(以及后来的拜占庭时期)奠定了炼金术的基础,并且确立了它后来的许多典型特征。从8世纪到15世纪的阿拉伯或伊斯兰时期寻求这份希腊遗产,然后用基本的理论框架以及丰富的实践知识和技巧大大充实了它。于是,炼金术到达中世纪欧洲时是以一门阿拉伯科学而出现的,附于这个词(al-chemy)本身之上的阿拉伯语定冠词 al- 便是其出身的标志。此后,炼金术在欧洲得到了最大的繁荣和最多的拥护者。炼金术在中世纪盛期(12世纪到15世纪)得以确立,并于通常被称为"科学革命"的现代早期(16世纪到18世纪初)迎来了它的黄金时代。这一时期的炼金术不仅最为发达和多样,而且与之前的时期相比,我们拥有的这一时期的资料要多得多。

除了标准分期的这三个时期,还应加上第四个时期,即从18世纪至今。对早期炼金术传统的强大"复兴"和彻底重新诠释正是由于这个(正在进行的)时期,其中一些复兴和诠释还产生了自己活跃的文化思想运动。这一时期应被视为炼金术完整历史的重要组成部分。我们对18世纪之前炼金术的仍然流传甚广的误解也大都源于这一时期。因此,最好是考察这些对炼金术的描述是如何起源的,并把它们置于应有的历史语境中,使之不会妨碍我们对18世纪之前炼金术做出更准确的历史描述。而为了揭示我们今天广泛秉持的许多炼金术想法令人惊讶的(而且很晚的)起源,就有必要打破时间顺序。因此,第一章至第三章分别讨论希腊-埃及时期、阿拉伯时期和拉丁中世纪的炼金术,而第四章则跳过炼金术在16、17世纪的黄金时代,讨论炼金术在18世纪的"终结"和随后进行重新诠释和复兴的时代。第五章则继续按照时间顺序讨论了现代早期的炼金术。

　　印度和中国等东方地区早期也探究过与西方炼金术类似的主题。然而,本书并未包含印度和中国的材料。主要原因仅仅在于我们尚不能足够全面或准确地理解它们。不仅如此,当以前对炼金术的讨论试图将东西方的炼金[丹]术融为一炉时,结果总是更加混乱,而不是更加清晰。例如,将中西方炼金[丹]术非历史地合并在一起催生出一种错误的流行看法,认为欧洲炼金术士在寻求一种"长生不老药"。虽然西方实践者的确在寻找能够延寿的药物,但通过炼金[丹]术来寻求永生仅仅是中国人的目标。东西方的追求和做法的确有某些相似之处,但它们所处的文化和哲学背景极为不同,试图将其纳入单一的叙事损害了各自的独特性。事实上,用"炼金术"这个西方的标签来表述东方所谓的"外丹"和"内丹"活动,甚至会产生误导。无论如何,东方炼丹术与西方炼金术之间有意义的历史联系仍然有待确认(虽然在伊斯兰世界无疑可能有过接触),因此,在缺乏令人信服的明确历史证据的情况下,假设或断言这些联系是不明智的。至少在目前,最好是对东西方的两种"炼金术"进行分别处理和对待。[①]

本书的最后三章讲述的是炼金术在 16、17 世纪欧洲的蓬勃发展。第五章概述了现代早期炼金术的理论和实践,它在制备金属、药物等方面的术语和目标,以及其他秘密。第六章讨论的是一个困难的问题:炼金术士在实验室中究竟在做什么。我沿文本和实验这两条互补的路线来处理这个问题。文本路线更为传统,涉及破译现代早期的炼金术士常常用来掩饰自己知识和活动的古怪语言和图像。实验路线则更加新颖,涉及在现代实验室中对得到破解的炼金术过程的复制,像现代早期的炼金术士一样去观察和操作,并对文本解释的正确性加以检验。第六章既逐步解释了据称是讲解哲人石制备过程的神秘文本和图像,又揭示了这些秘密过程的实际化学基础。结果往往令人大为惊讶。

在现代早期欧洲,施行炼金术的场地远不只是烟雾弥漫的实

---

① 参见 Nathan Sivin, *Chinese Alchemy: Preliminary Studies* (Cambridge, MA: Harvard University Press, 1968),其中既有出色的论文,也有编辑的文本、翻译和一些化学解释,包括对过程的若干复制。亦参见"Research on the History of Chinese Alchemy,"in *Alchemy Revisited*, ed. Z. R. W. M. von Martels (Leiden: Brill, 1990), pp. 3—20,Joseph Needham, *Science and Civilisation in China*, vol. 5, *Chemistry and Chemical Technology*, esp. parts 2—5 (Cambridge: Cambridge University Press, 1974 - 1983)和 Hong Ge, *Alchemy, Medicine, Religion in the China of AD 320* (Cambridge, MA: MIT Press, 1967)。阅读李约瑟的开拓性著作时应当谨慎,因为他有时会作一些随意的定义,并且就中国对西方的影响作一些宏大的断言,比如在"The Elixir Concept and Chemical Medicine in East and West,"*Organon* 11 (1975): 167—192 一文中。印度炼金术仍然研究得不足;参见 Praphulla Chandra Ray, *A History of Hindu Chemistry*, 2 vols. (London: Williams and Norgate, 1907 - 1909; reissued and expanded as *History of Chemistry in Ancient and Medieval India* [Calcutta: Indian Chemical Society, 1956]),以及 Dominik Wujastyk, "An Alchemical Ghost: The Rasaratnakara by Nagarjuna," *Ambix* 31 (1984): 70—84。这两个主题都需要作认真研究和重新评价。

验室;它本身已经渗透到当时文化的各个角落。艺术家、诗人、人文主义者、剧作家、虔诚的作家、神学家等很多人都借鉴和评论过炼金术。他们的作品为我们理解这门高贵技艺提供了其他视角。此外,在炼金术士看来自然而然的一些思维方式显示了现代早期的人与我们现代人(或至少是其中大多数人)看待和思考世界的方式之间的深刻差异。因此,炼金术研究打开了一扇窗户,让我们看到了今天基本上已经失去的一种异乎寻常的意义丰富的世界观。这种世界观绝非专属于炼金术士,它在当时的整个欧洲文化中都是司空见惯的。如果不理解这种世界观,就不仅不能理解炼金术,而且也不能理解所有前人;事实上,这意味着使西方遗产的一个关键部分遭到遗忘,从而贬低了我们自己。最后的第七章展现了这些更广阔的炼金术世界。

对炼金术——和一般意义上的过去——的研究使我们接触到了其他时代和文化的思想家构想世界的不同方式,他们是如何回答世界所提出的问题的,以及是如何利用那个世界的权力和财富的。这就是为什么我们要学习历史的原因:至少在一段时间里,尝试用他人的眼光,用他们看待哪怕最常见和最不起眼的事物的全新(但古老的)方式去看世界,从而变得开明而充实。在这方面,炼金术仍然可以给我们很多教益。

第一章　起源：希腊-埃及
时期的炼金术（Chemeia）

　　要想确定炼金术（Chemia）起源于何时，就必须回到公元最初几个世纪的埃及。这个地方不再是古代法老和金字塔建造者的埃及，而是一种世界性的希腊化文明。公元前334年至前323年，亚历山大大帝（Alexander the Great）在大举征伐期间征服了埃及，此后埃及受到了希腊文化的影响。即使在公元前1世纪并入罗马帝国的版图之后，埃及占主导地位的文化和语言仍然是希腊的。到了公元1世纪，其主要城市亚历山大里亚（建于公元前331年，以亚历山大本人的名字命名）已经成为各种文化、民族和思想的一个充满活力的交汇之地。现存最早的化学文本，乃至"化学"（chemistry）一词的起源，都可以追溯到这个地中海东部的大熔炉。

　　在炼金术出现之前，许多基本的技术操作已经发展起来。将银、锡、铜和铅等金属从矿石中冶炼出来已经实践了4000年。合金（比如青铜和黄铜，两者都是铜合金）的制备以及各种冶金和金属加工技术已经发展到相当的高度。在埃及，工匠们设计出一系列流程来制造和加工玻璃，生产人造宝石，合成化妆品，制造或可称为古代化学工业的其他许多商品。① 一代代作坊工人设计和完善着这些技术,生意诀窍也父子相传,师徒相传。

技术文献:纸草和伪德谟克利特
(Pseudo-Democritus)

通常被视为炼金术史的最早文献证明了这种技术和商业上的背景。这些珍贵而独特的文本可以追溯到公元 3 世纪,是在纸草上书写的希腊文。它们在 19 世纪初发现于埃及,现藏莱顿和斯德哥尔摩的博物馆,因此被称为莱顿纸草和斯德哥尔摩纸草。② 它

① Alfred Luca and John R. Harris, *Ancient Egyptian Materials and Industries* (London: Arnold, 1962); Martin Levey, *Chemistry and Chemical Technologies in Ancient Mesopotamia* (Amsterdam: Elsevir, 1959); Marco Beretta, *The Alchemy of Glass: Counterfeit, Imitation, and Transmutation in Ancient Glassmaking* (Sagamore Beach, MA: Science History Publications, 2009), 1—22; Peter van Minnen, "Urban Craftsmen in Roman Egypt," *Münstersche Beiträge zur antiken Handelsgeschichte* 6 (1987): 31—87; Paul T. Nicholson and Ian Shaw, eds., *Ancient Egyptian Materials and Technology* (Cambridge: Cambridge University Press, 2000); Fabienne Burkhalter, "La production des objets en métal (or, argent, bronze) en . Égypte Hellénistique et Romaine à travers les sources papyrologiques," in *Commerce et artisanat dans l'Alexandrie hellénistique et romaine*, ed. Jean-Yves Empereur (Athens: EFA, 1998), pp. 125—133; and Robert Halleux, *Le problème des métaux dans la science antique* (Paris: Les Belles Lettres, 1974).

② 这些纸草种最新也最可靠的版本(附法文翻译)是 Robert Halleux, *Les alchimistes grecs I: Papyrus de Leyde, Papyrus de Stockholm, Recettes* (Paris: Les Belles Lettres, 1981). 此前曾有英译本 Earle Radcliffe Caley, "The Leiden Papyrus X: An English Translation with Brief Notes," *Journal of Chemical Education* 3 (1926): 1149 -1166, 和 "The Stockholm Papyrus: An English Translation with Brief Notes," *Journal of Chemical Education* 4 (1927): 979—1002.

们大约包含有 250 个实用的作坊配方。这些配方可以分为四大类：与金、银、宝石和纺织染料有关的工序，所有这些都是贵重的奢侈品和商品。值得注意的是，大多数配方都讨论了如何仿制这些贵重的东西：对银染色使之看起来像金，或者对铜染色使之看起来像银；制作人造珍珠和翡翠；廉价仿制由骨螺制成的极为昂贵的深紫色染料，将布料染成紫色。由于纸草中也包含一些用来确定各种金属（既有贵的也有普通的）纯度的检测手段，最初使用这些方案的人显然知道真品与仿品之间的区别。

我们可以尝试追随这些工匠的步骤来更好地了解他们在做什么。莱顿纸草的第 87 配方描述了"硫水（water of sulfur）的发现"。这份古代文本给出的说明是："石灰，1 打兰①；硫，事先磨成粉，等量。将它们共同放入容器。加入气味刺鼻的醋或一个年轻人的尿；加热底部，直到液体看起来像血。将它从沉渣中滤出，纯净使用。"②此配方的成分很简单，一目了然，且容易获得，所以我们今天可以复制这个过程。将各种成分混合（顺便说一句，我发现尿比醋效果更好），轻微煮沸约 1 小时，产生气味难闻的橙红色液体。虽然莱顿纸草没有说如何使用这种液体，但我们可以做出猜测。将抛光的银片浸入其中，金属迅速变成黄褐色，然后是金色，然后是铜色，然后是青铜色、紫色，最后是棕色。引人注目的是，金属的闪亮光泽始终没有因为颜色变化而黯淡，颜色和光泽长时间保持稳定。略加操作，小心控制温度，并且留意金属浸在溶液中的

11

---

① 打兰，dram 的音译，英制重量计量单位，为 1 盎司的 1/16。——译者
② Halleux, *Les alchimistes grecs*, pp. 104—105. 这种物质的希腊名称是模糊不清的；在许多语境下可以将它译为"硫水"或"圣水"；见下。

时间,我成功地使银看起来非常像金(见插图 1)。①

颜色变化缘于金属表面形成了硫化物薄层,因为存在于这种"硫水"中的多硫化钙起了作用。当然,今天仍然偶尔会用类似的成分使金属物品产生光泽,亦即使其表面颜色发生改变。

诸如此类的配方为炼金术的出现提供了必要的背景,但严格说来,它们本身并不是炼金术的。和其他科学追求一样,炼金术并不仅仅是一组配方。还需要有某种理论提供一个思想框架,支持和解释实际的工作,并为发现新知识提供指导。此外,炼金术也不只是制造看似贵重的东西。

要知道,这些纸草是目前已知从希腊-埃及时期留存下来的仅有的原始文献。尽管我们知道当时写了很多关于炼金术的书,但从那个遥远的时代唯一幸存下来的证据是有错误的选集(anthologies),即根据现已失传的原始文本编成的摘录。这些选集——它们统称为《希腊炼金术文献》(*Corpus alchemicum graecum*)——由拜占庭的抄写员汇编而成,其中最早的也要追溯到希腊罗马时代的埃及几乎被人遗忘之后很久。幸存的最早抄本现存威尼斯,缺失了许多书页,大约出自公元 11 世纪初,其中包含着 2 世纪到 8 世纪大约二十多本书的摘录。现藏巴黎等地的几份后来的手稿为这份名为 Marcianus graecus 299 的手稿作了补充,其中包含着附加的或可替代的文本。虽然这些选集对于学者来说是无价之

---

① 如果有读者想亲自尝试一下,可以取氢氧化钙(5 克)和硫(5 克),并与 100 毫升新鲜尿液混合(如果对此感到恶心,可代之以 100 毫升的蒸馏白醋)。在通风良好的空间中轻微煮沸 1 小时,并趁热过滤溶液。要想有效地使用这种液体需要作一些摸索,但所产生的表面颜色可能惊人地稳定和持久。

宝，但它们只代表着炼金术奠基时代的极小一部分残余罢了。[①] 12
同样成问题的是，拜占庭的汇编者们选择抄写的是他们认为重要
的东西，而这些东西也许既不能代表原始文本，也不是原先的作者
认为至关重要的。因此，关于希腊－埃及时期炼金术士所思所行的
整体图像被数个世纪以后对其作品的摘录方式所扭曲。

　　《希腊炼金术文献》中最早的文本可以追溯到公元 1 世纪末或
公元 2 世纪，其标题为《自然事物与秘密事物》（*Physika kai mys-
tika*），我们所拥有的只是其残篇。其作者被称为"德谟克利特"，
但他肯定不像有时声称的那样是公元前 5 世纪以原子论而闻名的
那位古代哲学家。[②] 此标题可能是很晚以后赋予它的，经常被译

---

　　① 化学家 Marcellin Berthelot 和 C. E. Ruelle 曾将这些希腊文本（附法文翻译）编
入了 *Collections des alchimistes grecs*，3 vols. (Paris，1887 - 1888)。他们的先驱性工作
经常受到批评，因为翻译往往不够可靠，希腊文本也往往不够准确。但它仍然是许多
文本唯一可用的来源，因为自那以后只有其中一些文本得到过更好的关注。关于手
稿，参见 Michèle Mertens，*Les alchimistes grecs IV，i：Zosime de Panopolis，Mémoires
authentiques* (Paris：Les Belles Lettres，2002)，pp. xx— xlii；Henri Dominique Saffrey，
"Historique et description du manuscrit alchimique de Venise *Marcianus graecus* 299，"
in *Alchemie：Art，histoire，et mythes*，ed. Didier Kahn and Sylvain Matton，Textes et
Travaux de Chrysopoeia 1 (Paris：SÉHA；Milan：Archè，1995)，pp. 1—10；以及 A. J.
Festugière，"Alchymia，"in *Hermétisme et mystique païenne*，ed. A. J. Festugière (Pa-
ris：Les Belles Lettres，1967)，pp. 205—229。关于希腊炼金术手稿更详细的清单，参见
Joseph Bidez et al.，eds.，*Catalogue des manuscrits alchimiques grecs*，8 vols. (Brus-
sels：Lamertin，1924 - 1932)。

　　② Matteo Martelli，"L'opera alchemica dello Pseudo-Democrito：Un riesame del
testo，"*Eikasmos* 14 (2003)：161—184；"Chymica Graeco-Syriaca：Osservationi sugli
scritti alchemici pseudo-Democritei nelle tradizioni greca e sirica，"in *'Uyūn al-Akhbār：
Studi sul mondo Islamico；Incontro con l'altro e incroci di culture*，ed. D. Cevenini and
S. D'Onofrio (Bologna：Il Ponte，2008)，pp. 219—249；and Christoph Lüthy，"The
Fourfold Democritus on the Stage of Early Modern Europe，"*Isis* 91 (2000)：442—479. 1890

成《自然事物与神秘事物》(*Physical and Mystical Things*)。虽然这看起来像是对希腊文的一种合理翻译,但却是误导的。更好的译法是《自然事物与秘密事物》(*Natural and Secret Things*)。希腊词 *mystika* 在古代并非指我们今天所说的神秘事物,亦即某种具有特殊宗教含义或精神含义的东西,也不表达一种无法言说的个人体验。相反,它仅仅意指需要保守秘密的事物。[①]如果称该文本为《自然事物与神秘事物》,则立刻暗示作者正在描述物质的和精神的事物,而这并非事实。*Physika kai mystika* 记录的乃是与莱顿纸草和斯德哥尔摩纸草类似的作坊配方。事实上,它同样把各种工序分为与金、银、宝石和染料有关的四种。这种形式上的相似性暗示,曾经存在着一个完整的实用配方书传统,它以这种划分为标准。对于伪德谟克利特来说,这些工序是秘密的(*mystika*),因为它们有利可图——如果你愿意,也可称之为商业秘密。

年出版过 the *Physika kai mystika* 的一个英译本,但它内容不全,而且往往产生误导:Robert B. Steele,"The Treatise of Democritus on Things Natural and Mystical,"*Chemical News* 61 (1890):88—125. 最近出版了一个迫切需要的考订版,并附有意大利文翻译:Matteo Martelli, ed. , *Pseudo-Democrito*:*Scritti alchemici*,*con il commentario di Sinesio*;*Edizione critica del testo greco*,*traduzione e commento*, Textes et Travaux de Chrysopoeia 12 (Paris:SÉHA;Milan:Archè,2011);这位学者目前正在准备一个包含了叙利亚文版中新材料的英文版。Martelli (pp. 99—114)还舍弃了文献中经常提及的一个早先的看法,即《自然事物与秘密事物》出自公元前 2、3 世纪的一个希腊-埃及作者 Bolos of Mende 之手。

　　① 起初这个词的用法与宗教仪式的物质细节有关,但是到了基督教时代之初,它渐渐开始指任何需要艰苦的行动来揭示的东西。Louis Bouyer,"Mysticism:An Essay on the History of a Word,"in *Understanding Mysticism* (Garden City, NY:Image Books,1980),pp. 42—55.

　　然而，该文本还描述了这位因为老师在传授其必要的技艺之前就撒手人寰的沮丧作者如何曾试图联系死者。这种努力只成功了一半。老师的鬼魂只是说，他无法自由地将信息从冥界传到阳界，"书在圣殿中"。稍后，圣殿中的一根柱子突然裂开，一个隐藏的壁龛显露出来，其中包含有对老师秘密知识的简洁表达："自然喜好自然，自然胜过自然，自然掌控自然。"①这个晦涩难解的叠句被用于《自然事物与秘密事物》的各个配方中。无论我们认为这个发现故事有什么意义，这些配方本身仍然是直接的和实用的，不带有什么（现代意义上）神秘的或超自然的痕迹。

炼金术的诞生

　　纸草和《自然事物与秘密事物》等配方文献旨在仿制或加工贵重材料。但也许是在公元 3 世纪，炼金术的出现才到了一个关键时刻。在某一点上——从现存文本无法看出这究竟是如何发生或何时发生的——实际制造真金白银的想法出现了。从当时工人的角度来看，这种发展似乎是非常合理的。如果硫水可以对银的表面进行染色，使其看起来像金，那么为什么不能有某种方法来彻底给它染色——甚至不仅赋予银以金色，而且赋予它以金的所有属性？制金的工序被称为 *chrysopoeia*，它源自希腊词 *chryson poiein*（制金），与之相伴随的是不那么常见（且不那么有利可图）的 *argyropoeia*（制银）。将一种金属转化成另一种金属的一般工序

---

① Martelli, *Scritti alchemici*, pp. 184—187.

被称为"嬗变"(transmutation)。

从这时起,炼金术士们终于可以全身心地致力于一个清晰的目标。除了制金,他们还追求很多东西,但制金和制银始终是这门渐渐被称为"高贵技艺"的行当的核心目标之一。最早的炼金术著作的作者们从当时形形色色的工匠那里借鉴了技艺、工序和工具,但却自认为是一个与那些工匠迥然不同的群体。[①] 就这样,无论是炼金术还是炼金术士,都在公元 3 世纪获得了独立身份。

炼金术的诞生需要两种传统的融合:由配方文献所例证的实用工匠知识,以及希腊自然哲学中关于物质和变化之本性的理论思辨:什么是物质?一个事物如何变成了另一个事物?以这些问题为中心的希腊思辨传统可以追溯到炼金术出现之前大约 700 年。最早的希腊哲学家,或统称为前苏格拉底哲学家,致力于思考这些问题。该传统中通常引述的第一位思想家是米利都的泰勒斯(Thales of Miletus,公元前 6 世纪),他声称,我们周围的种种东西实际上是同一种原始物质的改变,他认为这种原始物质是水。继泰勒斯之后,又有几位思想家提出了自己的想法。德谟克利特和留基伯(Leucippus,公元前 5 世纪)提出,万物是由小得看不见的原子(*atomoi*)构成的。恩培多克勒(Empedocles,约前 495 – 前 435)将自然物的起源及其转变归因于他所谓的事物的四"根",即火、气、土和水。在他所谓的"爱"与"争斗"这两种力量的影响下,这四者以各种方式结合和分离。在所有这些人当中,也许最重要的是亚里士多德(Aristotle,前 384 – 前 322),他非常关注物质和变

---

① 参见 Matteo Martelli in "Greek Alchemists at Work: 'Alchemical Laboratory' in the Greco-Roman Egypt," *Nuncius* 26 (2011): 271—311, esp. 282—284 中的语言分析。

化的本性，事实证明，他所提出的各种理论和思路对于后来的研究极具影响和富有成果。

所有这些希腊哲学家都在努力解释物质的隐秘本性及其无休止地转变为新的形式。他们当中的大多数人都认为，在不断变化的现象背后存在着某种稳定不变的基底。认为有一种最终的实体存在于所有物体背后，这种观念被称为一元论。对泰勒斯来说，这种最终的实体是水；对德谟克利特来说是原子；对亚里士多德来说是他所谓的"原初质料"（*prōton hylē*）。严格说来，恩培多克勒的四根代表一种多元论立场，因为他暗示有不止一种最终物质存在，但他仍然坚持认为变化背后有一种恒常性。不过据我们所知，这些自然哲学家对于实际的工匠知识只有间接了解。

在希腊-罗马时期的世界性大熔炉埃及，工匠传统和哲学传统并存。可能在公元 3 世纪左右，由此产生了炼金术这门独立的学科。这两种传统的紧密结合显见于现存最早的重要制金文本。这些著作出自希腊-埃及时期的一位炼金术士，他将被奉为整个炼金术史上的一个权威，也正是从他这里开始，我们才掌握有较多可靠的历史细节，他就是帕诺波利斯的佐西莫斯（Zosimos of Panopolis）。

帕诺波利斯的佐西莫斯

15

佐西莫斯活跃于公元 300 年左右。[①] 他生于上埃及的帕诺波

---

① 对佐西莫斯的希腊文本最为可靠和详细的讨论是 Mertens, *Les Alchimistes grecs IV, i; Zosime*。Mertens 未作讨论但发表于 Berthelot, *Collections*, 117—242 中的一些佐西莫斯文本还有待出版考订版。

利斯城,现称阿赫米姆(Akhmim)。我们知道,他并不是第一位制金者,因为他的著作中提到了更早的权威,甚至提到了当时已经发展起来的相互竞争的炼金术思想"学派"。(除了他所写的批评,我们对这些学派一无所知。)据说佐西莫斯写了 28 本炼金术著作,可惜大都已经失传,如今只剩下少量残篇:一本名为《论仪器和熔炉》(*On Apparatus and Furnaces*,有时被称为《字母欧米茄》[*Letter Omega*],因为它曾被归在这个字母之下)的书的序言,[①] 其他作品的几个章节,还有一些零散的摘录。佐西莫斯的一些著作是写给一个名叫特奥塞拜娅(Theosebeia)的女人的,后者似乎一直是他在炼金术方面的学生,不过我们不知道她究竟确有其人还是文学上的杜撰。尽管现存的著作残缺不全,而且难于理解,但这些作品为我们了解希腊炼金术提供了最佳窗口。令人惊讶的是,这些早期文本确立了后来炼金术的许多基本概念和风格。

佐西莫斯的核心目标(金属嬗变)导向,他在实现目标过程中对于实际问题的深刻洞见,为克服这些问题而采取的手段,对理论原则的表述和应用,所有这些都明确表明,他的作品是新颖而重要的。更早的文本是一组不同的配方,而佐西莫斯的文本则包含着清晰的研究纲领,既利用了物质资源,又利用了思想资源。他详细

---

① 最近的一些学术研究表明,佐西莫斯直到晚年仍在整理自己的著作,将它们按照 24 个希腊语字母进行分类,并分别加入了序言(要么作为导引,要么作为对批评的回应)。然后他又补充了最后 4 卷,这样便凑够了公元 10 世纪的拜占庭百科全书 *Suda* 所提及的总数 28。我们目前拥有的残篇被列在字母 omega 下面,参考资料被列在字母 sigma 和 kappa 下面。参见 Mertens, *Les Alchimistes grecs IV, i: Zosime*, pp. ci—cv。

描述了各种有用的仪器,用于蒸馏、升华、过滤、固定,等等。① 其中许多仪器都是由在香料制造等技艺中使用的烹饪用具改装而成的。所有这些仪器并非都由佐西莫斯亲自设计,这表明到了公元 4 世纪初,实际的制金术必定已经非常发达。前人的著作成了他的关键资源,他频繁地引用这些作品。玛丽亚(Maria)是最突出的权威之一,她有时被称为犹太人玛丽亚(Maria Judaea),佐西莫斯说她研制出大量仪器,发展出各种技术。玛丽亚的技术包括一种用热水浴而不是明火来加热的方法。这种简单而有用的发明使玛丽亚作为古代炼金术士的遗产得以保存,这份遗产不仅对于其余的炼金术史有意义,而且时至今日,她的名字仍然与法国和意大利烹饪用的隔水炖锅(bain-marie 或 bagno maria)相联系。 16

佐西莫斯描述的一些仪器,例如所谓的蒸馏皿(kerotakis),旨在将一种材料暴露于另一种材料的蒸汽中。事实上,他似乎特别感兴趣蒸汽对固体的作用。这种兴趣部分建立在实际观察的基础上。古代工匠知道,由加热的炉甘石(一种含锌的土)所释放的蒸汽可以把铜变成黄铜(锌和铜的合金),从而将铜变成金色。汞和砷的蒸汽则可以使铜变白呈银色。也许正是出于对这些颜色变化的了解,佐西莫斯才寻求类似的工序以产生真正的嬗变。指导性的理论在其著作中清晰可辨。这是需要强调的一个关键点。今天有一种常见的误解,认为炼金术士或多或少在盲目地工作:他们试

---

① 对佐西莫斯仪器认真而富有洞见的分析,包括清晰的说明,可见于 Mertens, *Les Alchimistes grecs IV*, i: *Zosime*, pp. cxiii—clxix;另见 Martelli, "Greek Alche-mists"。

探性地将两种东西混合起来,随机地寻求黄金。这种想法远非事实;在佐西莫斯那里,我们不仅可以看到支持或修改其理论的实际观察,而且可以确认指导其实际工作的理论原则。炼金术的许多理论框架将在不同时间和地点发展出来,这些框架既支持嬗变的可能性,又能给出实际研究它的途径。

凭借留存至今的佐西莫斯作品,我们不足以完全理解他的思想。但可以肯定的是,他认为金属由两个部分组成:一个是不可挥发的部分,他称之为"身体"(*sōma*);另一个是可以挥发的部分,他称之为"精神"(*pneuma*)。精神似乎承载着金属的颜色和其他特殊属性。在所有金属中,身体似乎都是相同的;在一份残篇中,佐西莫斯似乎将其等同于液态金属汞。于是,金属的身份取决于其精神,而不是其身体。因此,佐西莫斯用火——通过蒸馏、升华、挥发等——将精神与身体分离开来。让分离的精神与其他身体相结合,将使其嬗变成一种新的金属。

佐西莫斯敏锐、活跃和善于质疑的心灵显然超越了时代的界限。他曾注意到硫蒸汽对不同物质的不同作用,并且惊讶地发现:虽然硫蒸汽是白色的并且能使大多数物质变白,但是当它被白色的汞吸收时,所得到的复合物却是黄色的。总爱批评其同时代人的佐西莫斯责备道:"他们应当首先研究这个奥秘。"[1]他还惊讶地说:当硫蒸汽将汞变成固体时,汞不仅失去了挥发性,成为固定的

---

① Mertens,*Les Alchimistes grecs IV*,*i*;*Zosime*,p. 12. 硫蒸汽使物质变白也许是指二氧化硫(由硫的燃烧所产生)的漂白能力;直到今天,报纸仍然是通过这种方法来漂白的。

(即不可挥发的),而且硫也成为固定的并且始终与汞相结合。①佐西莫斯观察到的现象如今被视为化学的一条基本原则:当物质相互起反应时,它们的性质并不像在纯粹的混合物中那样被"平均",而是被彻底改变。显然,佐西莫斯是细致的观察者,他深入思考了他在实验中看到的东西。

佐西莫斯将嬗变称为金属的"染色"(tingeing),他使用的词是 *baphē*,源自动词 *baphein*,意为"浸"或"染色";类似地,他将转化剂(transmuting agent)称为"染色剂"(tincture),即某种能够染色的东西。这些词的选择表明了他的想法与配方文献之间的联系,后者主要涉及为金属、石头和布料染色,以产生贵重的(或貌似贵重的)东西。相应地,"硫水"也引人注目地重现于佐西莫斯的作品中,不过现在有了全新的含义。它不再是一种用来产生表面变化的简单复合物,而是某种据说能够带来真正嬗变的物质——因此被极力寻求和隐藏。

这里出现了炼金术的一种几乎无所不在的特征:保密和匿名。佐西莫斯喜欢摆弄这种物质的名称。由于希腊语中的歧义,在某些语境下,这个名称既可以指"硫水",也可以指"圣水"。在某些地方,他打算用这个名称来指一种转化剂,而在另一些地方,他显然是在谈论配方文献中石灰与硫的简单复合物。②还有一处,他称

---

① 这里是指产生硫化汞,它是一种固体(不同于液态汞),远没有硫易挥发。

② 参见 Matteo Martelli," 'Divine Water' in the Alchemical Writings of Pseudo-Democritus,"*Ambix* 56 (2009):5—22 和 Cristina Viano,"Gli alchimisti greci e l'acqua divina,"*Rendiconti della Accademia Nazionale delle Scienze. Parte II:Memorie di scienze fisiche e naturali* 21 (1997):61—70。

其为"银色的水,雌雄同体,不停地消散……它既不是金属,也不是总在运动的水,亦不是坚固的东西,因为我们抓不住它。"①在这种情况下,他关于"圣水"的谜语似乎是在描述作为所有金属基底的汞。而在另一些地方,这个术语似乎还有其他含义。事实上,在新近确认的一部佐西莫斯文本中,这个埃及人坦承,炼金术作者们"用许多名字来称呼一件事物,又用一个名字来称呼许多事物"。②他指出,制造起转化作用的"水"是"有意隐藏起来的明显秘密"。③于是在佐西莫斯这里,先前配方文献中那种适度的保密意识变得更加强烈和自觉。这种保密性虽然在程度上会有所起伏,但在接下来的炼金术史中从未消失。

　　为了提升这种保密性,佐西莫斯运用了后来炼金术作者的一种典型技巧:使用"假名"(Decknamen),这个德文词的意思是"掩盖名称"。这些"假名"充当着一种密码。炼金术作者不是使用物质的常用名称,而是代之以另一个词——通常与所指的物质有某种字面上或隐喻性的关联。这种技巧在伪德谟克利特那里已经有迹可循,他用"我们的"这个形容词来指一种不同于通常所指的物质;例如,他用"我们的铅"来指矿物锑(辉锑矿),这种物质与铅有

18

　　①　Mertens,*Les Alchimistes grecs IV*,*i*:*Zosime*,p. 21.

　　②　最近有了一项令人振奋的进展,佐西莫斯的几部丢失了很长时间的文本在阿拉伯文译本中得到了确认。这些文献连同其他许多被虚假地归于佐西莫斯的文献已经为人所知(Manfred Ullmann,*Die Natur-und Geheimwissenschaften im Islam* [Leiden:Brill,1972],pp. 160—164),但其真实性直到最近才被 Benjamin Hallum ("Zosimus Arabus,"PhD diss. ,Warburg Institute,2008)确立。这些文献会在合适的时候编辑出版。这里我引自"Twenty-Sixth Epistle,"p. 366。

　　③　Mertens,*Les Alchimistes grecs IV*,*i*:*Zosime*,p. 17.

某些共同的属性。"假名"服务于双重目的：既可以保密，又可以使有能力破译的人谨慎地交流。它们既隐藏又揭示。因此，"假名"必须合乎逻辑，而不是任意的，以便可以被破译。如果读者无法破译"假名"，那么结果将是完全保密；如果炼金术士旨在完全隐藏信息，那么一个字也不写要简单得多。

信息的加密并不止于对物质的名称进行简单替换，甚至在佐西莫斯那里也不是。这个帕诺波利斯人也许最著名的残篇有时被（误导地）称为他的"异象"（Visions）。三份残篇描述了他的一连五个"梦"，由清醒的时间段分隔开来。这些梦涉及一个形状像化学容器的祭坛，各种铜人、银人和铅人，他们的暴力肢解和死亡，还有佐西莫斯与他们的谈话。他用了很多笔墨来试图解释这些文本究竟是什么意思。不论过去一个多世纪以来有过什么样的不同回答，佐西莫斯本人告诉我们，它们乃是对实际嬗变过程的寓意描述。换句话说，他所描述的演员、地点和行动是人格化的"假名"，它们被编织成一套连贯的扩展叙事。这种寓意语言将始终是炼金术写作的一个常见特征，在14世纪以后的欧洲实践者的作品中尤为突出。

佐西莫斯把他的一系列梦称为"序言"，旨在帮助读者揭开随后"言语之花"（*anthē logōn*）的面纱。在我们今天所看到的文本中，随后只有一个实际过程，但似乎原本有更多的内容，现已失传。① 在另一处，佐西莫斯清楚地写道，从梦中"醒来"之后，他"清楚地知道，那些忙于这些事情［梦中的事情］的人是这门金属技艺

---

① 　Mertens，*Les Alchimistes grecs IV*，*i*：*Zosime*，pp. 40—41.

的液体"。① 在《论硫》(On Sulphurs)一书中,佐西莫斯将铅嬗变成银比喻成一个受折磨的人变成了国王;这个比喻——该文本明确将它与一个实际过程联系起来——非常类似于佐西莫斯的第二个"梦"中所表达的内容。②

　　一些现代作者误以为佐西莫斯的寓意叙述中有各种神秘的或心理的含义,但此时他们在很大程度上忽视了这些叙述的语境——无论是其作品本身,还是他的文化环境。佐西莫斯明确指出,他的"梦"在金属嬗变的语境下有一种技术含义,这是其文本的主要论题。一些学者甚至通过佐西莫斯的炼金术理论和实验室操作对这些"梦"做出了貌似合理的解释。③ 诚然,佐西莫斯的梦(或白日梦)的确可能与他全身心投入的工作有关;许多读者可能都有过类似的体验,与工作有关的事情在奇特的梦中重新表现出来。但更有可能的是,佐西莫斯像小说家一样将这些"梦"明确编写出来,从而为他的一部实际论著造就一篇有意带有寓意性的"序言"。这种做法很符合他对保密的惯常使用,事实上,就在叙述了其中一个"梦"之后,他立刻宣称"沉默是金",仿佛是在对自己的保持缄默做出解释,并建议读者们也类似地默不做声。④ 在佐西莫斯的时代,把梦作为文学手段来使用是一种既定的常见做法,将信息以梦

---

　　① Mertens,*Les Alchimistes grecs IV*,i:*Zosime*,p. 47.

　　② Hallum,"Zosimus Arabus,"pp. 130—147,引自 pp. 142—143;试与 Mertens,*Les Alchimistes grecs IV*,i:*Zosime*,p. 45,note 19 给出的解释相比较。《论硫》也许是佐西莫斯幸存下来的唯一完整或近乎完整的著作,而且已经表明是两部已知的希腊文残篇的共同来源。

　　③ Mertens,*Les Alchimistes grecs IV*,i:*Zosime*,pp. 207—231.

　　④ Mertens,*Les Alchimistes grecs IV*,i:*Zosime*,p. 41.

的形式传达出来可以赋予它一定的威信———一种权威的气氛和启示的意味。

但表明佐西莫斯之"梦"的核心含义在于实际的炼金术操作，并不意味着我们可以忽视其更广的文化背景。为了在这个寓意序列中使用比喻，佐西莫斯肯定利用了他自己的经验和对同时代宗教仪式的了解。他关于祭坛、肢解和牺牲的语言肯定反映了希腊-埃及时期的神殿活动。这一认识为整个科学史提出了一个重大问题：实践者在哲学、神学、宗教等方面的信念如何表现于自然研究中，无论是炼金术还是其他地方？这些研究，无论是炼金术的还是现代科学的，都不是在文化真空中出现的，实践者也不会与其特定时间地点的观念、兴趣和思维相隔绝。第七章更一般地讨论了这些事物与炼金术乃至一切科学追求的不可分性。现在我们只需对佐西莫斯再作一次说明性的考察。

佐西莫斯无疑与灵知主义（Gnosticism）有一种联系。灵知主义是公元 2、3 世纪的一组宗教运动，强调需要启示的知识（*gnōsis*，灵知）才能获得拯救。[①] 这种拯救性的知识包括意识到人的内在本质有着神圣的起源，但被囚禁在一个物质身体当中。必须用知识来克服人对其起源的无知（或遗忘），使他自己（即他的灵魂）能够渐渐地不再受制于身体及其激情，不再受制于物质世界和支配它的邪恶力量。在佐西莫斯所处的希腊-埃及时期流传甚广

---

① 关于灵知主义，参见 Wouter J. Hanegraaff, Antoine Faivre, Roelof van den Broek, and Jean-Pierre Brach, eds., *The Dictionary of Gnosis and Western Esotericism* (Leiden: Brill, 2005), 1: 403—416 和其中的参考文献。

的灵知主义清楚地出现在其著作的两个地方:一是他的《论仪器和熔炉》的序言,二是被称为《最后论述》(*Final Account*)的残篇。[①]问题在于,灵知主义观念在佐西莫斯的炼金术思想中如何以及在多大程度上发挥着作用。

在前一文本中,佐西莫斯责备了一批与之竞争的炼金术士,他们批评《论仪器和熔炉》是不必要的。佐西莫斯反驳说,这些人这样认为仅仅是因为他们正在使用假染色剂(转化剂),其表面上的成功其实缘于被称为"魔鬼"(daimons)的精神实体。[②] 魔鬼用计诱使这些误入歧途的炼金术士以为自己的制备过程是管用的,因此他们声称,佐西莫斯所规定的那些设备、材料和工序不是成功所必需的。就这样,魔鬼使用这些假染色剂来操纵其无知的拥有者,从而使他们受制于魔鬼的影响,受命运(一种需要拒斥的邪恶力量)的摆布。佐西莫斯宣称,真正的炼金术士所寻求的是纯粹"自然和自行起作用的"染色剂,仅仅通过操纵其自然性质而引起嬗变。[③] 为了制备这些真正的自然的染色剂,正确的仪器、原料和工

21

---

① 这篇序言的一个优秀的英译本是 Zosimos of Panopolis,*On the Letter Omega*, ed. and trans. Howard M. Jackson (Missoula,MT:Scholars Press,1978);带有评注的更严格的考订版见 Mertens,*Les Alchimistes grecs IV*,i:*Zosime*,pp. 1—10。《最后论述》(附法文翻译)见 Festugière,*Révélation*,pp. 275—281,363—368。进一步的分析参见 Daniel Stolzenberg,"Unpropitious Tinctures:Alchemy,Astrology,and Gnosis according to Zosimos of Panopolis,"*Archives internationales d'histoire des sciences* 49 (1999):3—31。

② 在古典思想中,魔鬼[或译"精灵"]是介于诸神与人之间的无形实体。其道德倾向可善可恶(苏格拉底曾经提到一个精灵给了他有价值的建议),但在佐西莫斯的宇宙观中,它们似乎总是想奴役人。他的观点可能反映了犹太教和/或基督教思想的影响。

③ Zosimos,"Final Account,"in Festugière,*Revelation*,p. 366.

序是绝对必要的。

接着,为了让人理解他关于受魔鬼支配会导致恶果的观点,佐西莫斯对人的堕落——最初的人如何被魔鬼欺骗,以致堕入肉身,成为亚当——做出了一种灵知主义解释。通过讲述耶稣基督如何为人提供拯救所需的知识,佐西莫斯揭示了灵知主义的一种基督教形式,即人需要拒斥自己的"亚当"(肉身),才能重新升至其固有的神圣领域。因此,人的囚禁以及伴随着的罪恶起初源于魔鬼的欺骗,就像魔鬼现在也让误入歧途的炼金术士们拒绝接受佐西莫斯的书一样。这些糟糕的炼金术士并未极力摆脱魔鬼的控制,而是继续盲目地受骗,所以他们的情况肯定愈加恶化。佐西莫斯这篇批判性的序言必定为其(现已失传的)关于制备一种真正起嬗变作用的染色剂所需的仪器和熔炉的文本提供了一个恰当的导引。

灵知主义在佐西莫斯的炼金术理论或实践中有清楚的表达吗?也许如此。鉴于灵知主义者喜欢把他们的信条包装成神话形式,我们可以猜想,佐西莫斯之所以会以一系列带有寓意的梦来讲述炼金术过程,也许正是源于用神话形式来讲述——灵知主义的或炼金术的——学说的同一倾向。此外,关于金属的二重性(身体和精神)以及实际需要将主动的、可挥发的灵魂从沉重的惰性身体中解放出来以实现嬗变,佐西莫斯的指导理论似乎与灵知主义观点(以及同时代的其他一些神学观点)不无类似,即人的神圣灵魂被困在一个物质身体中,因此需要将它解放出来。对灵知主义者(或者就此而言对柏拉图主义者,佐西莫斯也讨论过柏拉图)来说,人的个性和人格在于灵魂而不在于身体。同样,金属的特性和身份源于其精神而非身体。

倘若按照现代范畴进行划分,我们就完全无法理解前现代思想的丰富性和复杂性。佐西莫斯没有理由将他的哲学或神学信念纳入一些使其思想失去平衡的特殊范畴。今天有一种倾向认为,这种"混合"(只是从我们的角度来看它才是混合的)阻碍了理性而清晰地处理实际事务,但这不仅是一种现代偏见,而且远非实情。和其他人一样,佐西莫斯思考、构想和解释其工作的方法必定会受到其构想整个世界的整体方式的影响。因此,说炼金术对佐西莫斯而言是一种宗教是不正确的,说他的炼金术是灵知主义的乃是一种夸张。但想象佐西莫斯在研究实际的炼金术过程时可以(或应当)"关闭"他的思维方式,"关闭"他在同时代的灵知主义、柏拉图主义等信念基础上建立的心理状态同样是错误的。即使现代科学家也做不到这一点,尽管其中一些人(也许是在一个名为"纯粹客观性"的恶魔的诡计之下)确信自己可以。

在离开佐西莫斯的时代和地点之前,还要补充一个背景。如果学者们把佐西莫斯的活跃时间定为公元 300 年前左右是正确的,那么他不仅见证了戴克里先(Diocletian)皇帝在公元 297-298 年对埃及叛乱的暴力镇压,而且也见证了这位皇帝试图破坏炼金术的文献遗产。据说戴克里先曾下令烧毁"埃及人在金银炼金术(cheimeia)方面所写的全部书籍"。据一份讲述在戴克里先迫害期间的殉难基督徒的文献所载,此举是为了防止埃及人积累足够的财富以再次反叛。① 不过,如果这场焚书的确发生过,它可能与

---

① *Acta sanctorum julii* (Antwerp, 1719 - 1731), 2: 557; John of Antioch, *Iohannes Antiocheni fragmenta ex Historia chronica*, ed. and trans. Umberto Roberto (Berlin: De Gruyter, 2005), fragment 248, pp. 428—429.

戴克里先在帝国全境的货币改革有关，其中包括于 295—296 年用标准的罗马货币取代（在亚历山大里亚铸造的）埃及地方硬币。

公元 3 世纪见证了罗马帝国货币的持续崩溃。铸币厂通过铸造贵金属含量越来越少的硬币来使货币贬值，从而扩大了硬币面值与其固有价值的差距。例如，被称为安东尼银币（*antoninianus*）的硬币中的含银量从 52％下降到不足 5％。发行的许多铜币表面被涂上了一层银（或只是银色），使之看起来更值钱。戴克里先的解决办法（最终证明不成功）是发行新的货币。① 由于埃及书籍中常常会讲述各种手段来仿造贵金属、掩盖合金的成色减少，或者——在理想情况下——生产新的金和银，这类过程似乎是渴望货币稳定的统治者最不愿意看到的，特别是由帝国的一个反叛省份来负责。值得注意的是，最近确认了大量由仿制贵金属制成的古代晚期硬币，其中一些硬币的成分与根据纸草和伪德谟克利特著作中的配方所产生的硬币成分极为相似。② 如果说戴克里先颁布命令的背后是担心伪造货币和货币价值降低，那么这将是对货币价值的一长串关切的第一个，这些关切最终导致炼金术被废止。禁止炼金术书籍的帝王法令也许还可以为佐西莫斯的作品中为何有高级的保密措施提供一些背景。

---

① C. H. V. Sutherland, "Diocletian's Reform of the Coinage: A Chronological Note," *Journal of Roman Studies* 45 (1955): 116—118; Juan Carlos Martinez Oliva, "Monetary Integration in the Roman Empire," in *From the Athenian Tetradrachm to the Euro*, ed. P. L. Cottrell, Gérasimos Notaras, and Gabriel Tortella (Burlington, VT: Ashgate, 2007), pp. 7—23, esp. pp. 18—22.

② Paul T. Keyser, "Greco-Roman Alchemy and Coins of Imitation Silver," *American Journal of Numismatics* 7—8 (1995): 209—233.

无论最后这种说法是否正确,它都有一个特征:它是我们对 *cheimeia* 这个术语的最早用法之一,"炼金术"(*alchemy*)和"化学"(*chemistry*)这两个词便派生于它。现在我们可以谈谈这两个词了。和炼金术的情况大体一样,关于它们的起源有许多不可靠的说法。这种情形可以追溯到炼金术士自己,他们喜欢使用一些臆想的词源,以对其学科做出种种不同的断言。古代的常见做法是把某个事物的名称追溯到一个虚构的创建者——例如,"罗马"(Rome)的名称便出自传说中的人物罗慕路斯(Romulus)。佐西莫斯提到了一个被称为 Chēmēs 或 Chymēs 的早期炼金术士,他还在另一处声称,这门技艺最初是由一位天使在一本名为 *Chēmeu* 的书中启示的。① 佐西莫斯这个想法的发端无疑出自希伯来伪经《以诺书》(或 *Book of Enoch* 或 *1 Enoch*),书中说,堕落的天使们把生产性的技艺传授给了人类。不过,即使是现代的炼金术史或化学史教科书给出的来源也常常不大可能为真。一个流行的观点是,"化学"(chemistry)一词源自科普特语词 *kheme*,意为"黑色",暗指与尼罗河淤泥颜色有关的"黑土地"埃及。这种观点不无根据,因为公元 1 世纪的作家普鲁塔克(Plutarch)指出,*chēmia* 乃是"埃及"的一个旧称。② 因此,根据这一理论,*chemistry* 的字面意思将是"埃及技艺"。还有一些人将此词源与实现嬗变的关键步骤"黑化阶段"(black stage),或者与炼金术作为一门

---

① 出自公元 9 世纪 Georgos Synkellos,*Chronographia*,1:23—24 所引用的一份佐西莫斯残篇;对它的分析参见 Mertens,*Les Alchimistes grecs IV*,i:*Zosime*,pp. xciii—xcvi。我们并不知道佐西莫斯最初是在何种语境下写下这种思想的。

② Plutarch,*De Iside et Osiride*,33:364C.

"黑技艺"（black art）的假想性质联系在一起，这就更不可信了。

但这个词更有可能源于希腊，因为希腊语既是最早的炼金术文本的语言，又是希腊-罗马时期有文化的埃及的语言。*alchemy* 和 *chemistry* 中的"chem"很可能源于希腊词 *cheō*，意指"熔化或熔 24 合"。由 *cheō* 也派生出希腊词 *chuma*，意指金属铸锭。由于大多数早期化学活动都涉及金属的熔化或熔合，该词源似乎肯定最为可信和合理。于是，用来指这门学科的希腊词是 *chemeia* 或 *chumeia*，其字面意思是"熔化［金属］的技艺"。（不过，一个词源以希腊语为主，并不排除有一种双重含义也利用了科普特语词根。）顺便说一句，在谈到希腊-埃及时期时若是使用 *alchemy* 一词可以被视为一种时代误置，因为这个词是更早希腊词的一种阿拉伯化形式——*alchemy* 中的"al"就是阿拉伯语中的定冠词。（所以佐西莫斯及其同时代人所从事的实践也许可以被称为"chemy"……）不过术语问题我们还是留待以后再讨论。[①]

后来亚历山大里亚和拜占庭的作者

有几部希腊炼金术（*chemeia*）文本的时间介于佐西莫斯时代到公元 8 世纪。[②] 它们大多是关于以前材料的评注，而且和早期

---

① Robert Halleux，*Les textes alchimiques*（Turnhout，Belgium：Brepols，1979），pp. 45—47.

② 对它们的概述参见 Michèle Mertens，"Graeco-Egyptian Alchemy in Byzantium，"in *The Occult Sciences in Byzantium*，ed. Paul Magdalino and Maria Mavroudi（Geneva：La Pomme d'Or，2006），pp. 205—230。

炼金术的许多情况一样,有几位作者仍然有待作进一步更仔细的研究。这些材料所体现的一项重要发展是实践与理论和哲学在更大程度上融合在一起。在公元 6 世纪的作者奥林皮俄多洛斯(Olympiodorus)那里,我们看到了对佐西莫斯的一部现已失传的著作的评注残篇。这位奥林皮俄多洛斯很可能就是那位为亚里士多德著作撰写评注的同名哲学家。他遵循泰勒斯等早期希腊思想家的教导,试图找出一种构成万物的普遍原料。奥林皮俄多洛斯调整了这种关于共同原料基底的观念,谈到了一种共同的"金属质料",它接受各种不同的性质便可产生各种金属。因此,只要将金属还原为其"共同的金属质料",然后导入目标金属的性质,便可实现嬗变。这种关于共同金属质料接受可互换性质的观念似乎是对佐西莫斯将金属分为"身体"和"精神"的延续。有趣的是,通过指出柏拉图本人在讲授一些最重要的观点时如何使用同样的文学手段,奥林皮俄多洛斯证明用寓意语言来代替直接的炼金术语言是正当的。[①]

新柏拉图主义哲学家、评注家、天文学家和学者亚历山大里亚

① Cristina Viano, "Les alchimistes gréco-alexandrins et le *Timée* de Platon," in *L'Alchimie et ses racines philosophiques : La tradition grecque et la tradition arabe*, ed. Cristina Viano (Paris : Vrin, 2005), pp. 91—108; "Aristote et l'alchimie grecque,"*Revue d'histoire des sciences* 49 (1996): 189—213; *La matière des choses : Le livre IV des Météorologiques d'Aristote et son interprétation par Olympiodore* (Paris : Vrin, 2006), esp. Appendix 1, pp. 199—208; "Olympiodore l'alchimiste"; "Olympiodore l'alchimiste et les Présocratiques,"in *Alchemie : Art, histoire, et mythes*, ed. Didier Kahn and Sylvain Matton (Paris : SÉHA, 1995), pp. 95—150; and "Le commentaire d'Olympiodore au livre IV des *Météorologiques* d'Aristote," in *Aristoteles chemicus*, ed. Cristina Viano (Sankt Augustin, Germany : Academia Verlag, 2002), pp. 59—79.

的斯蒂法诺斯（Stephanos of Alexandria）写了一部题为《论伟大而
神圣的制金术》（*On the Great and Sacred Art of Making Gold*）　25
的炼金术著作，其时间最近被定为公元 617 年。在这部著作中，他
明确将柏拉图、亚里士多德等著名希腊哲学家的思想应用于炼金
术。① 不过和佐西莫斯不同，奥林皮俄多洛斯和斯蒂法诺斯似乎
都对实际工作不感兴趣。炼金术并不构成他们的主要兴趣，他们
首先是哲学思想家。因此对他们来说，"制金"是一个哲学议题，也
许我们可以——至少据我们目前所知——把他们看成安乐椅上的
炼金术士。不过，他们把希腊哲学思想（尤其是关于质料的希腊哲
学思想）应用于炼金术，这继续为制金构建着日益复杂的理论框
架。这些后来的炼金术发展不仅本身很重要，而且也将被阿拉伯
世界所继承。

　　Marcianus graecus 299 中有一个常被复制的形象，也许是对
希腊炼金术理论和实践所主要基于的哲学原理的寓意表达。这幅
图被称为衔尾蛇（*ouroboros*），即一条蛇正在吞食自己的尾巴（图
1.1）。对这一简单但却惹人注目的形象的解释大相径庭。但其内

---

　　① 关于《希腊炼金术文献》的斯蒂法诺斯是否就是这位新柏拉图主义哲学家斯蒂
法诺斯，一直存在着争论。最新的证据所给出的结论是：他们的确是同一个人。参见
Maria K. Papathanassiou，"L'Œuvre alchimique de Stephanos d'Alexandrie,"in Viano,
L'Alchimie et ses racines，pp. 113—133；"Stephanus of Alexandria：On the Structure
and Date of His Alchemical Work," *Medicina nei secoli* 8（1996）：247—266；and
"Stephanos of Alexandria：A Famous Byzantine Scholar，Alchemist and Astrologer,"in
Madgalino and Mavroudi,*Occult Sciences*，pp. 163—203. A rough English translation is
available in Frank Sherwood Taylor，"Alchemical Works of Stephanos of Alexandria，
Part I,"*Ambix* 1（1937）：116—139，and "Part II,"*Ambix* 2（1938）：39—49。

部的铭文——"一即一切"(*hen to pan*)——把我们再次引向了关

26　于充当万物背后基底的单一原料的古希腊哲学观念。显然,这一
原理支持了炼金术嬗变的观念:一个事物之所以能够转化为另一
个事物,是因为在最深层次上它们其实是同一个事物。因此,虽然
有旧事物的消逝和新事物的产生,但在某种意义上它们始终是一
样的:一个事物即一切事物,一切事物即一个事物。因此,就像物
质的总和一样,衔尾蛇不断消耗自身并由自身产生自身,即使在永
久地破坏和再生自身时也保持恒常不变。

图 1.1 "衔尾蛇",出自 Marcianus graecus 299, fol. 188v。重印于 Mar-
cellin Berthelot, *Collection des alchimistes grecs*(Paris, 1888),1:132。

在从希腊世界转到阿拉伯世界之前,还有一项发展值得提及:
为引发嬗变的一种特定物质赋予新的名称。在佐西莫斯那里,这
种物质是他用"硫水"一词所指的几种东西之一。他使用的另一个
词是 *xērion*,这本来是指一种喷洒在伤口上的药粉。之所以选择
这个词,可能因为它与 *pharmakon* 一词(药物、药膏、毒药)相关,

伪德谟克利特偶尔用 *pharmakon* 来指能为金属染色的各种物质。但 *xērion* 一词还暗示了另一种相似性:正如药物能够治愈和改善病人,*chemeia* 也能用自己的"药物"即 *xērion* 或转化剂来治愈和改善贱金属。这种强大的转化剂将在公元 7 世纪以后获得一个新的更为持久的名称——哲人石(*hō lithos tōn philosophōn*)。发现如何制备这种"非石之石"将成为炼金术士的首要目标。[1]

---

① "非石之石"见于佐西莫斯(Mertens, *Les alchimistes grecs IV, i: Zosime*, p. 49)。请注意,正确的术语是 *Philosophers' Stone*,而不是通常看到的 *Philosopher's Stone*。各种语言的所有原始文献使用的都是复数所有格:*Stone of the Philosophers*。

第二章　发展:阿拉伯炼金术
（al-Kīmíyā'）

　　大约从公元 750 年到 1400 年,炼金术在其阿拉伯时期广泛发展起来,各个方面都增加了新的理论、概念、实用技巧和材料。经过数个世纪的耕耘,伊斯兰世界在科学、医学和数学等方面创造出大量知识,中世纪的欧洲人在 12 世纪初次邂逅这些知识时,不由得心生敬畏和钦佩。然而,中世纪的人虽然承认阿拉伯的学问丰富而重要,但这种尊重后来日渐丧失,以致重要的阿拉伯作者的贡献乃至姓甚名谁最后都遭到混淆、遗忘甚至压制。因此,尽管这一时期对于炼金术——以及整个科学史——来说非常重要,但我们对它的了解仍然很不完整。历史学家们不得不去重新发现阿拉伯炼金术的原始文献。直到 19 世纪末,学者们才再次开始研究阿拉伯炼金术文本。引人注目的是,我们这种重新产生的兴趣在部分程度上要归功于化学家马赛兰·贝特洛（Marcellin Berthelot, 1827－1907）,正是他负责出版了《希腊炼金术文献》。[①]

　　自那以后,许多问题得到了解决,我们认识中的很多缺漏得到

---

① Marcellin Berthelot, Rubens Duval, and O. Houdas, *La chimie au moyen âge*, 3 vols. (Paris, 1893).

填补,许多奥秘得以揭开,但还有更多的东西有待关注。即使是最 　28
重要的阿拉伯作者,也只有少数文本得到编辑,翻译过来的文本就
更少了。当前急需的新学术成果之所以难以产生,不仅是因为相
关地区的政治经济形势使档案难以自由查阅,而且也因为手稿本
身的复杂性,以及战争和粗心大意所导致的手稿损失。但最棘手
的问题也许是,很少有科学史家精通阿拉伯语,而这其中对炼金术
感兴趣的人就更少。

从希腊人到阿拉伯人的知识传播

公元 7 世纪中叶,伊斯兰教兴起后不久,阿拉伯军队朝四面八
方涌出阿拉伯半岛——北入巴勒斯坦和叙利亚,东进波斯,西越北
非,最终挺进西班牙甚至法国。对于炼金术的故事而言最重要的
是,阿拉伯人征服了地中海东部拜占庭的土地。公元 640 年,亚历
山大里亚被攻克,埃及被伊斯兰帝国吞并。在那里以及其他一些
以前属于拜占庭的中东领地,新生的穆斯林世界开始与希腊的思
想和文化密切接触。这种跨文化接触在 661 年得到加强,当时倭
马亚王朝的第二任哈里发(先知穆罕默德的继承人,充当伊斯兰世
界的领导者)穆阿维叶(Muʿāwiyah)在大马士革建都,这里直到
30 年前还是拜占庭的土地。因此,虽然倭马亚王朝的哈里发们是
阿拉伯穆斯林,但其臣民大多是拜占庭的基督徒。新的穆斯林统
治者们武功卓著,但不善于管理帝国,因此需要雇用有经验的拜占
庭人进行管理、建设和规划。这种社会政治形势使得新来乍到的
阿拉伯人有充分的机会学习希腊思想。就这样,一场"翻译运动"

开始了,它在倭马亚王朝还比较缓慢和停滞,但随后阿拔斯王朝的
哈里发们则使之大大加速,他们将伊斯兰的首都从大马士革向东
移至公元 762 年建立的新城巴格达。一批翻译家在那里将数百部
希腊文书籍译成了阿拉伯文,这其中不仅包括讨论技术、机械学和
29　炼金术(chemeia)的实用著作,还包括亚里士多德和柏拉图的著
作,欧几里得的数学,盖伦和希波克拉底的医学,等等。①

　　我们常常自以为已经清楚地知道,希腊炼金术(chemeia)最初
是如何在阿拉伯文化中确立为 al-kīmīyā' 的。这个故事始于大马
士革倭马亚宫廷的阴谋和谋杀。哈利德·伊本·亚兹德(Khālid
ibn-Yazīd,704 年去世)是倭马亚王朝的一个年轻王子,哈里发穆
阿维叶的孙子。公元 683 年,在一次内战期间,哈利德的父亲在围
攻麦加时去世,哈里发的职位由哈利德的哥哥继任,但他次年便一
命呜呼,年仅 22 岁——可能不是自然死亡。由于哈利德年纪还
小,哈里发一职被交予一个名叫马尔万(Marwan)的亲戚,条件是
哈利德要接替他。但接着马尔万娶了哈利德孀居的母亲,承诺要
把继承权传给他自己的儿子们,并宣布哈利德为私生子。哈利德
的母亲则在其新婚丈夫睡着时用枕头闷死(一说毒死)了他。鉴于
这个家庭如此有爱,哈利德逃到了埃及。在那里,这位年轻的王子
把失去了哈里发职位置于脑后,开始研究希腊学问,并发现自己对
炼金术最感兴趣。在这个故事的某些版本中,他遇到了"大斯蒂法

---

① 　Dimitri Gutas,*Greek Thought*,*Arabic Culture*;*The Graeco-Arabic Translation Movement in Baghdad and Early 'Abbasid Society*(London:Routledge,1998)对翻译运动作了出色的讨论。David C. Lindberg,*The Beginnings of Western Science*,2nd ed.(Chicago:University of Chicago Press,2007),pp.166—176 是一个方便的介绍。

诺斯"(Stephanos the elder)，可能就是第一章提到的那位作者亚历山大里亚的斯蒂法诺斯。斯蒂法诺斯对哈利德给予了指导，并为他把炼金术著作译成了阿拉伯文。在故事的另一些版本中，对哈利德的指导出自一位名叫马里亚诺斯(Marianos)的基督教修士。关于这位修士是希腊人还是罗马人，以及他是否隐居在耶路撒冷，则有各种不同的说法。无论如何，恐怕是在斯蒂法诺斯的指导下，马里亚诺斯曾在亚历山大里亚研究过炼金术，并把那些知识告诉了哈利德，包括如何制备哲人石。接着，王子本人写了几部炼金术作品，以记录他所受的教导。

和基督教修士马里亚诺斯一样，公元 10 世纪的一部阿拉伯文献中已经记录了哈利德的著作以及他作为"第一位[穆斯林]，医学、天文学和化学著作是为其翻译的"地位。[①] 马里亚诺斯的书在今天既有拉丁文翻译，又有阿拉伯文版本。[②] 但不幸的是，这个条理清晰、引人入胜的故事是纯粹虚构的。[③] 带有马里亚诺斯和哈利德·

---

①　这一信息来自公元 987 年巴格达书商 Ibn al-Nadim 编写的 *Catalogue* (*al-Fihrist*)，这是关于阿拉伯文献书目编制者的伟大资源。对炼金术一节的英译见 J. W. Fück, "The Arabic Literature on Alchemy according to An-Nadim," *Ambix* 4 (1951)：81—144；这一节包含着哈利德的故事及其著作的一个早期版本。

②　Morienus, *De compositione alchemiae*, in *Bibliotheca chemica curiosa*, ed. J. J. Manget (Geneva, 1702; reprint, Sala Bolognese: Arnoldo Forni, 1976), 1: 509—519; Ullmann, *Natur-und Geheimwissenschaften*, pp. 191—195; Ahmad Y. al-Hassan, "The notes to pages 24—29 217 Arabic Original of the *Liber de compositione alchemiae*," *Arabic Sciences and Philosophy* 14 (2004): 213—231.

③　Julius Ruska, *Arabische Alchemisten I: Chālid ibn-Jazīd ibn-Mu'āwija*, *Heidelberger Akten von-Portheim-Stiftung* 6 (1924; reprint, Vaduz, Liechtenstein: Sändig Reprint Verlag, 1977); Manfred Ullmann, "Hālid ibn-Yazid und die Alchemie: Eine Legende," *Der Islam* 55 (1978): 181—218.

伊本·亚兹德名字的书其实写于这些著名作者去世后一个多世纪。

30　　但可以让喜欢这个故事的人稍感宽慰的是,第一批炼金术文本仍然可能(虽然对此尚无明确证据)是从埃及等地传播到阿拉伯世界的,即使这并不牵涉哈利德(传播大概始于他704年去世之后)。至于马里亚诺斯,阿拉伯读者最初可能的确是通过基督教教士而接触到希腊知识的;这种传播有几个证据确凿的例子。① 但马里亚诺斯在历史上不大可能确有其人。不过,虽然这位虚构的7世纪修士并非第一个将希腊炼金术传给阿拉伯读者的人,但他将享有另一种荣名,即大约五百年后,他第一次把炼金术带给了另一批心怀渴望的读者。他很快就会以莫里埃努斯(Morienus)这个拉丁化的名字重新出现。

由于没有关于哈利德和马里亚诺斯的确凿故事,公元8世纪阿拉伯世界对希腊炼金术的早期吸收仍然模糊不清。主要是通过那些被冠以希腊杰出人物名号的论著,我们对那个早期阶段才略知一二。佐西莫斯的名字自然会被使用,但同时使用的还有苏格拉底、柏拉图、亚里士多德和盖伦等对炼金术未置一词的更著名的人的名字。目前我们尚不能断定这些文本究竟是原始的阿拉伯文著作,还是对现已失传的匿名希腊文著作的翻译,抑或是两者的结合。②

---

① 例如,宗主教提摩太一世(Timothy I)曾于公元782年左右为哈里发马赫迪(al-Mahdi)准备了亚里士多德著作《论题篇》(*Topics*)的第一个阿拉伯文译本;Gutas,*Greek Thought*,pp. 61—69.

② 对这些早期产物的简短描述,参见 Georges C. Anawati,"L'alchimie arabe,"in *Histoire des sciences arabes*,ed. Roshdi Rashed and Régis Morelon,vol. 3,*Technologie,alchimie et sciences de la vie*(Paris:Seuil,1997),pp. 111—142 和 Ullmann,*Natur-und Geheimwissenschaften*,pp. 151—191。

赫尔墨斯与《翠玉录》

正是在这个充斥着伪题铭的阿拉伯著作的早期阶段，《翠玉录》(*Emerald Tablet*)出现了，它将会成为也许最受尊敬和最为著名的炼金术文本。据说它由传说中的人物赫尔墨斯(Hermes)所作。这位赫尔墨斯被称为"三重伟大的"(Trismegestus)，是希腊与埃及神话英雄形象的复杂结合。与他的名字联系在一起的著作被统称为《赫尔墨斯秘文集》(*Hermetica*)，包含了数十种源于希腊-埃及时期的文本。其中许多是公元 1 世纪至 4 世纪带有新柏拉图主义特征的哲学-神学作品。还有一些作品是占星术的、技术的或魔法的，其中某些可以追溯到公元前 1 世纪。所有这些赫尔墨斯文本在古代晚期都广为人知，但其中没有任何作品与炼金术有明显关联。①

但佐西莫斯却把一位"赫尔墨斯"引作权威。更引人注目的是，到了 10 世纪的伊斯兰世界，赫尔墨斯已成为炼金术的创始人、土生土长的巴比伦人，而且写了十几部带有炼金术性质的著

---

①　关于赫尔墨斯和赫尔墨斯主义，参见 Hanegraaff，Faivre，van den Broek，and Brach，*Dictionary of Gnosis and Western Esotericism*，1：474—570；Garth Fowden，*The Egyptian Hermes：A Historical Approach to the Late Pagan Mind*（Cambridge：Cambridge University Press，1986）[对于赫尔墨斯来说是有用的，但关于佐西莫斯和炼金术的材料现已过时]；以及 Florian Ebeling，*The Secret History of Hermes Trismegestus：Hermeticism from Ancient to Modern Times*（Ithaca，NY：Cornell University Press，2007），pp. 3—36；关于哲学-神学文本，参见 Brian Copenhaver，*Hermetica：The Greek Corpus Hermeticum and the Latin Asclepius*（Cambridge：Cambridge University Press，1992）。

作。① 此后他的声誉和名望持续增长。在拉丁西方,他甚至曾被誉为摩西的同时代人甚至是摩西的前身,是一个受神启示的异教先知,预言了基督的降临。于是乎,赫尔墨斯成了 15 世纪末意大利锡耶纳大教堂路面上描绘的第一个也是最为显著的先知形象。在欧洲,赫尔墨斯同样保持着炼金术创始人的地位,以至于"赫尔墨斯技艺"(Hermetic Art)变得与炼金术/化学同义。随着赫尔墨斯神话的不断发展,《翠玉录》——虽然只有一段话的长度——渐渐成为许多炼金术士(既有阿拉伯的也有拉丁的)的一个基础文本。包括牛顿在内的数十位作者都曾对它做过无数冗长的分析。②

---

① 关于阿拉伯的赫尔墨斯以及被归于他的文本,参见 Ullmann, *Natur-und Geheimwissenschaften*, pp. 165—172 and 368—378;Fück, "An-Nadim," pp. 89—91; and Martin Plessner, "Hermes Trismegistus and Arab Science," *Studia Islamica* 2 (1954): 45—59。关于阿拉伯的赫尔墨斯神话的发展(几乎不涉及炼金术),参见 Kevin T. Van Bladel, *The Arabic Hermes: From Pagan Sage to Prophet of Science* (Oxford: Oxford University Press, 2009)。

② 关于三重伟大的赫尔墨斯作为古代炼金术之父的一个版本,参见 Michael Maier, *Symbola aureae mensae duodecim nationum* (Frankfurt, 1617), pp. 5—19;关于"赫尔墨斯技艺"(*Hermetic Art*)这一术语的用法,参见 Bernard Joly, "La rationalité de l'Hermétisme: La figure d'Hermès dans l'alchimie à l'âge classique," *Methodos* 3 (2003):61—82,以及 Jean Beguin, *Tyrocinium chymicum* (Paris, 1612), pp. 1—2:"如果有人把它[炼金术]称为赫尔墨斯技艺,他指的是其创始人和古代。"关于 17 世纪对赫尔墨斯年代和先知地位的攻击,参见 Anthony Grafton, "Protestant versus Prophet: Isaac Casaubon on Hermes Trismegistus," *Journal of the Warburg and Courtauld Institutes* 46 (1983): 78—93。关于一篇很长的现代早期炼金术评注,参见 Gerhard Dorn, *Physica Trismegisti*, in *Theatrum chemicum*, 1:362—387;关于牛顿,参见 J. E. McGuire and P. M. Rattansi, "Newton and the Pipes of Pan," *Notes and Records of the Royal Society of London* 21 (1966):108—143 以及 B. J. T. Dobbs, "Newton's Commentary on *The Emerald Tablet* of Hermes Trismegestus: Its Scientific and Theological Significance," in *Hermeticism and the Renaissance*, ed. Ingrid Merkel and Allen G. Debus (Washington, DC: Folger Shakespeare Library, 1988), pp. 182—191。

　　《翠玉录》的确切起源仍然模糊不清。大多数证据表明,它是一部写于公元 8 世纪的原创阿拉伯文作品,比哲学的或技术的《赫尔墨斯秘文集》晚了几个世纪。尽管学者们作了详尽的研究,但并未发现它有任何希腊雏形或者对它更早的希腊引用。[①] 它起初问世时附在一部来源不明的复杂作品《创世秘密之书》(*Kitāb sirr al-khalīqa*)后面,《创世秘密之书》由公元 9 世纪初的一位"巴里努斯"(Balīnūs)所写,他以更早的希腊作者提亚纳的阿波罗尼奥斯(Apollonios of Tyana)之名用阿拉伯语写作。[②] 巴里努斯的这部作品本身是拼凑而成的,它将较新的材料与一个名为纳布卢斯的萨基尤斯(Sajiyus of Nablus)的祭司所写的一部更早的叙利亚文本相结合,而后者又包含着更早的希腊材料。[③]《翠玉录》究竟能

---

　　① 　Julius Ruska, *Tabula Smaragdina: Ein Beitrag zur Geschichte der hermetischen Literatur* (Heidelberg: Winter, 1926); Martin Plessner, "Neue Materialien zur Geschichte der Tabula Smaragdina," *Der Islam* 16 (1928): 77—113; 关于《翠玉录》的历史及其文本的几个版本, 参见 Didier Kahn, ed., *La table d'émeraude et sa tradition alchimique* (Paris: Belles Lettres, 1994)。

　　② 　"巴里努斯"(Balīnūs)其实是"阿波罗尼奥斯"(Apollonios)的阿拉伯文写法。阿拉伯语没有 p, 所以那个字母变成了 b, 成为"Abollonios", 再根据译成阿拉伯语典型的元音变化(阿拉伯语只有 a、i、u 三个元音, 书写时并不指示短元音), 就成了"Balīnūs"。

　　③ 　《创世秘密之书》的阿拉伯文本直到 1979 年才编辑出版: Ursula Weisser, ed., *Sirr al-khalīqah wa ṣanʿāt al-ṭabīʿah* (Aleppo: Aleppo Institute for the History of Arabic Science, 1979)。其内容的概要现在可见于 Ursula Weisser, *Das "Buch über das Geheimnis der Schöpfung" von Pseudo-Apollonios von Tyana* (Berlin: Walter de Gruyter, 1980; reprint, 2010), Françoise Hudry 编的一个中世纪拉丁文译本是"Le *De secretis naturae* du pseudo-Apollonius de Tyane: Traduction latine par Hugues de Santalla du *Kitāb sirr al-ḥalīqa* de Balīnūs," in "Cinq traités alchimique médiévaux," *Chrysopoeia* 6 (1997 - 1999): 1—153。

在多大程度上与这部拼凑而成的作品相配合,我们现在还说不好。但似乎完全可以怀疑《创世秘密之书》中相关说法的真实性,即该文本被发现时是以叙利亚文写在一块绿色的石板上,而紧握该石板的乃是隐藏在三重伟大的赫尔墨斯雕像下方的一个地下墓穴中的古尸。[①]

可以肯定的是,《翠玉录》此后从未长久地消失于世。它以各种措辞重新出现于各种不同的文本中。许多自称的诠释者都曾试图解读它,但都不能让人满意。由于文本很短,这里可以给出一个完整的早期版本。

32　　　　这是真理,最为确凿,没有疑问。

上者来自下界,下者来自上界,此乃"一"之奇迹。

万物皆生于一。

其父为太阳,其母为月亮。

地腹中孕育,风腹中滋养,土将变成火。

以精细之物尽力哺养大地。

从地升到天,统管上下。[②]

我们可以看到,确信该文本源于古代并且至关重要的读者们

---

①　到了伊斯兰时期,在地下墓室或古埃及历史遗迹中发现神秘文本已经成为一种文学手段;参见 Ruska, *Tabula*, pp. 61—68。

②　英译文出自 E. J. Holmyard, "The Emerald Table," *Nature* 112 (1923):525—526 中的阿拉伯文,引自 p.526。不过请注意,Holmyard 在这篇文章中就《翠玉录》的起源和时代所作的历史主张已被证明是错误的。

必定花了无数个不眠之夜来努力辨析它的含义。天界(大宇宙，
"上界")与地界(小宇宙,"下界")之间的关系似乎很清楚。其中似
乎也提到了一元论("万物皆生于一")，这与衔尾蛇的含义类似。但
"其父为太阳"中的"其"是什么呢？ 一代又一代的炼金术士都相信，
"其"就是引起金属嬗变的哲人石,因此《翠玉录》中包含着有关如何
制备这种珍贵物质的秘密信息。但太阳和月亮是什么呢？ 也许是
干和湿这两种本原？ 金和银？ 地腹在哪里？ 我们应以何种精细之
物以及如何用它来哺养大地？ 我们完全不清楚这个未曾指定的
"其"与哲人石或实际的炼金术是否有关系。《翠玉录》的奥秘——
无论是它的起源还是含义——不大可能在短时间内得到解决。

　　从 10 世纪开始流传一则奇特的轶事,涉及阿拉伯人对炼金术
的早期兴趣。历史学家伊本·法基赫·赫迈扎尼(Ibn al-Faqīh
al-Hamadhānī)描述了公元 754 年到 775 年间哈里发曼苏尔(al-
Mansūr)的大使奥马拉·伊本-哈姆扎('Umāra ibn-Hamza)对拜
占庭皇帝(可能是君士坦丁五世)的一次访问。[①] 根据他的叙述，
拜占庭皇帝向奥马拉展示了君士坦丁堡的几个奇迹,包括堆满一
袋袋白色和红色粉末的储藏室。这位穆斯林大使看到,皇帝命人
将一磅铅熔化,并往坩埚里加入少量白色粉末,铅立刻变成了银。
然后又将一磅铜熔化,加入一点红色粉末,铜就变成了金。奥马拉
向曼苏尔报告了这种奇妙的技艺,曼苏尔随后突然对炼金术产生

---

　　① Gotthard Strohmaier," 'Umāra ibn Hamza,Constantine V, and the Invention
of the Elixir,"*Graeco-Arabica* 4 (1991):21—24; a fuller account is Strohmaier,"Al-
Mansūr und die frühe Rezeption der griechischen Alchemie,"*Zeitschrift für Geschichte
der Arabisch-Islamischen Wissenschaften* 5 (1989):167—177.

33 了兴趣,遂命人将希腊炼金术著作翻译成阿拉伯文。无论这是否忠实记述了奥马拉的报道或者后来对事件的改写,至少时间上是正确的。因为的确是在曼苏尔这位聪颖的巴格达创建者(754—775年在位)的领导下,将科学和医学著作译成阿拉伯文的翻译运动才真正开始。这则轶事特别重要,因为它是对两种转化剂的早期描述,白的用来制银,红的用来制金。这两种形式的哲人石将成为炼金术嬗变的标准内容。

贾比尔及其著作

关于炼金术在穆斯林世界的早期传播,我们的模糊理解很快就会被混乱所取代。因为现在出现了一个人,他在阿拉伯炼金术中扮演的重要角色就如同佐西莫斯在希腊-埃及时期所扮演的角色,他就是贾比尔·伊本-哈扬(Jābir ibn-Ḥayyān)。或者更准确地说,是几位贾比尔·伊本-哈扬。又或者根本没有这个人。长期以来,炼金术史家们一直面临一个棘手的问题,那就是弄清楚某位作者的身份是否真的如他所说,生活的时间地点是否真如他所声称的那样。整个行当从头到尾充斥着匿名、化名、保密、神秘、作假和诡计。在贾比尔有声望的一生之后不久,便出现了关于作者身份及其作品的不同看法,并且一直持续至今。和哈利德和马里亚诺斯的情况一样,炼金术中的事物往往并非它们看起来的样子。

据传统传记记载,贾比尔于公元720年左右出生在巴格达以南的古城库法(Kufa)。他年轻时先是追随希米叶尔人哈比(Harbī the Himyarite,786年以463岁高龄去世),而后跟从一个常被视为马

里亚诺斯弟子的基督教修士学习炼金术。(心中起疑了吗?)不过,
贾比尔最重要的老师是伊斯兰宗教史上一个若隐若现的人物,
即什叶派第六任伊玛目(Imam)——贾法尔·萨迪克(Ja'far
al-Ṣ-ādiq,700—765)。贾比尔将自己的知识直接归功于贾法尔,
自称是其最亲近的弟子。有些文献称,贾比尔本人成了一名伊玛
目和/或苏菲。贾法尔去世后,贾比尔去了巴格达,与有钱有势的
巴尔马基(Barmaki)家族过从甚密,后者把他引荐给了哈里发哈
伦·拉希德(Hārūn al-Rashīd,《一千零一夜》中的著名角色, 34
786—809年在位)的宫廷,贾比尔为拉希德写了一部炼金术著作。
贾比尔的去世时间有808年、812年或815年等不同说法。

　　对这种记述的怀疑早在10世纪便已在流传。巴格达书商伊
本·纳迪姆(Ibn al-Nadīm)报告说,"书商中的许多学者和前辈都
曾断言,贾比尔这个人根本不存在"。[①] 但纳迪姆拒绝这种说法,
其理由是:没有人会写这么多卷书——他列了大约三千卷——还
冠以别人的名字。(创作三千卷书并不像听起来那样荒谬,因为这
些"卷"[*kutub*]近似于篇幅只有几页的章节或短文,而不是整本
书。)其他阿拉伯作家则表示怀疑;14世纪的文学史家札马鲁丁·
伊本·努巴塔·马斯里(Jamāl al-Dīn Ibn Nubāta al-Miṣrī)断言,
他那个时代的共识是,贾比尔是几位不同作者所使用的化名。

　　当科学史家在20世纪初重新发现阿拉伯炼金术时,关于贾比
尔的争论再起。不过,撰写了关于贾比尔的决定性著作的是保
罗·克劳斯(Paul Kraus),一个极为博学和拥有非凡语言才能的学

---

　　① Fück,"An-Nadīm,"p. 96.

者。① 克劳斯的结论是，传统传记将贾比尔的年代提早了一个多世纪。作为证据，他注意到，贾比尔所提到的某些希腊文献在公元8世纪还看不到阿拉伯文版本，贾比尔的一些基本思想出自那部至关重要的百科全书著作《创世秘密之书》，而这部著作编写于813年到833年之间，晚于通常为贾比尔指定的去世时间。此外，贾比尔的许多作品都显示了公元9世纪末什叶派运动的影响。

　　克劳斯还指出，贾比尔的三千卷书出自许多作者之手，而且它们是在一个多世纪的时间里编写而成的。其中年代最早的《慈悲之书》(Kitāb al-raḥma)写于9世纪中叶。他推测，这本书激起了什叶派炼金术士的兴趣，他们要么为其编写指南，要么把自己的想法插入其他业已存在的文本中，从而在9世纪末产生了新的"贾比尔"著作。这一群体还杜撰了贾比尔与他们自己的历史老师——什叶派的伊玛目贾法尔·萨迪克(他并未出现在早先的《慈悲之书》中)之间的关联。② 还有一些作品被冠上了贾比尔的名字，直

---

　　① Paul Kraus, *Jābir ibn Ḥayyān: Contribution à l'histoire des idées scientifiques dans l'Islam*, vol. 1, *Le Corpus des écrits jābiriens*, *Mémoires de L'Institut d'Égypte* 44 (1943), and vol. 2, *Jābir et la science grecque*, *Mémoires de L'Institut d'Égypte* 45 (1942). 第二卷已经重印: Les Belles Lettres (Paris, 1986)。1944年，当克劳斯正在完成第三本书，将贾比尔置于伊斯兰宗教史的背景中时，他被发现在其开罗的公寓中上吊身亡。是自杀还是谋杀？目前仍然有疑问。更糟糕的是，他第三本书的大部分手稿在他去世后遗失了。就这样，这位破解了过去众多难解奥秘的无与伦比的学者以他自己的神秘方式悲惨离世；虽然他费尽心力复原了丢失了数个世纪的书籍，但他自己最后一本书的大部分内容却不小心遗失了。

　　② 曾有一部冠以"贾法尔"之名的炼金术文本被发现，但后来表明它是后世的伪造，参见 Julius Ruska, *Arabische Alchemisten II: Ǧaʿfar alṣādiq, der Sechste Imām*, *Heidelberger Akten von-Portheim-Stiftung* 10 (1924; reprint, Vaduz, Liechtenstein: Sändig Reprint Verlag, 1977)。该出版物包括了被归于贾法尔的炼金术文本的一个德文翻译。

到 10 世纪下半叶。因此,贾比尔的著作是一"派"炼金术士不断演化出来的产物。[①] 在所有这些当中可能有一个实际的贾比尔·伊本-哈扬,但与传记或参考书目所声称的并不一致。因此,如果我以后再写"贾比尔",其实是指"那些被冠以贾比尔之名的著作的作者"。

35

金属的汞-硫理论

贾比尔的著作不仅包含着关于工序、材料和仪器的实用信息,还包含着许多理论框架。与他相关的最持久的贡献是金属的汞-硫理论。《澄清之书》(*Kitāb al-īḍāḥ*)提出了这一理论,它在贾比尔之前已经有悠久的历史。它最终源自亚里士多德(前 384 -前 322),后者认为从地球中心散发出两种"排出物"(exhalations):一种干燥而像烟雾,另一种潮湿而像蒸汽。[②] 这些排出物在地下凝结成石头和矿物。然而,贾比尔的直接来源并非亚里士多德,而是巴里努斯在公元 9 世纪初的重要著作《创世秘密之书》。[③]佐西莫斯对硫蒸汽的兴趣以及认为汞是金属共有的"身体",在亚里士多德和巴里努斯之间可能也起到一种中介作用。

贾比尔著作中概括的巴里努斯的汞-硫理论是说,所有金属都

---

① Kraus,*Le Corpus des écrits jābiriens*,pp. xlv—lxv 对这一观点作了概述。

② Aristotle,*Meteorologica* 3. 6. 378a17—b6.

③ Kraus,*Jābir et la science grecque*,pp. 270—303,and Pinella Travaglia,"I *Meteorologica* nella tradizione eremetica araba:il *Kitāb sirr al-ḫaliqa*,"in Viano,*Aristoteles chemicus*,pp. 99—112.

是由汞（类似于亚里士多德所说的潮湿排出物）和硫（类似于亚里士多德所说的烟雾排出物）这两种本原复合而成的。这两种本原在地下凝结，以不同的比例和纯度相结合，产生出各种金属。贾比尔写道，

> 所有金属都是汞与在地球的烟雾排出物中升入其中的矿物硫凝结而成的。金属之间的不同仅仅在于其偶性，这取决于进入其组成的硫的不同形态。而这些硫则取决于不同的土及其在太阳热之下的暴露。最为精细、纯净和平衡的硫是金的硫。这种硫完整而均衡地与汞凝结在一起。正是由于这种均衡，金耐火，在火中保持不变。[①]

于是，最精细的硫和汞按照精确的比例完美结合，就会产生金。而当汞或硫不纯，或者两者以错误的比例相混合时，就会产生贱金属。这种理论为嬗变提供了理论基础。如果所有金属都共享这两种成分，只是那些成分的相对比例和性质有所不同，那么净化铅中的汞和硫并调整它们的比例，就应可以产生金。

关于金属的汞-硫理论，需要强调两点。首先，在 18 世纪以

36

---

① Jābir, *Kitāb al-īḍāḥ*, in *The Arabic Works of Jābir ibn Ḥayyān*, ed. and trans. E. J. Holmyard (Paris: Geuthner, 1928), p. 54 [Arabic text]; E. J. Holmyard, "Jābir ibn-Ḥayyān," *Proceedings of the Royal Society of Medicine, Section of the History of Medicine* 16 (1923): 46—57, quoting from p. 56 [partial English translation]; Karl Garbers and Jost Weyer, eds., *Quellengeschichtliches Lesebuch zur Chemie und Alchemie der Araber im Mittelalter* (Hamburg: Helmut Buske Verlag, 1980), pp. 34—35 [German and Arabic].

前,只有七种金属得到认可。两种被认为是贵的(金和银),五种被认为是贱的(铜、铁、锡、铅和汞)。[①] "贵""贱"之别不仅取决于金属的相对货币价值,而且取决于它们内在的美和抗腐蚀能力。其次,汞和硫这两种金属本原并不必然等同于用这些名字来称呼的普通物质。通过类比那些普通物质的性质,这些名字与凝结的排出物联系在一起。阿拉伯炼金术士们非常清楚地知道,当他们在作坊里把普通的汞和硫结合在一起时,获得的是辰砂(硫化汞),而不是金属。贾比尔的著作甚至给出了制备辰砂的明确配方:将汞滴入熔融的硫。[②]

事实证明,汞-硫理论极有生命力。直到 18 世纪,在被提出几乎一千年后,它仍然(以各种形式和不同程度)被大多数化学工作者所接受。这种生命力既表明它在概念上很有用,也表明观察到的现象似乎支持它。将铁和铜等金属研成粉末,丢入火焰,就会熊熊燃烧,在此过程中常常会散发出一种硫的味道。这个简单的观察支持这样一种想法:它们含有某种类似于硫的可燃物质。锡和铅极易熔化,熔融时与普通的汞在视觉上没有什么区别,这表明它们含有大量类似于汞的某种液体成分。如果这种液体成分所占比例较小,将可以解释为什么铁和铜如此难以液化——它们太"干"。同样,锡和铅柔软易折,铜和铁则既硬又脆,仿佛前者的成分中液体太多,后者的成分中液体太少(试想一下陶器的粘土与太多或太

---

　　① 希腊炼金术士并没有把汞列为一种金属;在贾比尔派著作中,有些文本把汞列入金属,有些则没有。在后来的阿拉伯炼金术和拉丁炼金术中,汞一般被认为是金属。

　　② Garbers and Weyer, *Lesebuch*, pp. 14—15; Holmyard, "Jābir," p. 57.

37 少的水相混合）。最后，贱金属的生锈或腐蚀暗示它们正在"分
    解"，因为它们的各种成分结合得较差或较弱，不像金和银等贵金
    属结合得更强、更稳定。

贾比尔的炼金药：亚里士多德的性质、
盖伦的度和毕达哥拉斯的数

　　如果说嬗变只需对比例加以简单的调整，那么这个过程实际
如何完成呢？贾比尔先是从希腊自然哲学中借用了两个概念。首
先是亚里士多德的"四种基本性质"及其与"四元素"的关系。亚里
士多德说，任何事物最基本的性质是热、冷、湿、干。当这些性质成
对与质料相结合时，便产生了火、气、水、土这四种元素。[1] 热和干
结合产生火，冷和湿结合产生水，冷和干结合产生土，热和湿结合
产生气（见图 2.1）。亚里士多德认为这四种元素是复合物的抽象
本原，而不是可以放入瓶子贴上标签的实际物质。然而，贾比尔比
亚里士多德更是一个化学家。在贾比尔的著作中，这些元素可以
作为可分离的物质而具体存在。

　　如果对几乎任何有机物（例如木头、肉、毛发、叶子、鸡蛋）逐渐
加热，各种物质会被热依次逐出，留下固体残余物。贾比尔对这个
实际实验的解释是：复合物分解为其组成元素。"火"作为可燃和/
或有色物质蒸馏出来，"气"作为油状物质蒸馏出来，"水"作为潮湿
物质蒸馏出来；"土"则作为残余物留下来。通过蒸馏将这些元素

---

①　参见 Lindberg，*Beginnings of Western Science*，pp. 31，53—54。

分开之后，贾比尔希望通过移除它们两种性质当中的一种来进一步分解它们。根据亚里士多德的说法，水是湿和冷这两种性质与质料的结合，所以贾比尔让读者从某种具有"干"这种性质的东西——他建议用硫——中不断蒸馏出分离的水。通过反复蒸馏，硫的干就破坏了水的湿，炼金术士便可得到某种比亚里士多德的元素更简单的东西：只拥有冷性的质料。随着湿性被移除，水的显著性质自然会发生改变，贾比尔声称，经过重复处理，水会变成一种类似于盐的闪闪发光的白色固体。对每一种元素作化学处理，将会产生四种物质，每种物质都只带有一种亚里士多德的基本性质。[①]

四种单性质的物质一经分离，就可以结合成一种转化剂。为了指导实践，贾比尔现在借用了一个最终源于希腊医学的概念(但阿拉伯医生传播的可能是其更成熟的形式)。医生帕伽马的盖伦(Galen of Pergamon,129-216?)用一种与亚里士多德的性质和元素类似的体系将希波克拉底的医学组织起来。与火、气、水、土四元素类似，人体也包含四种体液：血液、粘液、黑胆汁和黄胆汁。和元素一样，这些体液也与亚里士多德的基本性质联系在一起：粘液是冷和湿的，黑胆汁是冷和干的，等等(图2.1)。当四种体液处于恰当的平衡时，身体就健康。但每一种体液的量会随着饮食、活动、位置、季节等因素而发生变化；当体液失去平衡时，疾病就会产生。因此，医生必须查明失衡的原因并提供有针对性的治疗。[②]

38

39

---

① Kraus, *Jābir et la science grecque*, pp. 4—18 对这些过程作了详细描述。

② 对盖伦医学的速览，参见 G. E. R. Lloyd, *Greek Science after Aristotle* (New York: Norton, 1973), pp. 136—153, esp. 138—140；关于金迪对这一程度系统的发展，参见 Pinella Travaglia, *Magic, Causality and Intentionality: The Doctrine of Rays in al-Kindī*, Micrologus Library 3 (Florence: Sismel, 1999), pp. 73—96。

鼻塞、流鼻涕和活动力低下的患者明显有过多的粘液,我们通常把这种病称为"感冒"(cold)——关于体液和性质的学说一直保存至今——许多母亲(无意中符合了盖伦的学说)仍然相信这是因为暴露于湿冷的环境中,而不是由微生物引起的。治疗方法要么是刺激身体以恢复其平衡,要么是用相反的东西即热和干的药物来恢复体液平衡。

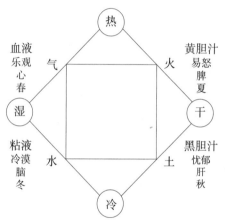

图 2.1 一幅示意图,显示了四元素如何源于亚里士多德的四种基本性质,以及四种体液、体质、器官和季节与四元素的关系

　　贾比尔的转化体系正是以同样的方式运作的。他教导说,每一种金属都是由各个性质以精确的数学比例结合而成的。比如在金中,热和湿占主导,而在铅中,冷和干占主导。因此,将铅转化为金就要引入更多的热和湿,或减少冷和干。[①]　就这样,贾比尔设计

──────────

出一种实用的工作方法。在成功地分离了热和湿之后,炼金术士可以将它们结合成一种物质,若把这种物质添加到铅中,将把其性质比例调整为金中的比例,从而将其转化为金这种贵金属。

贾比尔用来表示转化剂的术语强调了与药物的联系。希腊-埃及时期的炼金术士用"炼金药"($xērion$)一词来描述转化剂,该词原指一种用来治疗创伤的药粉。贾比尔使用了相同的药物术语,但将它转写为阿拉伯语词 al-$iksīr$。(为把 $xērion$ 转换成阿拉伯语词,移除希腊语的语法词尾-ion,加入阿拉伯语的定冠词 al-,再加上 i 以帮助发音。)用来指炼金术转化剂的这个阿拉伯语词已经作为 $elixir$ 流传下来,该词至今仍然被用来指具有神奇效果的物质特别是药物。贾比尔的炼金药通过调整金属的性质比例来"治愈"金属,就像某种药物通过调整体液比例来治愈病人一样。因此对贾比尔来说,每种金属都需要一种特定的炼金药,就像每位患者都需要特定的药物一样。每种炼金药都由数量精确的分离性质所组成,当把这些性质添加给特定金属中业已存在的那些性质时,总和就达到了制金所需的完美比例。简单,逻辑,优雅!

贾比尔的炼金药理论新颖而具有原创性。他的炼金药纯粹是四种性质按照正确比例结合而成的,几乎可以由任何东西制备出来,因为热、冷、湿、干存在于所有物质之中。这种观念与希腊作者们形成了鲜明的对比,希腊作者声称,炼金术的最大秘密在于发现可用于制作转化剂的正确物质,并且通常规定它是某种矿物。最早的贾比尔著作《慈悲之书》与希腊作者的看法一致,但后来的《七十书》($Seventy$ $Books$)则更喜欢从生命物质开始。这种实质变化可能源于实践上的挫折:动植物物质很容易通过蒸馏来分解,但对

于大多数矿物来说却难以做到或不可能做到。尽管贾比尔的著作
在理论上很复杂,而且其观念在现代化学看来很陌生,但不要忘
了,它们的作者和读者都主动做了实际的实验。他们对于各种物
质都有丰富的经验,观察到这些物质对于加热以及彼此之间是如
何反应的。因此,贾比尔的著作中充满了制备过程以及对各种操
作和反应的描述。①

　　贾比尔的著作描述了炼金药的三个层次,区别在于炼金术士
对进入炼金药成分的性质(或贾比尔所谓的"本性")的净化程度。
性质越纯净,炼金药的效力就越强大。较为懒惰的炼金术士会满
足于较少的蒸馏,从而制备出前两个层次的炼金药,每一个层次都
会适度地起作用,而且只对某一种金属起作用。不过,炼金术大师
会一直坚持到把性质净化到最大程度,因为这些极为纯净的性质
的恰当结合会产生最伟大的炼金药(*al-iksīr al-a'ẓam*),即能把

---

　　①　关于贾比尔派的著作,很少有出版物问世。选编的阿拉伯文本可见于 Holm-
yard,*The Arabic Works of Jābir ibn-Ḥayyān*;Paul Kraus,*Jābir ibn-Ḥayyān:Textes
choisis* (Paris:Maisonneuve,1935)和 Pierre Lory,*L'Élaboration de l'Élixir Suprême*
(Damascus:Institut Français de Damas,1988)[《七十书》中的前 14 篇论著]。译成欧
洲语言(没有英语)的有 Alfred Siggel,ed.,*Das Buch der Gifte des Ğābir ibn-Ḥayyān*
(Wiesbaden:Akademie der Wissenschaften und der Literatur,1958)[*Kitāb al-sumūm*
的阿拉伯文,并附德语翻译]和 Pierre Lory,trans.,*Dix traités d'alchimie* (Paris:Sin-
bad,1983)[《七十书》中的前 10 篇论著被译成了法文]。最早的文本 *Kitāb al-raḥma*
也有中世纪拉丁文翻译,最早的编辑版本是 Ernst Darmstaedter,"Liber Misericordiae
Geber:Eine lateinische Übersetzung des grösseren Kitāb alrahma,"*Archiv für Ge-
schichte der Medizin* 17 (1925):187—197,《七十书》的一个中世纪拉丁文翻译发表于
Marcellin Berthelot,*Mémoires de l'Académie des Sciences* 49 (1906):308—377。Lory
(*Dix traités*,pp.79—89)对贾比尔的仪器和操作作了出色的论述,Kraus (*Jābir et la
science grecque*,pp.3—18)非常清晰地阐述了制备炼金药的步骤,并把许多实用段落
译成了法文,pp.3—18。

任何金属变成金的哲人石本身。[1]

这些思想都出现在公元 9 世纪末的早期贾比尔著作《七十书》中。随着贾比尔著作的发展——亦即随着其他什叶派炼金术士加入进来,为之贡献自己的思想和经验——一个新的复杂层次出现了。一些读者可能已经在问后来的贾比尔派炼金术士们必定会问的问题:如果必须增加存在于贱金属中的性质,我们难道不是先得精确地知道每种性质存在多少吗?我们怎么知道铅中存在着多少热、冷、湿、干,从而知道究竟还需要多少才能把它变成金呢?今天,我们会自动想起分离和称重等经验分析方法,贾比尔著作的早期作者(们)似乎也是如此。但是到了 10 世纪中叶,贾比尔著作的作者们对于这个问题已经开始有不同看法。其出发点仍然是盖伦的医学观念,但所提出的将其付诸实践的方法已经转移到其他——也许令人惊讶的——领域。

盖伦的一项医学贡献与这个测量问题有关。为了量化患者体液的失衡程度,他引入了一个半定量的标度。他将性质(热、冷、湿、干)分为四种强度,并按照那些程度对药物和疾病进行分类。盖伦的想法与剂量问题有关。毕竟,如果病人只是轻度"冷"[感冒](即一度),那么使用极热的药物(四度)将是危险的而不是有益的,因为它会沿反方向导致进一步失衡。疾病和用于治疗它的药物必须平衡。

贾比尔的《平衡之书》(*Kutub al-Mawāzīn*)将此系统的一个修改版本应用于嬗变。盖伦的二度比一度究竟强多少呢?贾比尔

---

[1]　Kraus, *Jābir et la science grecque*, pp. 6—7; Lory, *Dix traités*, pp. 91—94.

断言,四个度之间的关系为 1∶3∶5∶8;也就是说,二度是一度的 3
倍,三度是一度的 5 倍,四度是一度的 8 倍。然后他将这四个度中
的每一个都细分为七级,从而就每一种性质都给出了总共 28 个强
度等级。然后,为了确定某物究竟有多么热、冷、湿、干,他并没有
进行定量分析,而是令人惊讶地转到了毕达哥拉斯学派的数字象
征主义。

　　贾比尔作了一张图,将四种性质排在四栏顶部,七个强度等级
排成七行,从而给出一张共有 28 个框的表。他在这些框中分别填
入了 28 个阿拉伯语字母,从而为每一个字母指定了一种性质和一
个强度等级。然后他取一种物质的名字,比如 $usrub$(铅),在阿拉
伯语中写成四个字母($'alif$, sin, ra' 和 ba'),用这张表来分析它。
该表把"$'alif$"指定给最高等级的热,由于它是这个词的首字母,
所以被归于一度。由此我们发现,铅的热是一度的最高等级。该
表把字母 sin 指定给四度的干,由于它是 $usrub$ 中的第二个字母,
所以铅的干必定是二度的第四等级。对于这个词的其余部分也可
42　作类似的处理。一旦做出这种字母分析,就可以用另一张表将这
些度和等级转换为实际重量,从而确定铅或任何其他物质中存在
的每一种性质的相对重量。然后便可精确计算出需要为给定重量
的铅添加多重的每种性质,才能使其组成变成金中的比例。

　　这看起来似乎是一个随意的系统,而不是某种现代意义上"科
学"的东西,但现代读者不应对此感到失望。它为我们反思科学史
上的一个关键环节提供了机会。今人和古人对世界往往并不怀有
相同的看法或期望,也并不必然以同样的方式去理解世界。他们
要处理的问题并不是我们的问题,他们回答问题的方式也并不必

然是我们的方式。对一个人来说似乎是任意的东西,对另一个人
来说则表达了深刻的自然法则;在一个人看来是对宇宙设计的洞
察,在另一个人看来却只是无关紧要的细节。认识到这些差异有助
于我们避免将自己的知识和期望错误地投射到过去来衡量其价值。

　　对贾比尔来说,他的字母表系统并非随意,而是包含着关于世
界存在方式的永恒真理。首先考虑他为盖伦的四个度所给出的比
例1∶3∶5∶8。它是从何而来的? 这四个数加起来等于17。对贾比
尔来说,17是世界的基本数——或者可以说,这个数之于贾比尔
就相当于光速或普朗克常数之于我们。这个数并不是他随意挑选
的。从公元前6世纪建立的秘密团体毕达哥拉斯学派开始,这个
数在整个古代地中海世界一再重现。在毕达哥拉斯学派看来,数
学不仅是物质世界的关键,而且也是哲学、宗教和生活的关键。其
核心格言“万物皆数”被证明具有极大的影响力,直到今天也依然
如此。数构成了存在的基础,数本身就有意义,而不只是用来计数
或测量某种东西。因此,毕达哥拉斯学派在数和数学关系中寻求
意义,不仅是物理意义,而且还有形而上学意义。① 根据毕达哥拉
斯学派的原则,17是7(表示神性)和10(表示完满)这两个重要的
数之和。它也是第七个素数,音阶中相邻音符关系的比率9∶8的

---

① 毕达哥拉斯主义入门可参见 Jacques Brunschwig and Geoffrey E. R. Lloyd,
eds. ,*Greek Thought:A Guide to Classical Knowledge* (Cambridge,MA:Belknap Press
of Harvard University Press,2000),pp. 918—936 中 Carl Huffman 的文章;Jean-Pierre
Brach's article "Number Symbolism"in Hanegraaff,Faivre,van den Broek,and Brach,
Dictionary of Gnosis and Western Esotericism,2:874—883 对数字象征主义作了有价
值的概述。

43 两个数之和,还(几乎)是高为 12 的等腰直角三角形的斜边长度。
这个数甚至间接出现于福音书中。复活的基督告诉使徒们把网投
入大海,此时他们捕到了 153 条鱼,而这正是 17 的"三角形数",即
前 17 个整数之和。[①]（但愿古人已经知道北美的十七年蝉,它们
每蛰伏 17 年就会大规模出现一次。）17 也是希腊字母表中辅音的
数目,在一些新柏拉图主义体系中,元音代表非物质的东西,辅音
代表物质的东西。这一背景使我们看到贾比尔为何会把 17 看成
所有物质的一个基本数。

    正如对于前现代的人来说,数的意义远远超出了它们作为数
量的用处,语词也远不只是为了人类交流的方便。对贾比尔来说,
通过分析物质的阿拉伯名称来了解物质本身,这既非幼稚,亦非随
意。穆斯林相信,《古兰经》是由穆罕默德口授的——这与正统的
基督徒相反,在他们看来,《圣经》是由神启示的,但却是用神圣的
作者们选择的语词来表达的。神使用阿拉伯语（由天使长加百列
传递）,意味着阿拉伯语是一种神圣的语言。阿拉伯语的语词本身
并非事物的任意能指,而是神为其造物所指定的名称,因此具有深
刻的含义,与它们所命名的对象有真实的关联。因此,分析事物的
名称可以揭示事物本身。同样的想法也构成了被称为"数值对应

---

    ① John 21:3—14. 形成于古代晚期思想文化的早期古代教父会毫无疑问地把鱼
的这个数目"解读"成一个完满和普遍的数,捕获的 153 条鱼意味着地球上的每一个种
族和国家都将在教会中得到拯救,教会就是那张没有撕破的渔网;例如参见 St. Augus-
tine, On the Gospel of John, tractate 122. 要想理解"三角形数",可以画一个点,然后
在它下面再画两个点,以标记一个等边三角形的角。再在一行两个点下方画出一行三
个点、一行四个点、一行五个点、一行六个点,等等。到达十七行时,总点数将为 153,即
17 的"三角形数"。

法"(gematria)的犹太教卡巴拉(Kabbalah)分支的基础,其基督教版本在中世纪和文艺复兴时期得到探究。

　　一旦理解了世界观的这种差异,我们甚至可以说,贾比尔背后的渴望其实与我们非常相似。其基本目标是以数学方式对自然物进行分类和量化,从而使实践者能以精确的定量方式处理它们。从这种角度和语境来看,该体系其实是一种先进的标准化努力,试图通过数学方式来理解他所认为的物质的内在性质。贾比尔试图把握、统一和处理隐藏在可见自然物背后的规则和现象,这乃是今天几乎所有科学领域的一个基本特征。此外,对"贾比尔"方法连续不断的阐述可能缘于未能成功地从经验上运用较早的理论构想。　44

　　贾比尔炼金术理论的这个最终版本并没有被后来的炼金术士采用。它可能太过复杂了,而且不是译自阿拉伯文。而更简单的汞-硫理论则被广泛采用,从贾比尔那里,从后来他的阿拉伯追随者那里,甚至直接从《创世秘密之书》中,拉丁西方都可以直接了解汞-硫理论。如果说汞-硫理论与关于组成的四元素理论彼此之间的关系令人不安或并不明确,那么这在一定程度上是由于贾比尔著作中思想的演进。不过也许仍然可以假定(正如一些炼金术士实际上做的那样),汞载有冷和湿这两种性质,硫载有热和干这两种性质,或者各个元素结合产生硫和汞,硫和汞再进而产生金属。

炼金术的保密性和文学风格

　　贾比尔的著作还有一些体裁上的特征影响了后来的炼金术作

者。首先是知识的分散(*tabdīd al-'ilm*),一种据称有助于保守秘密的方法。贾比尔说:"我呈现知识的方法是把知识切碎,分散到很多地方。"[1]其想法是,不可能在一个地方找到贾比尔的所有教导;相反,他把一个想法或工序分散到一本或几本书中。这种技巧在部分程度上完成了贾比尔据称的老师贾法尔交给他的任务:"哦,贾比尔,你可随意透露知识,但务必使接触到它的人真正配得上它。"[2]克劳斯指出,这种知识分散实际是为了隐藏贾比尔著作的多重作者身份,使后来的作者能够声称以前的文本是"不完整的",从而有机会给这些著作补充新的内容,将它们的各个层次合为一体,并且把书与书之间的矛盾解释过去。[3] 无论原初的原因是什么,这种方法将被后来的许多炼金术文本模仿,因此,拉丁炼金术士们经常引用"一本书打开了另一本书"(*Liber librum aperit*)这条座右铭。

贾比尔著作的保密性比之前的文本更高,但很少用到佐西莫斯使用的"假名"(虽然这在其他阿拉伯炼金术文本中很常见)或谜一般的寓意。[4] 不过,贾比尔著作的作者们很清楚这些技巧。事

45

---

① Jābir, quoted in Kraus, *Le corpus des écrits jābiriens*, p. xxvii.

② Jābir, quoted in Kraus, *Le corpus des écrits jābiriens*, p. xxvii.

③ Jābir, quoted in Kraus, *Le corpus des écrits jābiriens*, pp. xxxiii—xxxiv.

④ Julius Ruska and E. Wiedemann, "Beiträge zur Geschichte der Naturwissenschaften LXVII: Alchemistische Decknamen," *Sitzungsberichte der Physikalischmedizinalischen Societät zu Erlangen* 56 (1924):17—36 对 al-Tughrā'i(11 世纪)的一部著作中的一些阿拉伯"假名"作了编目;Alfred Siggel, *Decknamen in der arabischen alchemistischen Literatur* (Berlin: Akademie Verlag, 1951)给出了来自更多文献的更长清单。

实上,贾比尔以他特有的谦卑感叹道:"我在绝没有使用谜的情况下展示了整个这门科学;唯一的谜就在于知识的分散。以神作证,世界上没有任何人比我对世界及其居民更慷慨,更仁慈。"[①]读者若以为这种说法极不真诚,那是可以原谅的。

炼金术写作的另一个典型的文体特征是一种"指引风格"(initiatic style)。[②] 也就是说,作者有意以一种威严的方式写作,以一个小圈子的主人身份说话,把读者当成要求进入圈子的人。这种指引风格显见于贾比尔的部分著作,它部分缘于要把这些著作当成伊玛目贾法尔的教导,部分缘于——就像增强的保密性——当时伊斯玛仪(Isma'ili)派的一些典型特征。这些派别把他们所追随的新柏拉图主义哲学中秘密的指引性当作一种有利的政策来接受,因为在伊斯兰世界的大多数人看来,更"极端的什叶派"在宗教上是非正统的。然而,随着后来的作者努力模仿贾比尔的著作,原本局限在宗教政治方面的贾比尔著作的影响波及了后来的整个炼金术史。试图破解后来炼金术文本的罗伯特·波义耳(Robert Boyle,1627－1691)的确义愤填膺地说:"这些作者每每把读者称为他们的儿子,并且郑重宣布……会向其透露他们的秘密……之后却用谜而不是教导来搪塞。"[③]

---

① 引自 *Book of Properties* (*Kitāb al-khawāss*) in Kraus, *Le corpus des écrits jābiriens*, p. xxviii。

② William R. Newman, *The Summa Perfectionis of the Pseudo-Geber : A Critical Edition , Translation , and Study* (Leiden : Brill, 1991), p. 90.

③ Robert Boyle, *Dialogue on Transmutation*, edited in Lawrence M. Principe, *The Aspiring Adept : Robert Boyle and His Alchemical Quest* (Princeton, NJ : Princeton University Press, 1998), pp. 233—295, quoting from pp. 273—274.

《哲人集会》和拉齐的《秘密的秘密》

公元 900 年前后另一部炼金术经典《哲人集会》问世，一般以其拉丁文标题 *Turba philosophorum* 而闻名。这部作品写的是希腊哲学家的一次集会。书中提到了恩培多克勒、阿那克萨戈拉、留基伯等九位前苏格拉底哲学家，由毕达哥拉斯主持会议。这些人就物质的构成和宇宙论进行争论，每个人都给出了被（有时正确，有时错误）归于其同名者的思想版本。这位匿名的阿拉伯作者似乎利用了公元 3 世纪初的教父希波吕托斯（Hippolytus）反对异端学说的一本著作，以及对更早的希腊哲学家与后来的希腊-埃及炼金术士进行比较的奥林皮俄多洛斯的著作，但所有这些希腊材料都被置于一种伊斯兰语境。《哲人集会》在很大程度上是要证明伊斯兰教的神是造物主，世界具有齐一性（同样是一元论），所有造物都是由四元素构成的。[①] 显然，这部作品在性质上与贾比尔的著作有很大不同——它不包含任何实践上的教导，也没有明确谈及制金。但后来的许多炼金术士都尊敬它，因为它讨论了物质的本性，这是一个对炼金术显然至关重要的话题。《哲人集会》还进一步表明了希腊哲学思想的重要作用及其在伊斯兰世界的持续发展。

[①] Martin Plessner，"The Place of the *Turba Philosophorum* in the Development of Alchemy," *Isis* 45（1954）：331—338, and *Vorsokratische Philosophie und griechische Alchemie*（Wiesbaden：Steiner, 1975）. Plessner 的工作扩展和纠正了 Julius Ruska，*Turba philosophorum*：*Ein Beitrag zur Geschichte der Alchemie*（Berlin：Springer, 1931）这一基础性的仍然有用的文本工作。

拉齐(Abū Bakr Muhammed ibn-Zakarīyya'al-Rāzī,约 865 –
923/4)在拉丁世界通常被称为 Rhazes,代表着一种非常不同的阿
拉伯炼金术士。他生于波斯的雷伊(Rayy),后成为伊斯兰世界最
著名的医生和炼金术作者之一。在 1600 年以前,他的作品在欧洲
一直是权威教科书。据记载,拉齐至少写过 21 本关于炼金术的
书。[①] 他拒绝接受贾比尔的平衡理论,但接受了金属的汞-硫理
论,并且补充了这样一种观念,即有时金属中也含盐。他最著名的
作品《秘密之书》(*Kitāb al-asrār*)也被称为《秘密的秘密》(*Kitāb
sirr al-asrār*),是为他的一个学生写的。[②] 这本书读起来就像一
部实验室手册,它先是对自然存在的物质——挥发性物质("精
气")、金属、石头、硫酸盐、硼砂和盐——及其不同品种作了系统分
类。拉齐认真描述了如何识别和净化它们,进而描述了各种操作
所需的仪器和熔炉,接下来描述了蒸馏和升华等技术,然后给出了
用来制备各种东西的数十个配方。其具体细节表明,它们是大量
实际经验的产物。拉齐列出的丰富的原料和仪器表明,阿拉伯炼
金术士们使用的炼金术材料和技术内容已经大大超越了之前希腊
作者的认识。

　　拉齐显然也对嬗变过程感兴趣,《秘密之书》中的许多配方据

---

　　① Julius Ruska,"Al-Biruni als Quelle für das Leben und die Schriften al-Rāzī's,"
Isis 5 (1923):26—50;"Die Alchemie ar-Razi's,"*Der Islam* 22 (1935):281—319.

　　② Julius Ruska,*Al-Rāzī's Buch der Geheimnis der Geheimnisse* (Berlin:Spring-
er,1937;reprint,Graz:Verlag Geheimes Wissen,2007)[包含了对拉齐文本完整的德文
翻译];H. E. Stapleton,R. F. Azo,and M. Hidayat Husain,"Chemistry in Iraq and Per-
sia in the Tenth Century AD,"*Memoirs of the Asiatic Society of Bengal* 8 (1927):
317—418[包含了对拉齐文本部分的英文翻译]。

47　称都能引发某种嬗变。此外,他还为炼金术的目标增加了一个新的维度,即把石头、水晶甚至玻璃变成宝石。和金属的那些转变一样,这些转变也要借助专门制备的炼金药来实现。《秘密之书》最后给出了由矿物和有机物(比如鸡蛋和毛发)制成的各种炼金药配方。然而,该书的许多内容并不与嬗变直接相关。炼金术(或者对于拉齐而言的 al-kīmíyā')所涵盖的内容远不只是制金。将"炼金术"(alchemy)一词限定于制金的语境是在拉齐时代之后许多个世纪里发展起来的。事实上,这个狭窄的定义虽然现在显得非常自明,其实直到 17 世纪末才出现。在那之前,"炼金术"是指现在可以被我们宽泛地视为"化学的"所有那些过程和概念。换句话说,拉齐的物质分类系统肯定是化学史的一个核心部分,即使在它与嬗变没有关系时。

伊本·西那和对嬗变的批判

随着炼金术在阿拉伯时期的扩充和发展,也出现了对炼金术说法的批判、怀疑和否认。假如这些反炼金术文献存在于希腊-埃及时期,它们就不会留存下来。[①] 但在阿拉伯世界,异议已经变得很常见。金迪(Al-Kindī,870 年去世)是一位对希腊的哲学和科学思想深感兴趣的多产作者,他写了一部现已失传的短论来反驳制

---

①　公元 5 世纪的新柏拉图主义哲学家普罗克洛斯(Proclus)有过一则简短的评论,似乎否认炼金术士能以与自然同样的方式来制金,尽管我们不清楚他是否否认制金本身;Proclus, *Commentary on the Republic*, 2.234.17。

金的真实性。① 而拉齐则为嬗变作了辩护，并且撰写了现已同样失传的小册子来反驳金迪。②

对制金最有影响的攻击来自伊本·西那(ibn-Sīnā，约 980－1037)，他在拉丁世界通常被称为阿维森纳(Avicenna)。和拉齐一样，伊本·西那也是波斯人，写过一些医学文本，特别是《医典》(al-Qānūn)，直到 17 世纪一直是欧洲医学院校的权威论著。不过他也讨论了炼金术话题。伊本·西那的《论炼金药》(Risālat al-iksīr)声称对支持和反对炼金术的文本都了如指掌(他对两者都不感兴趣)，并且对制金持谨慎的肯定态度。然而，学者们对《医典》的作者身份仍然莫衷一是；如果它真是伊本·西那的著作，那它也许表达了伊本·西那早期的思想。③ 我们更有把握的是，他更著名的《治疗论》(Kitāb al-shifā')得出了不同的结论。这部真实性

48

---

① 关于金迪，参见 Felix Klein-Francke,"Al-Kindi,"in *The History of Islamic Philosophy*, ed. Seyyed Hossein Nasr and Oliver Leaman (New York: Routledge, 1996), pp. 165—177。al-Mas'ūdi(956 年去世)在其 *Murūj al-dhahab* 中提到了他反对制金的失传著作，法译本: *Les Prairies d'Or*, trans. B. de Maynard and P. de Courteille (Paris, 1861－1917), 5: 159。

② 这部著作被列在拉齐著作的中世纪目录(阿拉伯文和拉丁文对照)中，参见 G. S. A. Ranking,"The Life and Works of Rhazes (Abu Bakr Muhammad bin Zakariya ar-Razi),"*XVII International Congress of Medicine*, *London 1913*, *Proceedings*, section 23, pp. 237—268; on p. 249, no. 40。

③ Julius Ruska,"Die Alchemie des Avicenna,"*Isis* 21 (1934): 14—51 说这部著作是拉丁人的伪造，但有一部阿拉伯文本存在着；参见 H. E. Stapleton, R. F. Azo, Hidayat Husain, and G. L. Lewis,"Two Alchemical Treatises Attributed to Avicenna,"*Ambix* 10 (1962): 41—82。Georges C. Anawati,"Avicenna et l'alchimie,"in *Convegno internazionale, 9—15 aprile 1969: Oriente e occidente nel medioevo: filosofia e scienze* (Rome: Accademia Nazionale dei Lincei, 1971), pp. 285—345 同时给出了这部著作的阿拉伯文本、法文翻译和中世纪拉丁文版本。

确凿无疑的著作包含着一个讨论矿物的部分,伊本·西那在其中讨论了矿物和金属的形成,并且采用了在他那个时代已经成为标准的汞-硫理论。但与拉齐等炼金术作者不同,伊本·西那进而否认了金属嬗变的可能性:"关于炼金术士的说法,我们必须清楚地认识到,他们没有能力引发种类的任何真正变化。"①伊本·西那反驳意见的核心涉及两个密切相关的要点:人的弱点与人的无知。首先,他指出,人的力量比自然小得多:"炼金术达不到自然……无法超过她。"②或如他在另一本书中所说,"无论神凭借自然力量创造出什么东西,都无法被人为地模仿;人的努力不同于自然之所为"。③

伊本·西那认为人工制备的东西永远也不可能与自然物一样,无论我们谈论的是黄金、宝石还是其他什么东西。因此,如果今天有些人(不正确地)认为,橘子中的维生素 C 与用化学方式产生的维生素补充剂不尽相同,他会表示赞同。关于人的无知,伊本·西那声称,我们所感觉和认为的金属之间的差异——即炼金术士们努力改变的东西——并不是其真正的本质差异,而仅仅是

---

①　E. J. Holmyard and D. C. Mandeville, eds. , *Avicennae de congelatione et conglutinatione lapidum*, *Being Sections of the Kitāb al-Shifā'* (Paris: Paul Geuthner, 1927), p. 40. 这个版本包含着拉丁文本和阿拉伯文本,并附后者的英译和注释。

②　E. J. Holmyard and D. C. Mandeville, eds. , *Avicennae de congelatione et conglutinatione lapidum*, *Being Sections of the Kitāb al-Shifā'* (Paris: Paul Geuthner, 1927), p. 41.

③　Ibn-Sinā, quoted in A. F. Mehrens, "Vues d'Avicenne sur astrologie et sur le rapport de la responsabilité humaine avec le destin," *Muséon* 3 (1884): 383—403, quoting from p. 387.

表面差异。真正的差异隐藏在事物的本质之中,我们并不知晓。如果不知道那些真正的差异是什么,我们就不能正确地产生或改变它们。因此,鉴于人的弱点与无知的这种结合,试图使金属发生嬗变的炼金术士们虽然"可以做出卓越的模仿······但在这些[模仿]中,本质的本性依然未变;他们受到催生性质的主导,在这些方面可能会犯错误"。① 换句话说,炼金术中的金也许看起来很像金,拥有金的所有明显特征,而且至少有些人相信它确实是金,但它其实并不是真正的金。

事实证明,伊本·西那对真正嬗变之可能性的否认极具影响力,因为其《治疗论》的这个部分后来被译成了拉丁文,在欧洲广为流传,而且往往是以亚里士多德本人之名(见第三章)。不过,伊本·西那的批判虽然为那些试图使炼金术名誉扫地的人提供了武器,但并没有减弱那些炼金术研究者的兴趣。后来的几位伊斯兰 49 炼金术士都对伊本·西那作了反驳,尤其是 12 世纪初的图阿拉依(al-Ṭughrā'ī)。② 有两个关键点需要强调。首先,对炼金术的批判在阿拉伯世界出现之后从未消失,此后炼金术将始终是一个有争议的话题,各方极力支持或反对它长达数个世纪;其次,虽然伊本·西那的批判建立在哲学原则的基础上——部分受到了亚里士多德主义思想的影响——但他承认,炼金术士可以制作出某种酷似黄金的骗人的东西,这种让步自然会引发另一种批评:将嬗变与故意欺骗联系起来。

---

① 　Ibn-Sīnā, quoted in Holmyard and Mandeville, *Avicennae de Congelatione*, p. 41.

② 　概述参见 Ullmann, *Natur- und Geheimwissenschaften*, pp. 249—255.

　　炼金术骗子的故事在阿拉伯世界并不罕见,虽然更早的希腊世界鲜有这类故事。[①] 据说金迪现已失传的反对制金的论著列出了这类骗子欺骗粗心者所使用的伎俩,而贾乌巴里('Abd al-Raḥmān al-Jawbarī)则罗列了炼金术的更多不正当交易。1220 年左右,贾乌巴里写了《揭示秘密》(The Revelation of Secrets)一书,详细介绍了各种骗子和骗局。他讲述了假炼金术士欺骗粗心者所使用的种种手腕——把金藏在木炭里面、坩埚假底下方或者金属器具内部,使金在恰当时刻出现,仿佛是通过嬗变产生的一样。奇怪的是,直到 18 世纪,炼金术士们仍然被指控使用许多相同的伎俩。贾乌巴里讲过这样一则轶事:有个人要金匠为他卖银锭,然后慷慨地帮助这位金匠。当这个人的财富明显消失时,金匠寻其究竟,发现这位新朋友是一个炼金术士,已经用尽了起嬗变作用的炼金药,现在——由于各种厄运——既没有场地也没有资源来生产更多的炼金药。金匠(当然)邀请他进入自己的房子,并为之提供必要的设备和材料,包括大量的金和银。这位炼金术士着手制作新的炼金药,并承诺与之共享。由于需要一种特殊的矿物来完成工作,炼金术士遣金匠去收集它。而当金匠回家时,"炼金术士"已经卷着金银不知所踪。[②]

---

　　①　一个例外是关于约翰·伊斯特莫斯(John Isthmeos)的故事,他于公元 504 年出现在安条克(Antioch),在那里骗了许多人,然后去君士坦丁堡继续做生意,直到被流放;参见 Mertens,"Graeco-Egyptian Alchemy,"pp. 226—227。

　　②　该文本有法文翻译:al-Jawbari, La voile arraché, trans. René R. Khawan, 2 vols. (Paris:Phèbus,1979);关于制金的一节是 1:183—229。部分英译参见 Harold J. Abrahams,"Al-Jawbari on False Alchemists,"Ambix 31 (1984):84—87。

贾乌巴里旨在用有趣的故事来揭示骗子的狡猾和受害者的可
笑。我们不确定这些轶事中有多少事实是虚构的,所以不清楚这 50
些游走的骗子是确有其人,抑或这些论述只是貌似可信的虚构。
但这些故事使我们能够一瞥炼金术士在伊斯兰流行文化中扮演的
角色。不幸的是,至少是就目前已知和可以看到的而言,极少有资
料能就炼金术史上这个重要的环节讲出更多的东西。要想探究这
个特殊的主题,我们必须等到现代早期的欧洲,那时的资源更为
丰富。

对伊斯兰世界炼金术士实际生活的另一洞察出现在很晚以后
的一部 16 世纪的作品中,其作者非洲人利奥(Leo Africanus)是一
个被释放的奴隶和皈依的基督徒,教皇利奥十世(Leo X)派遣他
去编写对北非的描述。利奥对居住在摩洛哥菲斯(Fez)城的许多
炼金术士作了直言不讳的描述。他们散发出硫的臭味,夜晚聚集
在大清真寺就工序进行争论。其中一些人利用贾比尔的著作来寻
找炼金药,另一些人则试图把贵金属掺杂。"但他们最主要的意图
是铸造假币,因此你在菲斯看到的这些人大都没有手。"[①](利奥没
有详细解释他们如何可能在没有手的情况下坚持炼金术。)穆斯林
世界和基督教世界的炼金术士们将继续为伪造和假冒的指控而感

---

① Leo Africanus, *A Geographicall Historie of Africa* (London, 1600), pp. 155—
156. 该文本最初于 1526 年以意大利文出版。关于菲斯作为炼金术的持久中心,参见
José Rodríguez Guerrero, "Some Forgotten Fez Alchemists and the Loss of the Peñon
de Vélez de la Gomera in the Sixteenth Century," in *Chymia: Science and Nature in
Medieval and Early Modern Europe*, ed. Miguel López-Pérez, Didier Kahn, and Mar
Rey Bueno (Newcastle-upon-Tyne: Cambridge Scholars Publishing, 2010), pp. 291—
309.

到苦恼。

　　在拉齐和伊本·西那之后很久,炼金术在阿拉伯世界仍然很繁荣。[①] 20 世纪 50 年代,炼金术史家赫尔梅亚德(E. J. Holm-yard)看到菲斯以外有一个运行着的地下炼金术实验室。[②](这些地方在欧洲和北美也依然存在。)我也曾听同事们说,他们见过今天仍在埃及和伊朗从事嬗变的穆斯林炼金术士。不过,既已了解炼金术在伊斯兰世界获得的理论和物质上的复杂性,现在我们需要转向炼金术的第三个文化背景。到了 12 世纪,伊斯兰之境(Dār al-Islām)与已经开始蓬勃发展和复兴的西方基督教在巴勒斯坦、西西里岛和西班牙这三个地方共享边界。拉丁欧洲即将在丰富的伊斯兰思想资源中发现炼金术的诱人承诺。

---

　　① 对后来这些炼金术作者的概述,参见 Ullmann, *Naturund Geheimwissen-schaften*,pp. 224—248。

　　② Holmyard,*Alchemy*,p. 104.

第三章 成熟：拉丁中世纪的炼金术 （Alchemia）

虽然希腊-埃及炼金术（*chemeia*）的起源和阿拉伯炼金术（*al-kīmíyā'*）的开端仍然模糊不清，但炼金术进入欧洲中世纪的时间似乎很明确。我们被告知，炼金术是在 1144 年 2 月 11 日那个星期五"抵达"拉丁欧洲的。正是在那一天，身在西班牙的英格兰修士切斯特的罗伯特（Robert of Chester）完成了一本阿拉伯文著作的翻译，该书常被称为《论炼金术的组成》（*De compositione alchemiae*）。在序言中，罗伯特解释说，他之所以决定翻译一本炼金术著作，是"因为我们的拉丁世界还不知道炼金术是什么，其组成是什么"。[①] 这种情况不用多久就会发生改变，因为罗伯特所在的拉

---

① Morienus, *De compositione alchemiae*, in *Bibliotheca chemica curiosa*, 1：509—519, quoting from p. 509；这个拉丁文版错误较多——我已经按照某些手稿将其中的"你们的"（*vestra*）换成了"我们的"（*nostra*）。英译文和另一个拉丁文本（漏掉了序言），参见 Morienus, *A Testament of Alchemy*, ed. and trans. Lee Stavenhagen（Hanover, NH：Brandeis University Press, 1974）；这个翻译并不总是准确的。Julius Ruska, *Arabische Alchemisten I*, pp. 33—35 否认这部作品是从阿拉伯文翻译来的，认为它是一本拉丁文原著，但自那以后发现了部分阿拉伯文版本：Ullmann, *Natur-und Geheimwissenschaften*, pp. 192—193 和 al-Hassan, "The Arabic Original"。罗伯特的序言作为一部 12 世纪作品的真实性也遭到了质疑，包括受到了 Stavenhagen（pp. 52—60）的质疑，但已被 Richard Lemay, "L'authenticité de la Préface de Robert de Chester à sa

丁世界很快就对炼金术有了很好的了解。欧洲是炼金术的第三个文化背景，移入之后，炼金术繁荣了近六百年。它给欧洲的文化和思想打上了深深的烙印，并为现代科学基础的奠定做出了重大贡献。

切斯特的罗伯特的翻译工作并非在真空中完成。他生活在欧洲历史上思想极为活跃和令人兴奋的一个时期，这一时期常常被称为"12世纪的文艺复兴"。[①]在整个欧洲，新思想层出不穷并且蓬勃发展。人们已经开始以一种新的风格——后被（轻蔑地）称为哥特式——来建造大教堂。与法律改革和农业进步相伴随的是新式的文学和音乐。在教会的庇护下，大教堂学校繁荣起来，一种将会改变整个思想史面貌的新机构开始出现，那就是大学。

欧洲正在扩展的不仅是知识和艺术边界，而且还有其地理边界。基督教欧洲已经开始朝东、西、南三个方向反击三百多年前侵

traduction du *Morienus*,"*Chrysopoeia* 4 (1990–1991):3—32 令人信服地重新确认;另 Didier Kahn,"Note sur deux manuscrits du Prologue attribué à Robert de Chester," ibid.,pp.33—34。莫里埃努斯的这一文本仍然需要一个详尽的考订版。我对炼金术"抵达"拉丁世界的确切日期的引用当然是半开玩笑的;更早的迁移无疑是有的,抵达地点也一定有很多,但事实仍然是,与希腊炼金术或阿拉伯炼金术相比,我们可以更清晰地追溯拉丁炼金术的起源。

① 经典文献是 Charles Homer Haskins,*The Renaissance of the Twelfth Century* (Cambridge,MA:Harvard University Press,1927);更近的有 Robert L. Benson and Giles Constable,eds.,*Renaissance and Renewal in the Twelfth Century*,with Carol D. Lanham (Cambridge,MA:Harvard University Press,1982;reprint,Toronto:Medieval Academy of America,1991);关于拉丁翻译运动,参见 Marie-Thérèse d'Alverny, "Translations and Translators,"on pp. 421—462;另见 Edward Grant,*The Founda-tions of Modern Science in the Middle Ages* (Cambridge:Cambridge University Press, 1996),pp. 18—32。

占其土地的穆斯林。与伊斯兰文明有过更密切的接触之后，特别是在西班牙（在那里，基督徒和穆斯林对伊比利亚半岛分而治之），拉丁欧洲人无疑敬奇和惊讶于自己的发现，其中包括由亚里士多德、盖伦和托勒密等古代伟人所写的海量的图书馆藏书，这些人的著作以前只有残篇或摘要为人所知。在这些古代知识的基础上，穆斯林学者已经取得了长足的进步，在天文学、医学、数学、物理学、力学、植物学、工程学以及像炼金术这样的全新领域为欧洲人提供了新的丰富知识和思想。到了12世纪，欧洲不仅接受了这些新思想，而且渴望得到它们。学者们向西翻越比利牛斯山脉到达西班牙，向南到达西西里，或者（情况要少得多）向东到达十字军新近建立的拉丁耶路撒冷王国学习阿拉伯语和翻译，将重见天日的古希腊知识和阿拉伯知识尽快带回拉丁世界。切斯特的罗伯特和他的同伴卡林西亚的赫尔曼（Herman of Carinthia，亦称达尔马提亚人赫尔曼［Herman the Dalmatian］）都是游历西班牙的翻译家。

　　有意思的是，将炼金术传到拉丁欧洲的旗手正是修士莫里埃努斯。罗伯特的《论炼金术的组成》乃是译自据说莫里埃努斯（亦称马里亚诺斯）对哈利德·伊本·亚兹德关于制备哲人石的教导。在罗伯特的用法中，他新造的拉丁词 *alchemia*（罗伯特称它"不为人所知和令人惊讶"）并非指整个学科，而是仅仅指哲人石本身——"这种东西……能将物质自然地变成更好的物质"。[1]　不久　53

---

　　① Morienus,*De compositione*,in *Bibliotheca chemica curiosa*,1:509.

以后便出现了——贾比尔、拉齐、伊本·西那等人——对阿拉伯炼金术著作的其他翻译,这个词渐渐开始指整个学科,就像其同源词在希腊语和阿拉伯语中那样。[①]

欧洲的配方文献

虽然一门发达的炼金术科学对欧洲来说是新的,但冶金的生产性过程早已在那里确立。欧洲工匠拥有各种实用的知识来生产各种物质——合金、颜料、染料、金属加工技术等。几份中世纪早期的手稿记录了这种知识。它们延续了希腊-埃及时期的斯德哥尔摩纸草、莱顿纸草和伪德谟克利特的《自然事物与秘密事物》所属的古老配方文献传统。事实上,公元 800 年左右的一份名为《成分种种》(*Compositiones variae*)的意大利文本实际包含了莱顿纸草中一个配方的逐字翻译的拉丁文版本。这部汇编著作以及稍后内容更加广泛的《手艺诀窍》(*Mappae clavicula*)表明了作坊配方和做法在数个世纪的时间里是如何传承的。

虽然这些文本见证了知识的传播——在这些情况下大多是通过拜占庭——但它们主要是文学作品。也就是说,《成分种种》和《手艺诀窍》并非工匠手册,工匠不会把其中某一本当作便于使用的参考指南保存在作坊里。这些文本是抄写员根据各种文献编纂而成的,他们绝少进入中世纪的实验室(作坊),几乎肯定从未用其

---

① 12 世纪 Hugh of Santalla 对巴里努斯著作的翻译见 Hudry,"Le *De secretis naturae*"。

染有墨水的手去做那些工艺。^① 因此，文本中包含的配方在年代和来源上大相径庭，其中许多都因为抄写员不熟悉工艺和术语而遭到曲解。

这种概括的一个例外是最有名的工艺书——《论技艺种种》（*De diversis artibus*），它是 1125 年前后由一个自称提奥菲鲁斯（Theophilus）的修士写的。它描述了修道院的工匠们用来制作颜料、玻璃、铸造金属物件和合金的各种物质和技术细节。^② 它的大多数配方都有清晰的描述，今天很容易对其进行复制。这意味着提奥菲鲁斯本人对他所描述的操作和工序有非常直接的了解。不过这些工序当中有一个奇特的配方，可能标志着阿拉伯炼金术在切斯特的翻译活动之前对拉丁欧洲的早期渗透。在对各种黄金的描述中，提奥菲鲁斯包括了一个用来制作"西班牙黄金"的配方，"它由红铜、蜥蜴粉、人血和醋复合而成"。^③ 铜、醋和人血很容易得到（虽然得到人血的过程可能让人很不愉快），但蜥蜴粉在一般的修道院作坊里可能并不容易得到，甚至在食橱背后也不容易。

54

----

① Cyril Stanley Smith and John G. Hawthorne, *Mappae Clavicula: A Little Key to the World of Medieval Techniques*, Transactions of the American Philosophical Society 64 (Philadelphia: American Philosophical Society, 1974); Rozelle Parker Johnson, *Compositiones variae: An Introductory Study*, Illinois Studies in Language and Literature 23 (Urbana, IL, 1939); Heinz Roosen-Runge, *Farbgebung und Technik fr. mittelalterlicher Buchmalerei: Studien zu den Traktaten "Mappae Clavicula" und "Heraclius,"* 2 vols. (Munich: Deutscher Kunstverlag, 1967).

② 提奥菲鲁斯可能就是本笃会修士 Roger of Helmarshausen；他的《论技艺种种》现在有英译本：Theophilus, *On Divers Arts*, trans. John G. Hawthorne and Cyril Stanley Smith (New York: Dover, 1979)。

③ Theophilus, *On Divers Arts*, trans. John G. Hawthorne and Cyril Stanley Smith (New York: Dover, 1979), pp. 119—120.

了解其动物寓言集（或他们的《哈利波特》）的读者会认为蜥蜴是一种可怕而致命的爬行动物，只要看一眼就会丧命。但提奥菲鲁斯解释说，"异教徒"（即穆斯林）在制作蜥蜴方面的技能值得称道。他们把两只鸡锁在狭窄的地方，让它们吃过多的东西，直到它们交配和下蛋。然后把鸡蛋交予蟾蜍，蟾蜍将其孵成小鸡，小鸡很快长出蛇尾，成熟后变成蜥蜴。把蜥蜴放入壶中，在地下进行喂养，然后将其焚化，把它们的灰与醋和血混合，并把由此得到的糊状物涂在铜板上。用火去烤，铜就会变成纯金。

我们这里看到的可能是一则从字面理解的遭到曲解的炼金术寓言。提奥菲鲁斯之所以将这个工序包括进来，也许是因其别致性——他或他的读者很可能从未想过要去亲自尝试。值得注意的是，科学史家们最近在一份西西里手稿中发现了一个用蜥蜴灰来制造黄金的类似配方（可能是从贾比尔的著作片段翻译过来的），甚至在该手稿与《论技艺种种》的作者之间勾画了一条看似合理的传播路线。①

拉丁炼金术的出现和"盖伯"

在 13 世纪中叶前后的一百年里，对阿拉伯炼金术作品的翻译

---

① Carmélia Opsomer and Robert Halleux,"L'Alchimie de Théophile et l'abbaye de Stavelot,"in *Comprendre et maîtriser la nature au Moyen Age*,ed. Guy Beaujouan (Geneva:Droz,1994),pp. 437—459,and Halleux,"La réception de l'alchimie arabe en Occident,"in Rashed and Morelon, *Histoire des sciences arabes*,3；143—151,esp. pp. 143—145.

逐渐减少，那时拉丁作者们已经开始撰写自己的炼金术著作。①
几个世纪以前，当阿拉伯人将拜占庭世界的炼金术据为己有时，第
一批阿拉伯文原著以希腊化名出现。现在欧洲也有类似的情况：
许多最早的拉丁作者以阿拉伯化名撰写了自己的著作。在这两种
情况下，化名作者都想为书籍赋予更大的权威性，使之看起来更为
古老和可敬，被认为属于更先进文化的一部分。为了补充似曾相
识的感觉，13 世纪最有影响的拉丁炼金术著作以"贾比尔"这个非
常熟悉的名字出现，中世纪拉丁语的拼写是"盖伯"（Geber）。这
样一来，上一章所讨论的"贾比尔问题"就有了另外一个维度：这些
被冠以盖伯之名的拉丁语书籍究竟是对贾比尔著作的翻译，还是
本土的拉丁语作品？科学史家们就盖伯到底是不是贾比尔进行了
激烈争论。最近的学术已经解决了这个问题：他不是。盖伯是 13
世纪末的一位拉丁作者。

　　直到今天，仍然有许多作者将这两个人混为一谈，少数固执的
人继续捍卫盖伯的阿拉伯身份。盖伯本人并没有使这个问题变得
容易解决。他没有给出所引文献的名称，我们无法据此确定他的
年代或地点。他采用了贾比尔著作典型的指引风格（但只在书的
开头和结尾），并且改写了贾比尔《七十书》的部分章节。他甚至还
在自己的文本中加入了一些被译成拉丁语的似乎是典型阿拉伯语
的语法结构和表达。

　　这位隐藏在盖伯化名背后的作者可能是意大利方济各会修士

①　其中最早的一部是 13 世纪初的 *Ars alchemie*；参见 Antony Vinciguerra，"The
Ars alchemie：The First Latin Text on Practical Alchemy，"*Ambix* 56（2009）：57—67。

和教师——塔兰托的保罗（Paul of Taranto）。[①] 保罗写了一部近乎同时代的炼金术文本，在风格和内容上都与"盖伯"的文本极为相似。保罗的著作虽然大量利用了阿拉伯文献，特别是贾比尔的著作以及拉齐的《秘密之书》（*Kitāb al-asrār*，拉丁文译名是 *Liber secretorum*），但也显示出惊人的原创性和对实际炼金术过程细节的熟悉。他的《理论与实践》（*Theorica et practica*）对矿物和化学物质的分类很像拉齐的，但似乎对基于明显的化学物理性质来描述和分类物质更感兴趣。不可否认，保罗的作品给出了大量实际测试和试验的结果，显示出阿拉伯文献中鲜见的严格性和理论综合性。这种差异也许缘于基督教西方比伊斯兰世界更看重亚里士多德所规定的任务，即发现事物真正的自然原因。保罗作品的典型特征是：渴望提出一种能够融贯地解释现象的严格物理基础，从而在深层次上协调理论与实践。

这些思想在《完满大全》（*Summa perfectionis*）中得到了更充分的表达。在中世纪，"大全"（*summa*）一词通常是指关于一个或多个主题的内容详尽的"教科书"，比如圣托马斯·阿奎那的《神学大全》（*Summa theologica*）。因此，《完满大全》是一部关于炼金术的内容全面的教科书。它先是提出了对制金之可能性的支持和反对（并决定支持它），进而详细总结了关于金属和矿物的知识现

---

① 这种身份确认以及对"贾比尔-盖伯"问题的解决要归功于 William R. Newman 认真细致的研究。对盖伯身份的细致讨论，参见 Newman, "New Light on the Identity of Geber," *Sudhoffs Archiv* 69 (1985): 79—90 和 "Genesis of the *Summa perfectionis*," *Archives internationales d'histoire des sciences* 35 (1985): 240—302。关于《完满大全》的编辑、翻译和历史语境，参见 Newman's *The Summa Perfectionis of Pseudo-Geber*。

状，包括净化和加工它们的方法。之后的一些章节讨论了实际操作和仪器装置，最后一部分则对金属的本性和性质作了引人入胜的考察，并且论述了转化剂的不同等级。该书结尾论述了试金法（assaying），即如何测定贵金属的纯度——炼金术士若要检验他所希望生产的金银的品质，就必须掌握这项技能。《完满大全》是中世纪最有影响的炼金术著作之一，在 17 世纪以前一直是一部权威文本。

根据盖伯的说法，炼金术士可以用有三种力度的"药物"（他指的是化学药剂）来实现其技艺。最无力的药物只能改变贱金属的外观，使之仅仅看起来像金或银。盖伯用火和腐蚀性物质作了几次实际检验，以证明真正的嬗变并未发生。只有最有力的"三级"药物才能真正实现嬗变，它有两种形态——一种用于制银，另一种用于制金。这种三重划分是盖伯从贾比尔那里借鉴而来的。[①] 但他并未接受贾比尔的以下思想，即可以用动植物来制作引发嬗变的炼金药——对盖伯来说，正如大多数欧洲炼金术士最终都会同意的，哲人石只能由矿物来制备。[②]

更令人惊讶的是，《完满大全》包含了一种融贯的物质理论，它能对实验室观察做出解释，并且支持嬗变的方法。该理论建立在先前两种观念的基础上：阿拉伯关于金属的汞-硫理论，以及一种源于亚里士多德的观念。虽然亚里士多德明确否认存在着不可分

---

① 对贾比尔的这些借鉴，参见 Newman，*Summa perfectionis*，pp. 86—99。

② 一个显著的例外是罗吉尔·培根，他似乎受贾比尔的影响最深；参见 William R. Newman，"The Philosophers' Egg：Theory and Practice in the Alchemy of Roger Bacon，"in "Le crisi dell'alchimia，"*Micrologus* 3 (1995)：75—101，以及 Michela Pereira，"Teorie dell'elixir nell'alchimia latina medievale，"in ibid. ，pp. 103—149。

57　的原子,但其著作中有两处评论暗示或至少支持了一种物质理论,它以某种微粒的存在为基础。他曾声称,使任何一块物质能够拥有和保持其身份的尺寸存在着一个下限。将一块金不断分割下去,最终它会变得如此之小,以至于进一步的分割将不再能产生两块更小的金;微粒将变得太小而不能维持金的性质。这些极其微小的物质片段渐渐被称为"最小自然物"(*minima naturalia*)。但对于盖伯——事实上对于所有炼金术士——来说更重要的是《气象学》(*Meteors*)的第四卷,在那里亚里士多德(或者也许是他的一个追随者)一直在援引一种观念,即看似坚固的物质中存在着"部分"(*onkoi*)和"孔洞"(*poroi*)。这些部分和孔洞被用来解释各种观察、现象和物理性质。①

　　盖伯利用了这些观念,特别是后者,并将它们与汞-硫理论相结合。根据《完满大全》的说法,金属是由汞和硫这两种金属本原的微小"部分"聚合而成的。在不同的金属中,这些微小部分的尺寸各有不同,在贱金属中,它们与土质微粒(earthy particles)混合在一起。虽然该体系与某种原子论不无相似,但盖伯的体系其实并不是原子论的,因为他所描述的"最小部分"(*minimae partes*)既非不可分,亦非永恒不变。

　　但盖伯确实用这个体系来解释一系列物理性质和化学变化。

---

　　①　Aristotle, *Physics* 187b14—22, and *Meteors* 385b12—26, 386b1—10 and 387a17—22;关于这些思想在中世纪的扩展,尤其是与盖伯相关的,参见 Newman, *Summa perfectionis*,pp. 167—190。关于《气象学》第四卷及其对炼金术的重要性,参见 Viano,*Aristoteles chemicus* 和 Craig Martin, "Alchemy and the Renaissance Commentary Tradition on *Meteorologica* IV,"*Ambix* 51 (2004):245—262。

例如,一块金要比同样大小的锡重得多;用现代术语来说,金的密度更高。盖伯通过汞和硫的微粒的堆积方式解释了这个观察结果。在金中,它们非常小,并以他所谓的"最强聚合"(*fortissima compositio*)尽可能紧密地堆积在一起,而在锡中,它们尺寸更大且更加松散地堆积在一起。这样一来,金块包含有更多的物质,其组分之间所留出的空间比同体积的锡更小;因此,金更重。[①] 盖伯用同样的理论解释了金的稳定性:因为金的组分异常微小且如此紧密地堆积在一起,以至于没有留下孔洞或裂缝使火或腐蚀物可以侵袭、穿透和瓦解金属。而像铅这样的贱金属很糟糕地"聚合"(*compositum*)在一起,因此在火上烤它时,火会进入金属的孔洞,将其变成粉末。(盖伯这里描述的是通过焙烧把铅氧化,使之变成氧化铅粉末的过程。)

同样的理论也解释了一些化学操作。只有微粒不紧密地结合在一起的那些物质才会发生升华——将一种可挥发的物质从固体变成蒸汽,再将蒸汽重新凝结成固体,从而对其进行净化。火的热把微小的组分彼此分开;最小的微粒(盖伯认为最纯净)升起形成烟雾,而较大和较重的微粒则作为未升华的浮渣留在容器底部。[②] 虽然后来只有为数不多的炼金术士遵循盖伯的想法,但他的理论将会发展为欧洲炼金术各种理论传统中的一条重要线索。

58

---

① Newman, *Summa perfectionis*, pp. 159—162, 471—475, and 725—726.

② Newman, *Summa perfectionis*, pp. 143—192; William R. Newman, *Atoms and Alchemy* (Chicago: University of Chicago Press, 2006), esp. pp. 23—44; Antoine Calvet, "La théorie *per minima* dans les textes alchimiques des XIVᵉ et XVᵉ siècles," in *Chymia: Science and Nature in Medieval and Early Modern Europe*, ed. Miguel López-Pérez, Didier Kahn, and Mar Rey Bueno (Newcastle-upon-Tyne: Cambridge Scholars Publishing, 2010), pp. 41—69.

炼金术变得有争议

　　《完满大全》的现代读者也许没有意识到，这本书写于就炼金术的承诺和目标所展开的长达一个世纪的激烈争论之后。这场争论的核心是两个世纪以前伊本·西那在万里之外为反对制金而写的那本论战性的书。1200 年前后，英格兰翻译家萨勒沙的阿尔弗雷德（Alfred of Sareshal）将伊本·西那这本矿物学著作的相关内容译成了拉丁文，名为《论石头的凝结与粘合》（*De congelatione et conglutinatione lapidum*）。阿尔弗雷德对这部短论的翻译最后被置于亚里士多德《气象学》的一个译本手稿的结尾；将这两部作品配在一起是讲得通的，因为两者都讨论了矿物的来源。但也许是因为一个粗心的抄写者未能将这两个文本清晰地分开，许多读者都以为伊本·西那的话是亚里士多德文本的一部分。无论如何，鉴于亚里士多德在 13 世纪备受尊崇，这个错误大大增强了伊本·西那思想的力量。一方面，伊本·西那文本的第一部分有助于使金属的汞-硫理论在拉丁欧洲牢固确立起来；另一方面，这个结尾部分粗暴地拒绝了对嬗变孜孜以求的人。于是，在似乎是亚里士多德本人的权威言论中，拉丁欧洲听到了这样的说法："技艺弱于自然，无论如何努力也跟不上她；炼金术士务必清楚，金属的种类不可改变。"①

---

　　①　各个拉丁文本之间有许多小的差异；参见 Newman, *Summa perfectionis*, pp. 48—51. Holmyard and Mandeville, *Avicennae de congelatione*, pp. 53—54 给出了一种版本；另一种版本是 *Avicennae de congelatione et conglutinatione lapidum*, in *Bibliotheca chemica curiosa*, pp. 636—638, quotation from p. 638。事实上，对于人的技艺能力，亚里士多德的确比伊本·西那看重得多。

反应旋即而至。13 世纪初的一部名为《赫尔墨斯之书》(*Book* 59
of Hermes)的作品运用逻辑分析和实际经验对《论石头的凝结与
粘合》作了针锋相对的驳斥。其作者指出,炼金术士们可以实际制
造出一些与自然物相同的东西(比如盐)。① 因学识渊博和影响广
泛而被称为万有博士(the Universal Doctor)的圣大阿尔伯特(St.
Albert the Great,约 1200 - 1280)在撰写自己的矿物研究时,同样
提出了异议。② 阿尔伯特最著名的学生圣托马斯·阿奎那(约
1225 - 1274)更为《论石头的凝结与粘合》而烦恼。阿奎那附和它
说,炼金术士们只能产生自然物的外观;他们的金并不是真金,他
们生产的其他东西也不同于自然产物,即使它们显示出所有相同
的属性。但阿奎那在其他地方承认,倘若炼金术士能以自然的方
式利用自然的力量来产生金,那么这种金将是真金,可以合法出售
和使用。③ 关键因素在于炼金术士究竟使用什么方法——但炼金
术士果真能够确认和利用自然本身的手段吗? 阿奎那的追随者罗

---

① Newman 最先注意到这份手稿,他发表和分析了其中的一部分。参见 Newman,*Summa perfectionis*,pp. 7—15。

② 关于大阿尔伯特的炼金术,参见 Pearl Kibre, "Albertus Magnus on Alchemy,"in *Albertus Magnus and the Sciences*:*Commemorative Essays 1980*,ed. James A. Weisheipl (Toronto:Pontifical Institute of Mediaeval Studies,1980),pp. 187—202;"Alchemical Writings Attributed to Albertus Magnus,"*Speculum* 17 (1942):511—515; and Robert Halleux, "Albert le Grand et l'alchimie," *Revue des sciences philosophiques et théologiques* 66 (1982):57—80。关于他自己的炼金术著作,参见 *Liber mineralium*,in *Alberti Magni opera omnia*,ed. A. Borgnet (Paris,1890 - 1899),5:1—116 和被归于他的 *Libellus de alchemia*,37:545—573;英译本:*Book of Minerals*,trans. Dorothy Wyckoff (Oxford:Clarendon Press,1967)和"*Libellus de Alchemia*"*Ascribed to Albertus Magnus*,trans. Virginia Heines,SCN (Berkeley:University of California Press,1958)。

③ St. Thomas Aquinas,*Summa theologica*,2ae 2a,quaestio 77,articulus 2.

马的吉莱斯(Giles of Rome,约 1243 – 1316)更进了一步。他认识到,《论石头的凝结与粘合》并非亚里士多德的著作,而是伊本·西那的著作(正如大阿尔伯特曾经怀疑的那样),但他仍然用其论据来表明,无论炼金术的金经受住多少检验,即使它与天然黄金之间并无明显差异,它也仍然不同于地球出产的金。他总结说,如果炼金术可以制造出金,"它不应被用作货币,因为金和这些金属有时被用于药物和其他对人体有益的东西。因此,如果这种金是炼金术的,它可能会极大地伤害人体"。①

　　同时期的一些炼金术作者认为,人造金属会显示出与天然金属的微妙差异。被归于圣大阿尔伯特的《炼金术小书》(*Libellus de alchimia*)引人入胜地声称,炼金术金属"其实相当于所有天然金属",只不过炼金术的铁不被磁石所吸引;炼金术的金缺乏药用性质;炼金术的金所导致的伤口会发生溃烂,而天然金所导致的伤口却不会。在《矿物之书》(*Book of Minerals*)中,大阿尔伯特报告说:"我对我所拥有的一些炼金术的金和银作了检验,它们燃烧了六七次,但在进一步燃烧时,它们一下子被烧毁殆尽,成为某种浮渣。"②我们不禁会好奇,这位万有博士究竟获得了一种什么物质,以及是从谁那里得到的!

---

　　① Giles of Rome, *Quodlibeta*, quaestio 3, quolibet 8, in Sylvain Matton, *Scolastique et Alchimie*, Textes et Travaux de Chrysopoeia 10 (Paris: SÉHA; Milan: Arché, 2009), pp. 77—80; William R. Newman, "Technology and Alchemical Debate in the Late Middle Ages," *Isis* 80 (1989): 423—445, esp. pp. 437—439.

　　② *Libellus*, trans. by Heines, p. 19; St. Albert, *Book of Minerals*, p. 179. 托马斯·阿奎那认为炼金术的金与天然金有不同性质的观点可能来自他的老师大阿尔伯特。

罗马的吉莱斯所显示的关切，现代读者听起来并不陌生。他担心隐秘的性质和未知的效应。即使由炼金术产生的金在颜色、密度、软硬、耐腐蚀性等各个方面都符合天然金的性质，也仍然可能有某种东西我们不清楚，无法预见，想不到去寻找，或者无法察觉。吉莱斯的思考基于伊本·西那所阐述的那条原则，即"技艺弱于自然"：人的生产创造活动根本无法复制自然的东西。没有什么人工的东西能与自然产生的东西相比。今天，这种想法仍然很活跃，比如认为合成的钻石并非"真"钻石，担心经由生物工程培育的作物可能含有隐秘的有害性质，等等。因此，就中世纪炼金术以及自然与人工的关系所提出的一些议题在今天仍未得到解决。[①]

面对这些攻击，炼金术的拥护者并未屈服。事实上有人指出，他们热情地捍卫这门高贵技艺及其模仿自然的能力，代表着对人类发明和技术的力量的最早齐声欢呼。方济各会修士罗吉尔·培根（Roger Bacon，约 1214－1294）是炼金术最坚定的支持者之一。1266－1267 年，他应其教皇朋友克雷芒四世（Clement IV）之请写了三本书。这些著作包含着强有力的论据，主张通过研究语言、数学、自然哲学和炼金术来改进知识和增强基督教国家的力量。在炼金术方面，培根不仅反对技艺弱于自然，而且把它颠倒了过来。人的技艺并不弱于自然，而是要更强。经由炼金术制造出来的金

---

① William R. Newman, *Promethean Ambitions: Alchemy and the Quest to Perfect Nature*（Chicago: University of Chicago Press, 2004）更详细地讨论了技术与炼金术之间、技艺与自然之间的关联。

比天然金更好。培根断言,如果做法得当,一切实验室产品都是如此。人对自然物的复制可以优于自然物。[①] 这种思想在今天同样持续着;它成为了现代化学的基础。通过更快、更有效的手段,或者通过微小的结构改变,有机化学家们力图(并且成功地)合成出天然存在的物质,并通过增加其药效或降低其毒性而使之成为更好的药物。

61　　关于炼金术能否产生同等的天然物质———金或其他东西———的争论最终上升到权力的最高层。据说教皇约翰二十二世曾为双方组织过一次辩论。[②] 我们没有直接的证据表明这场辩论中发生了什么,但如果这样一场辩论的确发生过,那么教皇约翰二十二世在 1317 年发布的教令暗示,支持炼金术的一方必定没有很好地为自己的事业辩护,因为它的开篇是这样的:

> 这些贫苦的炼金术士对其无法提供的财富作了承诺,他们自以为聪明,却落入了自己挖的陷阱。因为这种炼金术的宣扬者的确在自欺欺人。[③]

教令还指出,当炼金术士们在制金方面屡屡失败时,“他们最

---

　　① 可以援引亚里士多德本人来支持这种立场,因为他说,“技艺可以完成自然无法完成的任何事情”:*Physics* 2.8;199a 15—16。

　　② Reported by Nicholas Eymerich in 1396. 参见 Halleux, *Les textes alchimiques*, p. 126。

　　③ *Spondent quas non exhibent (They Promise What They Do Not Deliver)* 的全文载于 Halleux, *Les textes alchimiques*, pp. 124—126, 包含了拉丁文原文和法文翻译。

终用假嬗变来冒充真金银"，因为"事物的本性中并不存在"实际嬗变成金银的可能性。[1] 然后他们伪造钱币，将其出售给诚实的人。教令规定，作为惩罚，任何将炼金术的金属当作天然金银加以贩卖或使用的人，将被判处向公共财政缴纳等重的真金银以接济穷人。

虽然教皇似乎并不相信真金可以通过人工手段制造出来，但他的声明与其说是对炼金术本身的谴责，不如说是对伪造货币的谴责。它并不包含在理论或实践上对制金的反对，而只关心造币和欺骗。不幸的是，炼金术士的技艺在公众心中很少远离这些犯罪活动。法国和英格兰的国王们颁布了类似的法令，禁止嬗变炼金术的活动，威尼斯共和国的执政委员会也是这样做的。[2] 在所有这些情况下，基本关切都是保持作为经济基础的贵金属的纯度和价值——也许正是出于同样的关切，戴克里先（Diocletian）才在一千年前下令焚烧埃及人的书籍。事实上，无论炼金术能否制造出真金，它都是一种有可能破坏经济政治稳定的危险活动。金若是假的，将会导致黄金供应受到掺杂和价值降低，若是真的，则将因为增加黄金的供应量而降低金价。出于类似的想法，阿拉伯历史学家伊本·赫勒敦（ibn-Khaldūn）于 1376 年对制金的可能性加以驳斥，其理由是，如果制金为真，它会阻碍神维持世界经济稳定　62

---

[1]　Halleux, *Les textes alchimiques*, p. 124.

[2]　关于亨利四世在 1404 年（5 Hen. 4），参见 A. Luders et al. , eds. , *The Statutes of the Realm* (London, 1816), 2:144; 关于 1488 年威尼斯的十人委员会，参见 Pantheus, *Voarchadumia*, in *Theatrum chemicum* (Strasbourg, 1659 - 1663), 2:495—549, on pp. 498—499.

的计划——即神以其智慧选择只创造有限数量的金银。[①] 从中世纪到 18 世纪,法学家们一直在争论炼金术及其产物的合法性。[②]

与大多数教皇宣言一样,约翰二十二世的教令在很大程度上被忽视了。炼金术士们(包括许多担任圣职的在内)继续从事着工作和写作。在英格兰,国内黄金供应的诱惑太过强大。1404 年亨利四世反对制金的法令很快便以一种非常英格兰的方式遭到修改,即国王为从事炼金术颁布许可,条件是生产出来的贵金属直接出售给皇家造币厂。[③]

炼金术士们自己也对在 14 世纪渐趋顶点的争执和关切气氛做出了反应。不过,追溯确切的影响线索很是困难,现代学者仍在试图更好地理解 14 世纪的炼金术。然而,有几个变化是显而易见的,其中两个可以合理地(如果说不够严格的话)追溯到更严厉批评的氛围:增强的保密性以及构建炼金术与基督教神学之间的联系。

---

① Ibn-Khaldūn, *The Muqaddimah : An Introduction to History* (New York : Pantheon,1958),3:277.

② 少数几个后来的例子是 Johannes Chrysippus Fanianus, *De jure artis alchimiae*, in *Theatrum chemicum*,1:48—63;Girolamo de Zanetis, *Conclusio*, in ibid. ,4:247—252;and Johann Franz Buddeus, *Quaestionem politicam an alchimistae sint in republica tolerandi?* (Magdeburg,1702), in German translation as *Untersuchung von der Alchemie*, in *Deutsches Theatrum Chemicum*, ed. Friedrich Roth-Scholtz (Nuremberg,1728), 1:1—146。关于对这个话题的讨论,参见 Ku-ming (Kevin) Chang, "Toleration of Alchemists as a Political Question:Transmutation, Disputation, and Early Modern Scholarship on Alchemy," *Ambix* 54 (2007):245—273, and Jean-Pierre Baud, *Le procès d'alchimie* (Strasbourg:CERDIC,1983)。

③ D. Geoghegan, "A Licence of Henry VI to Practise Alchemy," *Ambix* 6 (1957):10—17.

拉丁炼金术中的保密性和神学

早在佐西莫斯的时代,炼金术文本就含有保密的强制令,它们用各种方法来保护这些秘密,比如使用"假名"及其寓意拓展。这种倾向源于对商业秘密的保护,它在贾比尔的著作中得到了增强,贾比尔的著作将炼金术与一个秘密的什叶派教派相联系,并且增加了知识的分散,这可能主要是为了掩盖作品的多重作者身份。法拉比(Al-Fārābī,? —950)比拉齐年纪略小,他写了一部著作来证明对炼金术的保密是正当的,其理由是,不受限制的制金知识会破坏经济——这在整个炼金术史中是一种常见的恐惧。[①] 而早期的欧洲炼金术,比如《完满大全》中所描述的,显然没有蓄意保密,即使盖伯在其著作的开篇模仿了贾比尔的指引风格。炼金术开始在欧洲渐趋公开的另一个迹象是,这门学科开始被纳入新的中世纪大学的课程表。[②] 然而,随着争议和批评的出现、越来越多公开的官方审查以及法律制裁,拉丁炼金术逐渐紧缩,日渐秘密和隐蔽,更加富含暗示和影射,因此更加难以捉摸。

这种保密性的增强部分表现在使用化名的一大批新作品中。于是,虽然圣托马斯·阿奎那对于炼金术怀有矛盾或怀疑的态度,

63

[①]　Eilhard Wiedemann,"Zur Alchemie bei der Arabern,"*Journal für Praktische Chemie* 184 (1907):115—123 提供了法拉比著作的一个德译本。

[②]　例如,我们有一个 1257 年的文本似乎显示了包含炼金术知识的大学课程:Constantine of Pisa,*The Book of the Secrets of Alchemy*,ed. and trans. Barbara Obrist (Leiden:Brill,1990)。塔兰托的保罗本人就是一所方济各会学校的教师。

但在 14 世纪（就在这位天使博士去世之后），一部名为《升起的黎明》(*Aurora consurgens*)的寓意作品开始以他的名义流传开来。新的炼金术书籍也是以大阿尔伯特、罗吉尔·培根、加泰罗尼亚哲学家拉蒙·卢尔(Ramon Lull)等可敬（且已故）人物的名义写的——非常有趣的是，这些人当中甚至还包括伊本·西那，他对制金的否认从一开始就激起了极大争议。（事实上，即使是这个波斯人最反对制金的句子，也会作为如何制造哲人石的一个"暗示"而被改写和归于支持制金的作者们!）通过把名人的名字附于这些著作，化名使这些作品合法化，并使其真正的作者身份得以隐匿。

　　类似的合法化动机部分在于大约在同一时间锻造的炼金术与基督教的新关联。鲁庇西萨的约翰(John of Rupescissa)的著作和归于维拉诺瓦的阿纳尔德(Arnald of Villanova)的那些作品提供了最好的例证。

　　1310 年左右，鲁庇西萨的约翰（或让·德·罗克塔亚德[Jean de Roquetaillade]）生于法国中部的奥弗涅；他先是进入了图卢兹大学，而后成为圣方济各会的一名修士。① 在此过程中，他受到了属灵派(Spirituals)修会思想的影响，反对方济各会的日益制度

---

① 关于鲁庇西萨的约翰，最新的英文著作是 Leah DeVun, *Prophecy, Alchemy, and the End of Time: John of Rupescissa in the Late Middle Ages* (New York: Columbia University Press, 2009)。较早但更为详尽的文献是 Jeanne Bignami-Odier, "Jean de Roquetaillade," in *Histoire littéraire de la France* (Paris: Academie des Inscriptions et Belles-Lettres, 1981), 41: 75—240 和 Robert Halleux, "Ouvrages alchimiques de Jean de Rupescissa," in *Histoire littéraire de la France* (Paris: Academie des Inscriptions et Belles-Lettres, 1981), 41: 241—277。

化，声称它已经放弃了其创始人圣阿西西的方济各（St. Francis of Assisi, 1181/2—1226）的理想和准则。属灵派自认为是圣方济各的真正追随者，他们支持彻底贫穷，激烈地批评教会等级制度以及更主流的女修道院方济各会修士。属灵派还陷入了启示论狂热，喜好预言，相信敌基督即将出现。

教会当局怀着不信任和不适，最终将属灵派的方济各会修士镇压下去。[①] 约翰本人于 1344 年被捕，在牢狱中度过了余生。他在监禁期间撰写了自己的大部分著作（既有炼金术的也有预言性的），许多人都来拜访他，其中不乏高级教士。虽然约翰的作品的确描述了狱中的各种痛苦，但监禁他显然不是为了让他缄默不语（否则他不会得到羊皮纸、墨水和书籍），而是为了密切注意一位具有潜在麻烦的自封的"先知"。鲁庇西萨的约翰的炼金术著作在他那个时代必定流传甚广，被大量传抄，因为它们是从 14、15 世纪流传下来的关于这一主题的最常见的抄本。

一个如此热切地致力于贫穷理想的人也会致力于寻找制金的秘密，这似乎匪夷所思。然而，在 1350 年左右撰写的《光之书》（*Liber lucis*）的开篇，约翰明确指出了他为什么要研究制金以及为什么决定写这本书。

> 我考虑的是基督在福音书中预言的即将到来的时代，即在灾难的敌基督时代，罗马教会将备受折磨，她所有的世间财

---

① 参见 David Burr, *The Spiritual Franciscans: From Protest to Persecution in the Century after St. Francis* (University Park: Penn State University Press, 2001)。

富都将被暴君所掠夺。……神的选民要知晓神的事工和真理
的教诲，因此为了解放他们，我想毫不夸张地谈谈伟大的哲人
石的运作。我希望对神圣罗马教会有所益处，并且简要解释
一下哲人石的整个真相。[①]

　　根据其属灵派方济各会的观点，约翰说，敌基督的灾难近在眼
前，教会需要用各种形式的帮助来抵御它，其中就包括炼金术。约
翰并非唯一作这种思考的方济各会修士。同为方济各会修士的罗
吉尔·培根在大约六十年前写给教皇的书信背后也隐藏着对于敌
基督到来的同样忧虑：教会需要数学、科学、技术、医学等方面的知
识来抵御和挺过敌基督的攻击。我们很熟悉把科学技术用于国家
防御；在约翰和罗吉尔·培根那里，我们看到了把炼金术纳入教会
防御手段的一个中世纪先例。

　　约翰为制造哲人石提供了一个详细配方。他认为，哲人石是
由经过特殊净化的汞和"哲学硫"制造而成的。认为石头像金属一
样由汞和硫组成，这将成为欧洲炼金术的标准观念。问题仅仅在
于汞和硫这两个名称带有蓄意的模糊性，它们作为"假名"几乎可
以指称任何东西。但约翰明确指出，在他看来，汞就是被小心除去
杂质的通常所说的汞，硫则存在于"硫酸盐"（硫酸铁）中。

　　　　① 约翰的文本以两个不同标题出现：John of Rupescissa, *Liber lucis*, in *Bibliotheca chemica curiosa*, 2:84—87 和 *De confectione veri lapidis philosophorum*, in *Bibliotheca chemica curiosa*, 2:80—83。这两个版本在措辞细节以及开篇和结尾的文字上有所不同，但具有相同的结构、顺序、想法和实践细节；两个版本之间的关系仍然没有确定。这里使用的引文出自 *De confectione* 中缺少的序言（*Liber lucis*, 2:84）。

约翰先是描述了含有硫酸盐和硝石的汞的一系列升华，随后描述了各种蒸煮和蒸馏。然而，尽管方向似乎很明确，但如果照字面去做，他的第一步在现代实验室将是行不通的。约翰所描述的"雪白的"升华物毫无疑问是氯化汞；因此，初始的混合物中必定包含普通的盐，但这种物质在成分列表中没有提到。这有两种可能的解释。首先，约翰的硝石可能非常不纯，包含着大量盐。事实上，他的《论真哲人石的制作》（De confectione veri lapidis philosophorum）结尾有一个注解，指出粗糙的硝石通常会含盐，并且提供了一种分步结晶的提纯方法。第二种可能性是约翰为了保密而有意省去了关键成分。如果这是事实，那么值得注意的是，《论真哲人石的制作》结尾有一段显得很不得体的话，描述了食盐（sal cibi）的一般意义、无处不在、在净化金属方面的用途，等等，然后说"整个秘密都在盐中"。这是知识分散的一个例子吗？[1] 无论这两种解释中哪一个是正确的，历史启示都是一样的：必须仔细阅读炼金术配方。那些看似行不通的配方未必反映出作者能力不够或缺乏真实性，而是可能暗示了一种"隐秘成分"——要么是某种未知的杂质，要么是某种有意从配方中省去的东西。[2]

一旦意识到从一开始就需要把盐包含在内，现代化学家就

---

① Rupescissa, De confectione, 2 : 83. 由于缺少约翰著作的考订版，我犹豫了一下才说这段关于盐的话出自他之口；它们也许是被后来的一位认识到盐的必要性的追随者加进去的。这些章节不见于《光之书》。

② 关于这一主题的更多内容，参见第六章以及 Lawrence M. Principe, "Chemical Translation and the Role of Impurities in Alchemy: Examples from Basil Valentine's Triumph-Wagen," Ambix 34 (1987): 21—30。

可以在很大程度上采用约翰的步骤,事实上会对他所拥有的技能和实践知识水平感到惊讶。例如,约翰用"质量平衡"的概念——反应产物的重量必须精确等于初始材料的重量——来证明,他希望从硫酸铜中提取的"不可见的哲学硫"已经与汞实际结合在一起。

66　　　　　硫酸的精华与汞相结合的迹象是:如果放入一磅汞,你仍会得到相等的量(作为一种升华物),尽管汞在升华过程中留下了许多渣滓。除非比雪更白的汞[作为一种升华物]自身带有上述硫酸最纯净的精华,即不可见的硫,否则这个结果是不可能的。①

　　换句话说,由于汞损失了其"渣滓"的重量,它作为升华物的重量应当小于一磅,但事实上,它仍然重整整一磅,这意味着失去的重量已经通过获得约翰竭力寻求的"不可见的硫"而得到补偿。就这样,约翰利用相对重量的定量检验来监测和追溯一种否则便"不可见的"物质,因为它从来也不可分离,只能从一种物质转移到另一种物质。这种对材料重量的密切观察和监测所达到的实验室中的清晰细致程度往往不被归于炼金术士。由于现代化学认为,通过化学手段不可能把贱金属转化为金,所以人们往往很容易轻率

---

①　Rupescissa,*De confectione*,2:81;*Liber lucis*(2:84)中的对应版本是不清楚的,可能缘于一位抄写者丢了一行字。约翰对活动重量的观察是正确的;我们现在知道,汞与盐的氯相结合,增加了升华的氯化汞的总重量。

地否定炼金术士在追求这一目标时所做所写的几乎任何东西。然而,科学史家们越是结合语境认真检视炼金术著作,这其中的许多作品从科学和实验的角度来看就越是令人印象深刻。

然而在某一点上,约翰描述的结果不再符合现代化学所预测的结果。在阅读炼金术程序时,我们常常会遇到同样的情形。有时它标志着一个边界,作者从他实际在做的东西默默地移到了他预测应当发生的东西。在其他情况下,这意味着一个必要的成分或操作已被默默省去,或者我们未对某种寓意或"假名"做出正确的识别和诠释。也有可能,作者所说的成分与我们现代的等价物有不同的组成,因此给出了我们无法预测的结果。(第六章探究了现代早期炼金术配方中隐藏的化学,从而进一步提出了这个问题。)

在其程序的每一个阶段,约翰都会引用另一位炼金术作者——维拉诺瓦的阿纳尔德(Arnald of Villanova)。实际的维拉诺瓦的阿纳尔德是加泰罗尼亚的一个医生,生于 1240 年前后, 67 1311 年去世。与鲁庇西萨的约翰和罗吉尔·培根一样,阿纳尔德也与方济各会的属灵派有联系(虽然他本人并不是托钵修士)。1290 年左右,他写了一本关于敌基督到来的书,使他与巴黎大学神学院发生了冲突,巴黎大学神学院坚决反对这些与他们自己的理性经院神学相对立的预言性说法。虽然许多炼金术著作被认为出自阿纳尔德之手,但他实际上不大可能写其中任何一部。有些著作的确显示了方济各会属灵派的特性,有些著作则在方法和使用圣经方面与阿纳尔德本人的神学和医学著作相似——因此,选择他的名字附在这些著作之上是合理的。[①] 这些伪阿纳尔德著作出现在 14 世纪的第一个十年间,但只有其中一部肯定早于鲁庇西萨的约翰的著作,即约翰在其《光之书》中引用的《隐喻论》(*Tractatus parabolicus*)。这本书在炼金术与基督教神学之间建立了一种特殊关联。[②]

和约翰一样,伪阿纳尔德也认为哲人石需要从汞开始制备。但伪阿纳尔德并未像约翰那样提供明确的配方,而是在书中将炼金术对汞的处理比作基督的生活:"基督是万物的范例,我们的炼金药可以根据基督的观念、产生、诞生和激情来理解,而且在先知的说法方面类似于基督。"[③]在阿纳尔德看来,《旧约》先知的说法不仅证明耶稣基督是弥赛亚,而且也证明汞是寻找哲人石的正确初始材料。正如基督经受的折磨分为四个阶段——鞭笞、戴荆冠、

①　关于阿诺尔德真实著作中医学与基督教的互相渗透(类似于伪阿诺尔德著作中炼金术与基督教的互相渗透),参见 Joseph Ziegler, *Medicine and Religion c. 1300: The Case of Arnau de Vilanova* (Oxford: Clarendon Press, 1998): pp. 21—34 有一篇有用的传记概述。另见 Chiara Crisciani, "Exemplum Christi e sapere: Sull'epistemologia di Arnoldo da Villanova," *Archives internationales d'histoire des sciences* 28 (1978): 245—287, and Antoine Calvet, "Alchimie et Joachimisme dans les *alchimica* pseudo-Arnaldiens," in *Alchimie et philosophie à la Renaissance*, ed. Jean-Claude Margolin and Sylvain Matton (Paris: Vrin, 1993), pp. 93—107。

②　Pseudo-Arnald of Villanova, *Tractatus parabolicus*, ed. and trans. [into French] Antoine Calvet, *Chrysopoeia* 5 (1992 – 1996): 145—171. 分析见 Antoine Calvet, "Un commentaire alchimique du XIVᵉ siècle: Le *Tractatus parabolicus* du ps.-Arnaud de Villaneuve," in *Le Commentaire: Entre tradition et innovation*, ed. Marie-Odile Goulet-Cazé (Paris: Vrin, 2000), pp. 465—474。另见 Antoine Calvet, *Les Œuvres alchimiques attribuées à Arnaud de Villaneuve*, Textes et Travaux de Chrysopoeia 11 (Paris: SÉHA; Milan: Archè, 2011)。

③　Pseudo-Arnald, *Tractatus*, p. 160.

钉十字架和十字架上的渴望，汞也必须经受四重"折磨"才能变成哲人石。正如基督在受苦之后受到崇拜一样，汞也因为变成了哲人石而受到"崇拜"。正如基督及其成功的复活拯救和治愈了这个堕落的世界，用化学手段最终把汞变成哲人石也"治愈"了贱金属，将其转化为金。这里可能还与方济各会属灵派的观点有一种暗合：即将来临的敌基督的灾难将为建立一个新的和平时代做好准备。

　　阿纳尔德在基督与汞之间所作的类比发挥了两个功能：提供了类似于"假名"的寓意语言，以及通过隐喻性地将其与基督教的核心奥秘联系起来而提升了炼金术。① 先知们不仅谈到了弥赛亚，而且谈到了炼金术。炼金术因其与基督生活的相似性而变得神圣。14 世纪初的另一位作者费拉拉的彼得·伯努斯（Petrus Bonus of Ferrara）声称，这些相似性也可以沿反方向起作用：了解炼金术可以使人了解基督教教义（甚至提供可见的证据）。在 1330 年的著作《贵重的新珍珠》（*Margarita pretiosa novella*）中，彼得断言，炼金术知识使"古代［异教］哲学家"得以通过类比哲人石的制备而预言基督由贞女诞生。"我坚信，任何不信者若能真正了解这种神圣的技艺，就必然会信仰神的三位一体，信仰我们的主耶稣基督，神之子。"② 彼得著作的标题将炼金术与《马太福音》13：45-46 中基督的商人寓言联系在一起。这些联系通过将炼金术变成一种神圣知识来提高炼金术的地位。

68

---

① "Le but poursuivi par l'auteur serait en somme d'asseoir l'alchimie sur un roc afin de confondre ses détracteurs"；Calvet，"Commentaire，"p. 471.

② Petrus Bonus，*Margarita pretiosa novella*，in *Bibliotheca chemica curiosa*，2：1—80，quoting from pp. 30 and 50.

　　对这些联系的表述在更大程度上显示了前现代思维方式的一些关键之处。具体说来,现代之前的人倾向于以多种意义来构想和想象世界,每一个个体事物都通过类比和隐喻之网与其他许多事物相联系。这种观点与现代倾向形成了鲜明对比,现代人往往将事物和观念划分隔离成独立的学科。这个关键特征是更深入地理解欧洲炼金术的一把钥匙;它是第七章集中讨论的一个焦点。

　　伪阿纳尔德的《隐喻论》为炼金术与基督教神学提供了目前已知最早的广泛联系,此后炼金术与基督教神学在许多(但非全部)炼金术著作中一直联系很紧密。重要的是,鲁庇西萨的约翰清楚地表明,通过阅读和破译像《隐喻论》这样的寓意文本,我们可以获得一些实用信息。

　　　　阿纳尔德大师说,必须通过十字架将人之子升到空中,这在字面上意味着,研磨之后在第三次操作中被吸收的材料,被置于烧瓶底部待熔解,然后那里最具精神性的最纯净的东西腾空而起,升入蒸馏器顶部的交叉处,正如阿纳尔德大师所说,像基督一样在十字架上升起。[1]

69　　于是,基督在十字架上的升起意指一种化学挥发过程,在此过程中,烧瓶底部的热使制备的汞"升"入"蒸馏器顶部"(此加热容器的最高部分),在那里被净化的材料凝结成一种结晶的升华物。"人之子必须从地面腾空而起,像晶体一样升上蒸馏器的交叉处。"[2]

[1]　Rupescissa,*De confectione*,2:81—82.

[2]　Rupescissa,*Liber lucis*,2:85.

中世纪的拉丁双关语强化了这些神学关联。用来使金属经受高温和腐蚀的容器在今天仍被称为坩埚(*crucible*),这个词最初源自拉丁词 *crucibulum*,可译为"受折磨的小地方",它和 *crucify*〔折磨、钉死在十字架上〕源自同一拉丁词根 *cruciare*。(我们还记得数个世纪以前,佐西莫斯也曾想象他自己的过程是对金属的"折磨"。)考虑到通常的化学操作有熔化、腐蚀、研磨、蒸发、锤击和燃烧等,把这些操作设想成对材料物质的"痛苦折磨"并不需要非凡的想象力。于是,在解释伪阿纳尔德对福音书中一句话(《约翰福音》12:24)的使用时,鲁庇西萨的约翰写道:"'麦子落在地里死了'的意思是汞在硝石和硫酸盐里死了。"[1]这里的动词"死"与"汞"的另一个名字 *argentum vivum*——其字面意思是"活银"——一语双关,之所以这样称呼是因为这种银色液体似乎在不断运动,仿佛活着一般。因此,当汞变成一种不动的固体时,它就"死"了,这正是当它与硝石和硫酸盐一起被研磨并且"消失"于粉末混合物时发生的事情。[2]

炼金术与医学

鲁庇西萨的约翰在狱中写了另一部炼金术著作:《论万物的精华》(*De consideratione quintae essentiae omnium rerum*),由此他

---

① Rupescissa, *De confectione*, 2:81.

② 加热混合物时,假定普通的盐也存在,汞就被转化为固体氯化汞。*Argentum vivum* 是我们用来称呼汞的另一个名称"quicksilver"的来源,其中 *quick* 带有 *alive* 的古英语含义。

把炼金术拓展到一个新的领域——医学。[①] 在敌基督统治期间，基督徒不仅需要黄金，还需要完全健康。于是，约翰讲述了他如何寻找一种能够防止腐败和衰颓，从而使身体免受疾病和过早衰老的物质。他在葡萄酒的蒸馏物中发现了这样一种物质——他称之为"燃烧的水"或"生命之水"，我们称之为"酒精"。时至今日，这种让人产生愉快感受的液体的拉丁炼金术术语——*aqua vitae*[生命之水]——仍然存在于几种酒的名称中：意大利语的 *acquavite*，法语的 *eau-de-vie* 和斯堪的纳维亚语的 *akvavit*。

约翰认为这种"燃烧的水"是葡萄酒的"精华"，其拉丁语是 *quinta essential*[第五本质]。（今天，quintessence[精华]一词仍被用来指一个事物最为精细、纯粹和浓缩的本质。）约翰从亚里士多德主义自然哲学中借用了这个词，在那里，它表示一种不同于四元素（火、气、水和土）且更伟大的物质，即恒星和行星等月亮以上的任何东西所由以构成的不可朽的永恒材料。这意味着，葡萄酒的这种地界"精华"同样是不会朽坏的。这听起来也许很奇怪，但约

---

① 虽然我们缺少《论万物的精华》的一个易于使用的版本或再版，但有三种早期的印刷本：Basel，1561(?) 和 1597 以及 Ursel，1602 (in *Theatrum chemicum*，3：359—485；在后来的版本中不存在)。一个 15 世纪的英文版以 *The Book of the Quinte Essence*，ed. F. J. Furnivall（London：Early English Text Society，1866；reprint，Oxford：Oxford University Press，1965）出版。对该书内容的一个有用概述见于 Halleux，"Ouvrages alchimiques，"pp. 245—262 和 Udo Benzenhöfer，*Johannes' de Rupescissa Liber de consideratione quintae essentiae omnium rerum deutsch*（Stuttgart：Franz Steiner Verlag，1989），pp. 15—21。后者包含着该文本的一个 15 世纪德文版。另见 Giancarlo Zanier，"Procedimenti farmacologici e pratiche chemioterapeutiche nel *De consideratione quintae essentiae*，"in "Alchimia e medicina nel Medioevo，"ed. Chiara Crisciani and Agostino Paravicini Bagliani，Micrologus Library 9（Florence：Sismel，2003），pp. 161—176。

翰几乎肯定是把自己的信念建立在经验证据的基础上——他注意
到露天的肉很快便开始腐烂，而浸在酒精中则会长久保存下去。
他还可能注意到，葡萄酒很快就会变成醋，而蒸馏的酒精却保持不
变。约翰希望付诸医用的正是这种稳定和防腐的能力。

　　约翰并非从葡萄酒中蒸馏出酒精的第一人，（真正的）维拉诺
瓦的阿纳尔德就曾推荐把蒸馏出的酒精作为医用。有趣的是，约
翰写道，1351 年，即他被囚禁七年后（那时他已被转移到阿维尼翁
教廷的监狱，在那里，出于医疗目的对葡萄酒的蒸馏从 14 世纪 20
年代就已经开始）认定酒精便是他渴望找到的防腐剂。[①] 因此，他
很可能是在那里第一次发现和见证了酒精的性质。

　　但在运用这种"生命之水"方面，约翰比前人大大迈进了一步。
他不仅描述了其制备，而且描述了它在制造酊剂方面的用途。其
中一些酊剂是他将草药径直浸泡在酒精中制作而成的；他非常正
确地认为，在从植物中提取活性成分方面，酒精往往比水管用得
多。约翰也超越了传统药理学中常用的草药范围，建议使用金属
和矿物。长期以来，金一直被认为具有治疗性质，特别是可以加强
心脏功能，约翰描述了如何将其用于酒精药物（我们用来表示利口
酒的现代词 cordial 就源自用来治疗心脏的金基药物；cordialis 则
是用来表示与心有关的事物的拉丁语形容词）。那时和现在一样，
汞、锑等金属物质一般被认为有毒，但约翰提出也可以用这些东西
来生产药物精华。

　　鲁庇西萨的约翰使药物制备成为炼金术活动的一个关键部分；

---

　　① 　Halleux, "Ouvrages alchimiques," pp. 246—250.

从此以后,炼金术(和化学)将永远与医学紧密联系在一起,无论这是好是坏。[1] 他的作品例证了后来欧洲炼金术的两大目标——嬗变金属和制备药物。约翰认为,这两个目标使受压迫的基督徒在敌基督统治期间能够获得所需的健康和财富。在对敌基督出现的关切消退之后,这两种回报的诱惑又持续了很长时间。同样,虽然把基督教教义用作寓意、隐喻和合法性的一个来源是从 14 世纪的炼金术开始的,但这个方面在接下来的几个世纪里仍然继续发展。[2]

伪卢尔和失败的十字军东征

又过了一代,约翰关于嬗变和医学的双重目标更紧密地交织在一起,此时他关于葡萄酒精华的想法以另一个人的名义广为传播。在《论万物的精华》开始流传之后不久,另一位作者——其身份仍然不为人知——将该书的许多内容与另外的材料结合成为《自然的秘密之书或精华之书》(*Liber de secretis naturae seu de quinta essentia*)。这位新作者对制金比对医学更感兴趣,所以对他而言,提取精华是制备哲人石的一个步骤。约翰认为不腐的精华是人类健康的防腐剂,而这位新作者则认为不腐性是产生某种

---

[1]　较早时也有人声称炼金术对医学有用,比如 Bernard of Gordon(1320 年左右去世);参见 Luke Demaitre, *Doctor Bernard de Gordon : Professor and Practitioner* (Toronto : Pontifical Institute of Medieval Studies,1980), pp. 19—20。罗吉尔·培根写道,哲人石具有药性;参见 Michela Pereira, "Un tesoro inestimabile : Elixir e *prolongatio vitae* nell'alchimiae del '300," *Micrologus* 1 (1992) : 161—187 和 "Teorie dell'elixir"。

[2]　关于中世纪炼金术与医学之间联系的更多内容,包括鲁庇西萨的约翰之前的一些联系,参见 Crisciani and Bagliani, "Alchimia e medicina nel Medioevo"。

物质的逻辑起点，此物质可将不腐性赋予金属，即把可腐的贱金属变成不腐的金。该书以加泰罗尼亚神学家和哲学家拉蒙·卢尔（Ramon Lull 或 Ramon Llull，1232 - 1315）的名义流传，而卢尔所写的著作其实对炼金术持否定立场。在随后若干年中，带有"卢尔"名字的炼金术著作戏剧性地增加。虽然这些著作无一出自真正的拉蒙·卢尔之手，但其中许多著作都带有类似于卢尔真实作品的特征，以至于这种归属在数百年时间里似乎是可信的，而且基本上未受质疑。①

伪卢尔的著作是中世纪数量最多也最具影响力的炼金术文本之一。其中篇幅最长的《证明》（*Testamentum*）也最先问世，即在 1332 年，比《自然的秘密之书》早了一代人时间。② 引人注目的是，《证明》从未自称卢尔是其作者；这几乎是不可能的，因为它提到了卢尔去世之后的日期。尽管如此，《自然的秘密之书》的作者还是把《证明》纳入了他开始编写的卢尔著作。《证明》中包含着典型的卢尔要素，而且是由一位加泰罗尼亚学者写的，这些事实使人们更容易把原本不具名的作品重新归于拉蒙·卢尔。

《证明》将"炼金术"定义为"自然哲学的一个隐秘部分"，它教

----

① Michela Pereira, *The Alchemical Corpus Attributed to Raymond Lull* (London: Warburg Institute, 1989); "Sulla tradizione testuale del *Liber de secretis naturae seu de quinta essentia* attribuito a Raimondo Lullo," *Archives internationales d'histoire des sciences* 36 (1986): 1—16; "*Medicina* in the Alchemical Writings Attributed to Raimond Lull," in *Alchemy and Chemistry in the Sixteenth and Seventeenth Centuries*, ed. Piyo Rattansi and Antonio Clericuzio (Dordrecht: Kluwer, 1994), pp. 1—15.

② Michela Pereira and Barbara Spaggiari, *Il Testamentum alchemico attribuito a Raimondo Lullo* (Florence: Sismel, 1999)包含了加泰罗尼亚语原文的考订版和一个 15 世纪的拉丁文译本，以及有用的介绍材料。

导三个主要话题：如何嬗变金属，如何增强人的健康，如何改进和制造宝石。其中最后一个话题并不常见于当时的炼金术文本，《证明》中的一个配方讲述了如何将小珍珠化成浆，然后用浆制造出更大的人造珍珠。① 此外它还包含着药水的配方。不过，这本冗长的著作大都在讨论哲人石的制造，哲人石凭借自身就能提供贵金属、健康和更好的宝石。《证明》的作者认为，哲人石是一种普遍适用的药物。它能"治愈"贱金属，将其转变为黄金；能消除宝石的缺陷；能够治愈人和动物的所有疾病，甚至能够刺激植物的生长。② 极为流行的伪卢尔著作营造了这样一种观念，即哲人石是"人和金属的药物"。（虽然伪卢尔等人同意培根的看法，认为哲人石能够维持人的健康，从而延长寿命，但它并不被看成一种"长生不老药"，就像一些关于炼金术的流行说法所认为的那样。）③ 有趣的是，《证明》还说哲人石能使玻璃变得可延展——这种极高的技术

---

① Pseudo-Lull, *Testamentum* 2 : 1 and 3 : 7—10, in ibid. , pp. 306—307 and 390—397；同一位（匿名的）作者在其 *Liber lapidarius* 中更详细地讨论了制造宝石。《自然的秘密之书》包含着炼金术的同样三重目标，这是顺理成章的，因为其作者（错误地）声称，他也是《证明》的作者。

② Pseudo-Lull, *Testamentum* 2 : 30, pp. 376—379.

③ 这种现代误解可能来自于中国炼丹术与欧洲炼金术观念的融合。不过，西方据说也有少数炼金术士活了很长寿命。尼古拉·弗拉梅尔和妻子佩尔内勒·弗拉梅尔（Pernelle Flamel）通过使用哲人石活了四百多岁的故事出现在 18 世纪末（在《哈利·波特与魔法石》中得到重演）。罗吉尔·培根提到了一位名叫 Artephius 的阿拉伯作者，他自称已经活了 1025 岁。参见 Gerald J. Gruman, *A History of Ideas about the Prolongation of Life* (Philadelphia : American Philosophical Society, 1966 ; reprint, New York : Arno Press, 1977), esp. pp. 28—68 ; Agostino Paravicini Bagliani, "Ruggero Bacone e l'alchimia di lunga vita : Riflessioni sui testi," in Crisciani and Bagliani, "Alchimia e medicina nel Medioevo," 33—54 ; and Pereira, "Tesoro inestimabile".

成就自古罗马以来就在被虚构和谣传。①

关于炼金术士卢尔的生活及其炼金术研究的传说在 15 世纪初开始出现。根据 17 世纪那则流传甚广的传说,在其加泰罗尼亚同胞维拉诺瓦的阿纳尔德的劝说下,卢尔不再对炼金术保持怀疑,维拉诺瓦的阿纳尔德也把这门高贵技艺的秘密教给了他。接着,卢尔去了英格兰。有些版本说,卢尔受到了威斯敏斯特的修道院院长克里默(Cremer,他本人也是一个受到挫折的炼金术士)的邀请,克里默在寻师时在意大利发现了卢尔。卢尔一到英格兰,就向国王爱德华显示了自己的能力,说他能为国王制造出很多黄金,使之发动新的十字军东征以收复圣地。爱德华同意了卢尔的建议,在伦敦塔为他建了一个实验室,在那里卢尔将 22 吨铅和锡变成了纯金,然后这些黄金被铸造成新的硬币,即所谓的"贵族玫瑰"(rose nobles)。但爱德华欺骗了卢尔;他没有按照承诺用这些黄金来资助十字军东征,而是用它来入侵法国,卢尔要么是遭到监禁,要么是愤愤不平和心情沮丧地离开了英格兰。②

---

① 　Pliny,*Natural History*,book 36,chapter 66. 关于玻璃和炼金术,参见 Beretta,*Alchemy of Glass*。

② 　历史上并没有确认有一位修道院院长克里默;17 世纪出现的一部炼金术论著据称出自他之手,讲述了卢尔的传说:*Testamentum Cremeri*,published by Michael Maier in his *Tripus aureus*(Frankfurt,1618),republished in *Musaeum hermeticum*(Frankfurt,1678;reprint,Graz:Akademische Druck,1970),pp. 533—544。关于卢尔传说的一个长篇版本,参见 Nicolas Lenglet du Fresnoy,*Histoire de la philosophie hermetique*(Paris,1742 - 1744),1:144—184,2:6—10 和 3:210—225;一份佛罗伦萨手稿中保存了一个早期版本,参见 the transcription in Michela Pereira,"La leggenda di Lullo alchimista,"*Estudios lulianos* 27(1987):145—163,on pp. 155—163;对其发展的批判性评价参见 Pereira,*Alchemical Corpus*,pp. 38—49。

　　与大多数炼金术故事一样,这个故事也增加了一些零星的真相。《证明》的确提到了维拉诺瓦的阿纳尔德,其书籍末页标明,作者写于伦敦塔附近,所以至少有一位被视为"伪卢尔"的作者真的在英格兰。他可能于爱德华三世统治期间(1327－1377 年在位)在那里,爱德华三世据说支持炼金术士,1344 年,他的确发行了一种被称为"贵族"(the noble)的新金币,之后不久便入侵法国。不过,这些事件都不能与真实的拉蒙·卢尔联系起来,因为他在爱德华三世 3 岁时就去世了。(因此有些人试图认定,这个欺骗的国王是爱德华一世或二世。)不仅如此,真正的"贵族玫瑰"(带有玫瑰和船的形象)直到下个世纪中叶才出现。① 尽管该传说有各种各样的问题,但其他炼金术士经常用卢尔与英格兰国王打交道的这个不幸故事来警告其炼金术士同胞:对自己的知识缄口不言,避开充满欺诈的权力场。

新的发展:选集和图像

　　在 14、15 世纪,形形色色的新炼金术著作仍然层出不穷。最早的拉丁炼金术著作,如盖伯的《完满大全》,主要是经院风格的:

---

　　① 　货币与十字军东征的联系符合一则关于 15 世纪炼金术士乔治·里普利(George Ripley)的传闻,他也是伪卢尔炼金术在英格兰的主要普及者。这则故事说,生活在爱德华四世(这位国王的确在 1464 年铸造了"贵族玫瑰")治下的里普利每年送给罗德岛的圣约翰骑士团价值 10 万镑的炼金术金,让他们抵抗土耳其人的进攻;参见 Elias Ashmole,ed.,*Theatrum chemicum britannicum*(London,1652),p.458。

如教科书一般条理清晰、逻辑严密和直截了当。这种风格一直持续到其他一些——最终更流行的——风格在 17 世纪出现。一种新的文体是"选集"(*florilegium*)。这个词的字面意思是"收集花朵",指一个文本从各种不同的书籍中精选摘录,并把它们编排成"书籍之书"。"选集"是从许多著作中挑选出来的简短而有信息的引语所组成的文集或纲要。这些摘录可能会给出对炼金术理论的解释,或者一系列需要解释的晦涩难懂的句子,或者包括哲人石在内的各种产物的配方。"选集"这种文体并非为炼金术所独有;利用这种文体,中世纪晚期的作者会就各种主题对材料和权威加以组织整理。"选集"在今天也许看起来有些无聊或多余,但可以想象,在那个书籍昂贵而稀缺的时代,它们在总结和传播各种信息方面发挥了重要作用。

中世纪晚期还出现了另一种炼金术体裁——寓意插图(emblematic illustrations)。在希腊-埃及时期,特别是在佐西莫斯的"梦"中,出现了大量关于炼金过程和理论的寓意描述。但在 14 世纪,在炼金术中业已牢固确立的这种寓意化倾向不仅显示在隐喻性的语词中,而且显示在隐喻性的图像中。[①] 从简单的木刻画到极为复杂的技艺杰作,这些图像的复杂性各不相同。今天,任何通

---

① 关于这些插图的起源,参见 Barbara Obrist, *Les débuts de l'imagerie alchimique* (Paris:Le Sycomore,1982)。有趣的是,一份带有寓意图像的阿拉伯炼金术手稿(被错误地归于佐西莫斯)最近重见天日。其摹真本以 *The Book of Pictures:Muṣḥaf aṣ-ṣuwar by Zosimos of Panopolis*,ed. Theodore Abt (Zurich:Living Human Heritage Publications,2007)出版;但编者的评注包含着严重的错误,且过于程式化;学术性的分析参见 Benjamin C. Hallum 在 *Ambix* 56 (2009):76—88 中的学术书评。

俗的炼金术书籍都会复制一些这样的图像。然而事实证明，它们的美和魅力是一把双刃剑；许多现代作者都使之脱离了语境，仿佛它们独立于其创作者和所要图示的文本，独立于所处的时间、地点和文化状况似的。结果，它们经常根据现代观察者的想法而得到解释，而不是根据其原有作者的意图和原初读者的实践而得到解释。寓意图像可以透露出炼金术的许多内容，但只有结合历史语境来处理才会如此。

　　包含寓意形象的最早文本也许是《哲学家的玫瑰花园》(*Rosarium philosophorum*)。实际上，15、16 世纪出版了好几部拥有同一标题的著作，其中最早的一部被（错误地）归于维拉诺瓦的阿纳尔德。① 所有这些著作都是选集（因此有此标题），但只有一部饰有图像。奇怪的是，这些图像起初是一首名为《太阳和月亮》(*Sol und Luna*)的后被并入《哲学家的玫瑰花园》拉丁文散文文本的德语诗的一部分。《哲学家的玫瑰花园》的文本起初是在 14 世纪写的，这首诗则是稍后写的，不过仍然在 1400 年之前。至于这两部作品是出自同一位作者还是（更有可能）两位作者之手，目前尚不清楚。可以肯定的是，这首诗及其图像被用来对原有的选集作更好的组织（每一句诗和图像都总结了某一节文本的主题），它们可能起着辅助记忆的作用。拉丁文本、德语诗和木刻图像的结

75

　　① 　Pseudo-Arnald of Villanova, *Thesaurus thesaurorum et rosarium philosophorum*, in *Bibliotheca chemica curiosa*, 1:662—676；其他几部可见于 *Bibliotheca chemical curiosa*, 2:87—134。关于第一部，参见 Antoine Calvet, "Étude d'un texte alchimique latin du XIVᵉ siècle: Le *Rosarius philosophorum* attribué au medecin Arnaud de Villeneuve," *Early Science and Medicine* 11 (2006):162—206。

集于 1550 年首版。①

如其扉页所称,《哲学家的玫瑰花园》讨论的是"制备哲人石的正确方法"。它先是引用了关于一般炼金术主题和理论、金属的构成、两种物质（这里被称为"太阳"和"月亮"）结合产生炼金药的引文。为了描述这两种本原的结合,它引用了《哲人集会》中的一节,建议读者"让你所有儿子中最亲爱的儿子伽布里蒂乌斯（Gabritius）娶他的妹妹贝亚（Beya）,一个闪亮、平静、温柔的女孩"。② 这里,两种成分的人格化利用了阿拉伯语——"伽布里蒂乌斯"（Gabritius）无疑源自 *kibrīt*,这个阿拉伯语词的意思是"硫";贝亚（Beya）源自 *bayāḍ*,意思是"白"和"亮",肯定是指汞。因此,和鲁庇西萨的约翰一样,《哲学家的玫瑰花园》也提出了这样的理论:炼金药由汞和硫结合而成。当然,困难仍然在于确认"汞"和"硫"在这种语境下究竟是什么意思。德语诗《太阳和月亮》（这里的太阳/月亮对应于硫/汞和伽布里蒂乌斯/贝亚）的作者让月亮告诉太阳,他需要她,"就像公鸡需要母鸡",插图作者形象地描绘了太阳与月亮的"结合",如图 3.1 所示。拉丁文本接着说:"两者仿佛在同一个身体中。"下图（图 3.2）相应地显示了太阳与月亮结合而成的双头身体。③ 接下来的插图描绘了"灵魂"与这种混合体的分离（图3.3）,清洁尸体,灵魂返回以产生哲人石的第一阶段,等等。

---

① 摹真版可参见 *Rosarium philosophorum*：*Ein alchemisches Florilegium des Spätmittelalters*,ed. Joachim Telle,2 vols.（Weinheim：VCH,1992）。该版包含了一个德译本,Telle 的一篇出色文章,以及有用的书目信息。Telle 文章的法文翻译是"Remarques sur le *Rosarium philosophorum*（1550）,"*Chrysopoeia* 5（1992－1996）:265—320。

② *Rosarium*,pp. 46—47.

③ *Rosarium*,pp. 46 and 55.

76

CONIVNCTIO SIVE
Coitus.

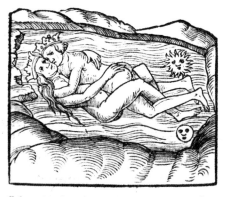

O Luna durch meyn vmbgeben/vnd suffe mynne/
Wirftu schön/ftarck/vnd gewaltig als ich byn.

O Sol/ du bift vber alle liecht zu erkennen/
So bedarffftu doch mein als der han der hennen.

CONCEPTIQSEV PVTRE
factio

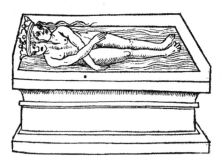

hye ligen könig vnd köningin dot/
Die fele fcheydt fich mit groffer not.

图 3.1—3.3　灵魂的结合、受孕和抽离，象征制备哲人石的各个阶段。德语诗句出自《太阳和月亮》。出自 *Rosarium philosophorum*（Frankfurt, 1550）。

　　《哲学家的玫瑰花园》的图像简单而直接，适合对先前存在的文本用图像进行总结。然而，后来一些炼金术象征的例子要复杂得多，而且往往有意保密，读者需要运用充分的解释技能才能把握其含义（第六章说明了如何做到这一点）。不过，即使是《哲学家的玫瑰花园》的简单图像也会使读者感到震惊或觉得古怪。性交和生殖是炼金术文本和图像的常见要素。但是鉴于炼金术从根本上讲是一种生产性的活动（即它制造东西），所以与生育进行类比其实很恰当。炼金术旨在使现有的东西结合在一起而产生新的物质

或属性,就像父母结合产生新的后代一样。性和性活动是人类最
77　为普遍和常见的经验之一,因此提供了现成的相似性来源以及易
于理解和描述的隐喻。① 两种物质反应和结合成第三种物质的想
法很容易让富有想象力的心灵想起配偶的形象。其至现代化学家
也常常把反应物理解成正在相互作用的对子——不再是汞和硫,
而是酸和碱,或氧化剂和还原剂。甚至是这些现代对子的词源也
会暗示一种性,比如"亲电物质"(electrophile)和"亲核物质"(nu-
78　cleophile)便是基于希腊语动词"philein",即"爱、亲吻或交合"。
死亡也是一种常见的人类经验,而且是前现代世界(虽然不是我们
这个卫生化的、讲求委婉的现代社会)日常生活的一部分。于是,
死亡以及与之相伴的关于灵魂离开和最终复活的基督教教义,和
性一样显著地出现在炼金术的文本和图像中。

　　雌雄同体这种别致的东西经常见诸炼金术图像而非日常生
活。为什么炼金术士似乎会痴迷于同时展现雌雄两性生理的东
西?在《哲学家的玫瑰花园》中,太阳和月亮结合产生了一个双头
的雌雄同体(图 3.2)。从某些方面来说,这是非常合理的。与生
育子代而父母完好无损的动物不同,两种物质的结合使其统一成
具有新的身份的第三种物质,在此过程中丧失了自己独立的身份。
因此,雌雄同体其实代表某种更接近炼金术过程的东西。大阿尔
伯特能够帮助我们理解炼金术士如何以 13 世纪典型的清晰性来
使用这个奇特的形象。在关于矿物的著作中,大阿尔伯特解释了

---

① 关于这个主题的更多内容,参见 Lawrence M. Principe,"Revealing Analogies:
The Descriptive and Deceptive Roles of Sexuality and Gender in Latin Alchemy," in
Hidden Intercourse: Eros and Sexuality in the History of Western Esotericism, ed.
Wouter J. Hanegraaff and Jeffrey J. Kripal (Leiden: Brill, 2008), pp. 208—229。

金属的汞-硫理论，说这些成分

> 就像父亲和母亲，一如炼金作者以隐喻的方式所说。硫
> 像父亲，汞像母亲，不过更恰当的表达是，在金属的混合中，硫
> 如同父精，汞如同凝结成胚胎物质的经血。①

这种比较基于一种牢固确立的观念，它可以追溯到古希腊医
学：男性（就像硫）的典型特征是热和干，而女性（就像汞）的典型特
征则是冷和湿。阿尔伯特又说，在一些物质中，这些成对的性质未
被很好地隔离，在这种情况下"可以观察到，热-干在同一种复合物
中与湿-冷相结合，这种复合物就是雌雄同体的。"②因此，炼金术
中的雌雄同体所代表的物质源于一种"男性"（热-干）物质和一种
"女性"（冷-湿）物质的结合。还要注意，大阿尔伯特清晰地区分了
以下两者：一是以隐喻的方式用"父亲"来指硫，用"母亲"来指汞；
二是"更恰当地"将它们与其他物质（即父精和经血）相比较，后者
的直接结合（根据古典的生成理论）产生了胚胎。大阿尔伯特悲叹
道，专门谈论物质（特别是矿物）产生的"恰当术语"尚不存在。他
解释说，因此各位作者觉得有必要用类比来讨论它们。③他对雌
雄同体在炼金术中含义的解释并没有被其继承者所遗忘。事实

79

---

①　Albert the Great, *Mineralia*, book 4, chapter 1; in *Alberti Magni opera om-nia*, 5:83.

②　*Alberti Magni opera omnia*, 5:84.

③　Albert, *Physica*, book 1, tractate 3, chapter 12; in *Alberti Magni opera omnia*, 3:72; *Mineralia*, book 1, tractate 1, chapter 5; in *Alberti Magni opera omnia*, 5:7. 另见 Obrist, *Débuts*, pp. 31—33。

图 3.4　大阿尔伯特指向一个炼金术的雌雄同体。出自 Michael Maier,
Symbola aureae mensae duodecim nationum（Frankfurt, 1617）, p. 238。

上,又过了两个半世纪,大阿尔伯特出现在一本 17 世纪的炼金术
著作中,图中的他在解释时指向了一个雌雄同体(图 3.4)。[①]

<hr />

① 甚至佐西莫斯也以雌雄同体(*arsenothēlu*)的名义提到了一种物质；Mertens,
Les alchimistes grecs IV, i: Zosime, p. 21。他可能是把雌雄同体用作汞的一个"假名",
这利用了人们所熟知的占星术观念,即有些行星是"雄的"(太阳、火星、木星、土星),有
些行星是"雌的"(月亮和金星),而水星[汞]则同时属于两性,因为他"既产生干又产生
湿"；参见 Ptolemy, *Tetrabiblos*, 1: 6。关于这个主题的更多内容,参见 Achim Aurn-
hammer, "Zum Hermaphroditen in der Sinnbildkunst der Alchemisten," in *Die Alche-
mie in der europäischen Kultur-und Wissenschaftsgeschichte*, ed. Christoph Meinel,
Wolfenbütteler Forschungen 32（Wiesbaden: Harrassowitz, 1986）, pp. 179—200 和
Leah DeVun, "The Jesus Hermaphrodite: Science and Sex Difference in Premodern Eu-
rope," *Journal for the History of Ideas* 69（2008）: 193—218。

14、15 世纪只出现了少量包含寓意图像的炼金术作品。这些作品都包含着《哲学家的玫瑰花园》中的一些生殖图像或性图像，但许多图像也出自神学论题。比如 1550 年版的《哲学家的玫瑰花园》所使用的两幅图像便借自 15 世纪初的《圣三一书》（*Buch der Heiligen Dreifaltigkeit*，被认为是用德语写的第一部炼金术文本），描绘了圣母加冕和基督复活（图 3.5）。[①] 复活场面下方写着：

"我在遭受了诸多痛苦和巨大折磨之后，我得以复活、涤清并且摆脱了所有污迹"，这让人想起了伪阿纳尔德的表达。

到了 16 世纪初，拉丁炼金术已经在许多方面超越了欧洲在三个多世纪之前所获得的阿拉伯炼金术（al-kīmíyā'）。这门高贵技艺对于制金的古代核心兴趣仍然没有减少，对嬗变秘密的寻求仍然活力不减，并且辅以大量新的概念、材料和观察。事实上，此时已有多个"学派"发展出来，每个学派都主张采用特定的初始材料或程序，支持各种不同的金属成分理论以及对哲人石如何引发嬗变的解释。然而，虽然大多数文本都在讨论金属嬗变的炼金术（*alchemia*），但这绝非该领域的全部。到了 1500 年，随着从业者推销越来越多的用化学方式生产或改进的药物，炼金术也包括了

[①]　Wilhelm Ganzenmüller, "Das Buch der heiligen Dreifaltigkeit," *Archiv der Kulturgeschichte* 29 (1939):93—141; Herwig Buntz, "Das Buch der heiligen Dreifaltigkeit, sein Autor und seine . berlieferung," *Zeitschrift für deutsches Altertums und deutsche Literatur* 101 (1972):150—160; Marielene Putscher, "Das Buch der heiligen Dreifaltigkeit und seine Bilder in Handschriften des 15. Jahrhunderts," in Meinel, *Die Alchemie in 228 notes to pages 74—81 der europäischen Kultur-und Wissenschaftsgeschichte*, pp. 151—178; and Obrist, *Débuts*, pp. 117—182.

药物的制备。在俗称帕拉塞尔苏斯（Paracelsus）的打破旧习的瑞士医生特奥弗拉斯特·冯·霍恩海姆著作的巨大影响下，医药炼金术（也被称为医疗化学[*iatrochemistry* 或 *chemiatria*]）将在 16 世纪蓬勃发展。

Nach meinem viel vnnd manches leiden vnnd marter
(groß/
Bin ich erstanden/ clarificiert/ vnd aller mackel bloß.

图 3.5　基督复活象征着炼金术过程中的一个步骤。出自 *Rosarium philosophorum*（Frankfurt, 1550）。

　　同样蓬勃发展的还有更为卑下和不太起眼的炼金术应用。随着更多的作坊用化学方法来生产可用于艺术和制造的一系列产品——盐、颜料、染料、矿物酸、合金、香料、各种蒸馏物等，配方文献继续发展。除了这些工业生产活动，还有大量关于物质及其转变的隐秘本性的新概念发展出来。其中一些概念源自盖伯的准微粒物质理论，其他一些更紧密地追随亚里士多德，还有一些则是全新的。人造物的潜能和宇宙的秘密运作依然是卓有成效的研究领域和产生新思想的沃土。与此同时，炼金术在现代早期的欧洲文化中变得越来越显著，赞赏者有之，批评者也有之。其观念、隐喻、产物、理论、实践和实践者引起了艺术家、剧作家、传教士、诗人和哲学家的注意。炼金术在 15 世纪末进入了黄金时代。事实证明，常被称为"科学革命"的 16、17 世纪，即哥白尼、伽利略、笛卡儿、波义耳和牛顿的时代，也是炼金术的伟大时代。

第四章 重新定义、复兴和重新诠释：18 世纪至今的炼金术

倘若按照严格的时间顺序，本章将会探讨炼金术最伟大的时代——16、17 世纪。不过，我想先暂时跳过那个黄金时代，先来讲述嬗变炼金术在 18 世纪初的急剧衰落及其后来的复兴（有时以崭新的形式表现出来）。以这种方式打破时间顺序似乎会引发混乱，但这样做不无理由。许多读者可能都知道有关炼金术的几种常见说法——例如，它与化学有根本上的不同，它本质上是一种精神努力或涉及自我转化，类似于魔法，无论在当时还是现在本质上都具有欺骗性。这些关于炼金术的观念出现在 18 世纪或之后。虽然其中每一种观念都可能在狭窄的语境下限制了有效性，但它们都不是关于整个炼金术的正确描述。然而，这些观念都曾被视为炼金术主题在整个历史中的一般"定义"。在 20 世纪的大部分时间里，即使是许多科学史家也未能免俗。这些说法在今天流传甚广，严重扭曲和限制了我们对炼金术的看法。因此，在我们尚未因为这些观念而不再努力对黄金时代的炼金术做出更准确的历史描述之前，我们最好现在就来考察它们。

制金的消失

制金（Chrysopoeia）盛行于整个 17 世纪。在当时的欧洲各地，这一主题的印刷书籍层出不穷。许多著名的科学思想家都在讨论和研究嬗变。简易的作坊和皇家实验室都在热切寻求这一工序的秘密，支持或反对制金之可能性的学术争论经久不息。然而到了 18 世纪 20 年代，嬗变炼金术突然令人惊讶地迅速衰落下去。到了 18 世纪 40 年代，制金在大多数（但并非所有）地方都被视为旧时代的遗迹。它虽然偶尔还会唤起人们在历史或古物上的兴趣，但在很大程度上已经成为人类愚蠢的范例。已有 1500 年历史的一度繁荣兴盛的制金事业如何在顷刻间就失去影响了呢？

关于制金遽然衰落的确切原因，科学史家们仍在研究和争论。从事后来看，一种看似合理的简单解释是，当时的物理学表明，金属嬗变是不可能的。但历史记录并不支持这种观点。18 世纪初并没有出现什么新的体系、实验或证据可以让当时的人断定制金是不可能的。历史记录所表明的乃是，嬗变炼金术被视为某种纯粹欺骗的东西，遭到了越来越多的往往恶毒的攻击。这样的诋毁并不新鲜；自阿拉伯中世纪和拉丁中世纪以来，它一直伴随着炼金术。然而到了 18 世纪初，情况发生了改变。反对意见变得更加响亮、强大和持久，它们较少关注理论上的理性争论，而是更多聚焦于炼金术在道德和社会方面的欺诈议题。企图败坏制金及制金者名声的虚夸言辞突然开始起了作用。

值得注意是，正是在 18 世纪初，"炼金术"和"化学"这两个词

获得了新的更严格的含义。以前它们同时存在，在很大程度上可
以互换。即使它们在那一时期的用法有时可以看出一些区别，这
种区别也并非一成不变，而且极少是今天自动所作的区分。例如，
安德烈亚斯·利巴维乌斯(Andreas Libavius)在 1597 年出版的名
著《炼金术》(*Alchemia*)描述了如何进行化学操作，使用实验室设
备，作一系列化学制备(简而言之，我们今天会毫不犹豫称之为"化
学"的东西)，而很少提及制金或哲人石。[①] 另一方面，大约与安德
烈亚斯·利巴维乌斯的《炼金术》同时问世的论文集《化学大观》
(*Theatrum chemicum*)第一版却收录了数十部制金文本——正是
我们今天会毫不犹豫称之为"炼金术"的东西。讨论物质的生产和
操作以及它们性质的各种思想和实践——无论是制金和制银，还
是制造药物、染料、颜料、酸、玻璃、盐等——都可以而且的确被称
为"炼金术"(alchemy)或"化学"(chemistry)。chemistry 这个词
之所以用得更频繁，主要是因为认识到 al- 是阿拉伯语的定冠词，
后来随着 chemeia 经过阿拉伯语世界，al- 作为遗留下来的包袱被
去除了。[②]

　　由于这两个词如今承载着诸多现代含义(通常认为化学是现
代的和科学的，炼金术则是过时的和不科学的)，许多科学史家使

---

　　① 关于利巴维乌斯，参见 Bruce T. Moran, *Andreas Libavius and the Transfor-
mation of Alchemy: Separating Chemical Cultures with Polemical Fire* (Sagamore
Beach, MA: Science History Publications, 2007)。

　　② William R. Newman and Lawrence M. Principe, "Alchemy vs. Chemistry: The
Etymological Origins of a Historiographic Mistake," *Early Science and Medicine* 3
(1998): 32—65. 另见 Halleux, *Les textes alchimiques*, pp. 43—49.

用古体拼写 chymistry 来指称如今被归于化学和炼金术的各种实践活动。这个术语既可以确认"炼金术和化学"这个未经分化的领域,又可以超越如今由"炼金术"和"化学"这两个词所唤起的含义。① 想一想当你听到这两个词时,它们在你脑海中立即引发的联想。(如果本书的标题是《化学的秘密》,你还会买它吗?)现在尝试设想从这两个词那里大致获得同样的直接印象。如果能做到这一点(这并不容易),你听到的东西会和大多数现代早期的人一样。但实际上,看到 chymistry 这个拼写古怪的词时立刻回想起这两个词的不断变化的含义要更简单。因此接下来,我会在适当的时候使用"化学[炼金术]"(chymistry)这个术语。

与重新定义"化学"和"炼金术"同时进行的是对金属嬗变的道德拒斥。我认为,这些发展背后的驱动力在很大程度上是为了提升"化学家[炼金术士]"(chymists)和"化学[炼金术]"(chymistry)的地位。在 18 世纪以前,化学[炼金术]的公共形象非常糟糕,化学家[炼金术士]的身份常常模糊不清、令人不快。与物理学、数学和天文学不同,化学[炼金术]在大学没有既定位置;它在中世纪未能在大学获得立足之地。它也没有古典的高贵世系,这

86

---

① Newman and Principe,"Etymological Origins,"pp. 43—44. 问题部分在于,过去的历史学家经常基于时代误置的任意预设,把历史人物、书籍或话题指定给某个类别,导致把基于现代思想的错误二分投射到过去,从而扭曲了我们的历史理解。一旦我们开始谈论一种包容性的 *chymistry*,许多明显的问题和难题就消失了,我们可以在历史背景下更好地操作,以获得更准确的理解。关于这个词在艾萨克·牛顿那里如何运作的一个例子,参见 Lawrence M. Principe,"Reflections on Newton's Alchemy in Light of the New Historiography of Alchemy,"in *Newton and Newtonianism:New Studies*,ed. James E. Force and Sarah Hutton (Dordrecht:Kluwer,2004),pp. 205—219。

意味着受人尊敬的古代权威不会替它说话。其工作往往肮脏、危险和难闻(更不用说化学家[炼金术士]本人),常常和手工劳作紧密联系在一起。在 17 世纪的戏剧和文学中,化学家[炼金术士]的形象乃是作为喜剧的调剂,几乎总是扮演着笨拙、愚蠢或欺骗的角色(见第七章)。化学[炼金术]的嬗变方面,数百年来一直与假冒、伪造、欺骗和贪婪联系在一起。而它的医药方面则通常与未经训练的江湖医生相关联,而与有学识的、得到许可的医生无关。即使是后来大力维护这门学科的价值而被誉为"化学之父"的罗伯特·波义耳(Robert Boyle,1627-1691),也觉得有必要在他关于这门学科的第一本书的序言中为投身于"即使不是欺骗性的,也如此徒劳、无用的研究"而致歉。① 今天的化学家们正因为公众将其学科与毒素、致癌物和污染联系在一起而懊恼,而其 17 世纪的前辈们则面临着更加严峻的身份和地位问题。

　　17 世纪末,随着化学[炼金术]在科学研究、医学、贸易和思想生活中的重要性和应用不断增加,它最终开始职业化,形成了一门正规学科的轮廓。这种职业化出现在许多地方,但也许在 1666 年建立的巴黎皇家科学院里得到了最清楚的体现。1669 年,该学院 30 个教席中有 5 个是专门为化学(la chimie)设立的,因此在这里,该学科第一次像一门独立的科学学科那样获得了正式的、引人注目的、由国家支持的地位。作为这种新确立地位的一部分,需要

　　① Robert Boyle,"Essay on Nitre,"from *Certain Physiological Essays* (1661),in *The Works of Robert Boyle*,ed. Michael Hunter and Edward B. Davis,vol. 2 (London:Pickering and Chatto,1999),85.

对化学[炼金术]作一番改造。有必要清理一下其沾满烟尘的形象,以使它和它的从业者能够获得其他科学已经享有的声望和地位,并使其糟糕的公众形象不致殃及科学院。科学院秘书及其公众形象的首席设计师丰特奈勒(Bernard le Bovier de Fontenelle, 1657-1757)就认为,化学[炼金术]地位相当低级,主要是因为它 87 不具有"几何精神"——即一个像在物理学和数学中那样的有序的演绎公理系统——他认为这是"真正"科学的典型特征。化学[炼金术]在公众心目中的可疑名声只会让事情变得更糟。监督科学院并为其提供资金的政府部长们也公开希望不在科学院内讨论制金。于是,对化学[炼金术]进行的改造包括将嬗变活动(这是众多坏名声的来源)隔离成一个不同的类别,切断与它的所有联系。①

相应地,科学院用一些最激烈的言辞谴责嬗变努力完全是一种欺骗,而不是说它不可能。化学[炼金术]范围内最容易遭到批判的一切事物,比如哲人石、金属的嬗变等,都被分离出去,并且日益被贴上了"炼金术"(alchemy)的标签。而被认为有用的过程和观念则仍然作为"化学"保留下来。(颇具讽刺意味的是,这其中包括在寻找哲人石的背景下发展出来的许多理论)。于是,炼金术士

---

①　这里非常粗略地描述了对炼金术的道德攻击及其与此时化学职业化的关系,更详细的讨论参见 Lawrence M. Principe,"A Revolution Nobody Noticed? Changes in Early Eighteenth Century Chymistry," in *New Narratives in Eighteenth-Century Chemistry*, ed. Lawrence M. Principe (Dordrecht:Springer,2007), pp. 1—22,篇幅更长的讨论可见于我即将出版的 *Wilhelm Homberg and the Transmutations of Chymistry*。另见 John C. Powers," 'Ars sine Arte':Nicholas Lemery and the End of Alchemy in Eighteenth-Century France,"*Ambix* 45 (1998):163—189。

们一直在做的大部分事情——探索物质的本性和结构,研究和利用物质的嬗变——仍然是化学,即使他们备受嘲笑和谴责。事实证明,这种策略在当时极为成功,而且事后看来神不知鬼不觉。"炼金术"成了为化学[炼金术]承担过错的替罪羊,它被从体面的地方驱逐出去,现在占据那里的是一种新近得到净化的化学。化学家和化学成为受人尊敬的词,用来描述现代的、有用的、富有成效的、"科学的"人和事物。而炼金术和炼金术士则沦为贬义词,用来描述陈旧的、空洞的、欺骗的、甚至非理性的人和活动。

　　如果探入到以上概述表面的背后,便会看到一幅远比初看起来更为复杂和混乱的图景。科学院对炼金术的公开拒斥并未实际根除炼金术,而只是把它遣入地下。许多化学家——甚至在科学院内部——都继续研究嬗变问题。例如,科学院的化学家艾蒂安-弗朗索瓦·若弗鲁瓦(Étienne-François Geoffroy, 1672 – 1731)于1722 年发表了一篇题为《论哲人石的若干欺骗》的论文,揭露了冒牌的嬗变者所使用的一些诡计和欺骗。若弗鲁瓦的这篇论文是科学院公开拒斥制金的关键一步,常被视为炼金术"结束"的标志。①
但实际上,若弗鲁瓦论文里的大部分内容都是从一百年前的一本书里剽窃来的,该书出自一位制金者之手,他在提醒其追求嬗变的同道们警惕可能遇到的一些骗人手法。若弗鲁瓦的私人图书馆中充斥着讨论嬗变的书籍。新近发现的一些手稿也表明,那篇著名的公开谴责发表之后,若弗鲁瓦仍在用实验方法(但悄悄地)研究

---

① Étienne-François Geoffroy, "Des supercheries concernant la pierre philosophale," *Mémoires de l'Académie Royale des Sciences* 24 (1722):61—70.

嬗变。[①] 直到 18 世纪 50 年代，科学家的其他化学家也在相对秘密地继续着自己的制金研究。并没有什么科学上的理由使他们不这样做。但是对嬗变的道德攻击所产生的氛围以及嬗变与"正当"化学的分离意味着，再也不能认为受人尊敬的专业化学家是在研究炼金术了。炼金术第一次失去了立场明确的公开捍卫者。

对金属嬗变和哲人石的研究继续秘密进行着，尽管规模有所减小。直到今天，世界上仍有一些地方在悄悄做着这种研究。无论在过去还是现在，这种持续的研究通常都是私下做的，因此，除非有从事者"付诸公开"，否则历史学家很难对其实际内容进行评价。在这些实例当中，最著名的莫过于 18 世纪伦敦皇家学会的化学家詹姆斯·普莱斯(James Price)。1782 年，普莱斯宣称用一种白色粉末成功地把汞变成了银，又用一种红色物末把汞变成了金。在众目睽睽之下，他演示了数次嬗变，没过多久，他所宣称的激动人心的消息在英格兰和国外的新闻媒体上不胫而走。然而，皇家学会的会员们却气愤地斥之为"骗术"。就像在 18 世纪初的法兰西科学院一样，嬗变在这里同样与欺骗紧密联系在一起，皇家学会对此深感窘迫和不安，一些会员希望立即将普莱斯驱逐出会。皇家学会会长约瑟夫·班克斯(Joseph Banks)爵士要求普莱斯当着其他会员的面来演示这一过程，以维护皇家学会的荣誉。普莱斯

---

① Principe, *Wilhelm Homberg* (forthcoming), and until that time, "Transmuting Chymistry into Chemistry: Eighteenth-Century Chrysopoeia and Its Repudiation," in *Neighbours and Territories: The Evolving Identity of Chemistry*, ed. José Ramón Bertomeu-Sánchez, Duncan Thorburn Burns, and Brigitte Van Tiggelen (Louvain-la-Neuve, Belgium: Mémosciences, 2008), pp. 21—34.

起初表示反对,声称自己贮存的粉末已经用完了,生产更多的粉末需要时间和精力。不过最终,到了 1783 年 7 月,普莱斯邀请皇家学会的会员们前往他在伦敦之外的家中观看演示。关于是只有三位会员拨冗到场还是根本就没有人去,目前尚无一致说法,但可以肯定的是,在约定的那一天,普莱斯服毒自杀了。[①]

炼金术与启蒙运动

在一般所谓的启蒙运动时期(大约在 18 世纪),更广泛的趋向加剧了职业化的化学学科对嬗变炼金术的拒斥。当时的许多作家都用嬗变炼金术来衬托他们自己时代的成就,以区别于之前的一切事物。启蒙运动的修辞中充斥着鲜明的两极对立——用光明驱散黑暗,以理性取代迷信,以新思维摒弃旧习惯。它也对化学和炼金术这个新的二元作了类似的讨论:现代的、理性的、有用的化学取代了陈旧的、误入歧途的炼金术。

因此,18 世纪的许多作家都把炼金术连同巫术、通灵术、占星术、预言、魔法、占卜等一切被认为配不上所谓理性时代的东西抛入了垃圾箱,所有这些东西都被归入"神秘科学"(occult sciences)

---

① James Price, *An Account of some Experiments on Mercury, Silver and Gold, made in Guildford in May, 1782* (Oxford, 1782); P. J. Hartog and E. L. Scott, "Price, James (1757/8 – 1783)," *Oxford Dictionary of National Biography* (Oxford: Oxford University Press, 2004)纠正了 Denis Duveen, "James Price (1752 – 1783) Chemist and Alchemist," *Isis* 41 (1950): 281—283 和 H. Charles Cameron, "The Last of the Alchemists," *Notes and Records of the Royal Society* 9 (1951): 109—114 等更长论述中的一些错误;后者对这件事情持一种特别怀疑的无益看法。

这个杂物箱。① 这种合并清楚地表现在约翰·克里斯托弗·阿德隆(Johann Christoph Adelung)于 18 世纪 80 年代出版的七卷本文集的标题中：《人类愚蠢史；或者，著名的黑魔术师、炼金术士、妖术师、符号数字诠释者、狂热者、占卜师以及其他哲学怪人的传记大全》(*The History of Human Foolishness；or，Biographies of Renowned Black Magicians，Alchemists，Devil-Conjurers，Expounders of Signs and Figures，Fanatics，Fortunetellers，and other Philosophical Monstrosities*)。② 毫无疑问，早期的一些炼金术士也会涉足这其中的一项或几项论题，但大多数人不会。因此，认为历史上的炼金术通常与这些论题有关是错误的。炼金术既非魔法，也不是所谓的妖术。正如本书的其他地方所说，大多数炼金术士都认为自己所从事的工作完全符合自然过程。

启蒙理想的一些倡导者几乎把消除制金看成衡量其自身成功的一项标准。于是，《德意志信使》(*German Mercury*)月刊的主编克里斯托弗·马丁·维兰德(Christoph Martin Wieland)对普莱斯的嬗变报告作了言辞夸张的回应：

我现在面对着欧洲公众，痛心疾首地呼吁所有开明人士！ 90

---

① 关于"神秘科学"范畴的构建及其被学术界的拒斥，参见 Wouter J. Hanegraaff，*Esotericism and the Academy：Rejected Knowledge in Western Culture* (Cambridge：Cambridge University Press，2012)，esp. 184ff. 。

② Johann Christoph Adelung，*Geschichte der menschlichen Narrheit；oder，Lebensbeschreibungen berühmter Schwarzkünstler，Goldmacher，Teufelsbanner，Zeichen-und Liniendeuter，Schwärmer，Wahrsager，und anderer philosophischer Unholden*，7 vols. (Leipzig，1785－1789)。

身着丧服,向真正智慧和启蒙的神祇祈祷,愿他们将这一正在
隐约迫近你们的黑色厄运扼杀在摇篮里。请听我说! 真正智
慧的宿敌,制金的古老幽灵,久已认为死亡,却像末日审判的
可怕的敌基督一样兴起,极力将智慧和启蒙践踏在地。①

　　金属嬗变真能成为这样一种威胁吗?维兰德情绪激动的反应
表明,到了 18 世纪 80 年代,炼金术已经成为一切"愚昧"(unen-
lightened)事物的标志。就像 18 世纪初的化学家们开始通过公开
反对"炼金术"来定义自己一样,那些用启蒙修辞来定义自己的人
也把炼金术的复兴看成对自己身份的威胁。这种两极对立在 18
世纪以后持续了很久。正是在这样的背景下,20 世纪的一些科学
家和历史学家才极力反对罗伯特·波义耳、艾萨克·牛顿等许多
偶像式的科学人物曾经深深地浸淫于炼金术。② 18 世纪的这种两
极对立的修辞使得科学能力和理性似乎不可能与炼金术共存。
　　维兰德要化学家约翰·克里斯蒂安·维格勒布(Johann
Christian Wiegleb,1732 - 1800)针对普莱斯论文中任何一处可能
涉及欺骗的地方都作了详细的阐述。维格勒布的报告占去了《德
意志信使》的 20 页篇幅。此时,他已经出版了自己的《炼金术的历
史批判研究》(*Historico-Critical Investigation of Alchemy*)。该
书考察了制金的历史,并对其种种说法作了冗长而激烈的反驳。
在批判炼金术思想(既有历史的也有科学的)时,维格勒布也像阿

---

① "Der Goldmacher zu London,"*Teutsche Merkur*,February 1783,pp. 163—191.
② Lawrence M. Principe,"Alchemy Restored,"*Isis* 102 (2011):305—312.

德隆一样,将炼金术与巫术作了比较。①

　　但启蒙运动是一个复杂的现象,在不同背景下产生了各不相同甚至相互排斥的运动。因此,制金在遭到某些派别拒斥的同时,也被另一些派别所调整适应。因此,虽然维兰德和维格勒布等人一直强烈谴责制金,但经历了之前半个世纪的攻击,制金绝没有就此死去。事实上,在18世纪的最后几十年里出现了若干次"炼金术复兴"中的第一次。在18世纪七八十年代,德语国家出版的炼金术文本的数量突然激增,致力于复兴、重组和研究制金的一些团体和期刊纷纷建立(一般都很短命)。

　　这次复兴的一个重要场所本身就是启蒙运动的产物,那就是新成立的秘密社团,尤其是在德国,比如共济会、玫瑰十字会,还有不断被歪曲、只存在了很短一段时间的光明会(illuminati)等。有几个这样的团体均以某种方式支持炼金术。一些共济会成员在其仪式中使用了(现在仍在使用)炼金术的象征和语言。更富戏剧性的是,活跃于18世纪七八十年代的被称为金玫瑰十字会(Gold-und Rosenkreutzer)的德国团体建立了私人的和公共的实验室,其成员用实验来研究医学炼金术和嬗变炼金术。18世纪末在德国出版的许多支持嬗变的书籍(常常是16、17世纪经典著作的新版)都与共济会和玫瑰十字会有关。有趣的是,这些团体主要在实践层面上致

91

---

① Johann Christian Wiegleb, *Historisch-kritische Untersuchung der Alchimie* (Weimar,1777;reprint,Leipzig:Zentral-Antiquariat der DDR,1965). 对这部著作的分析参见 Dietlinde Goltz,"Alchemie und Aufklärung:Ein Beitrag zur Naturwissenschafts-geschichtsschreibung der Aufklärung,"*Medizinhistorische Journal* 7 (1972):31—48. Also,Achim Klosa,*Johann Christian Wiegleb* (1732 - 1800):*Ein Ergobiographie der Aufklärung* (Stuttgart:Wissenschaftliche Buchgesellschaft,2009).

力于炼金术——它们所做的正是之前化学［炼金术］所特有的那些
实验室操作和实验。① 这些秘密社团与炼金术之间的联系究竟是
如何发展出来的，目前我们并不完全清楚，但炼金术保有古老特殊
秘密的悠久传统与这些团体宣称保有古老的神秘智慧非常一致。②

　　化学家安德里亚斯·鲁夫（Andreas Ruff）在 18 世纪末对炼
金术做出了另一种评价，对维兰德和维格勒布的启蒙类型表达了
不满。1788 年，鲁夫出版了一本化学教科书，献给纽伦堡的共济
会分会。该书在内容和风格上与当时的其他化学教科书并无二
致，对 18 世纪 80 年代的化学从业者来说同样有用。然而在书的
结尾，鲁夫为实际从事嬗变炼金术提供了"基本规则"，还列出了一
些问题，读者们由此可以评价一个自称炼金术大师的人是否是冒
牌的。在鲁夫看来，就像在整个 17 世纪一样，制金的炼金术在很
大程度上仍然是化学的一部分。他悲叹炼金术如今的式微状态，

---

　　① 一个例子是 *Das Geheimnis aller Geheimnisse … oder der güldene Begriff der geheimsten Geheimnisse der Rosen-und Gülden-Kreutzer*（Leipzig，1788），它是实验室配方以及制金和制造神秘药物的建议的一个宝库。

　　② 对这些团体的研究参见 Renko Geffarth，*Religion und arkane Hierarchie：Der Orden der Gold-und Rosenkreuzer als geheime Kirche im 18. Jahrhundert*（Leiden：Brill，2007）；Christopher McIntosh，*The Rose Cross and the Age of Reason：Eighteenth Century Rosicrucianism in Central Europe and Its Relationship to the Enlightenment*（Leiden：Brill，1992）；Antoine Faivre，ed.，*René Le Forestier，La Franc-Maçonnerie templière et occultiste aux XVIIIᵉ et XIXᵉ siècles*（Paris：Aubier-Montaigne，1970），also available in German translation as Alain Durocher and Antoine Faivre，eds.，*Die templerische und okkultistische Freimaurerei im 18. und 19. Jahrhundert*，4 vols.（Leimen：Kristkeitz，1987–1992）；H. Möller，"Die Gold-und Rosenkreuzer，Struktur，Zielsetzung und Wirkung einer anti-aufklärerischen Geheimgesellschaft," in *Geheime Gesellschaften*，ed. Peter Christian Ludz（Heidelberg：Schneider，1979），pp. 153—202；and Hanegraaff，*Esotericism*，pp. 211—212。

并把它归咎于这样一个事实：

> 我们如今生活在一个"启蒙"的世界，在这个时代，任何一
> 个 16 岁的孩童就已经是批判的捍卫者，亦是迷信和古人的迫
> 害者。他们痛斥其先辈过于盲信，对自己并不理解的诸多事
> 物进行争论，对只是相信却给不出理由的诸多事物进行断言。
> 于是，孙子不尊重已经去世的祖父，儿子不尊重父亲，但凡能 　92
> 够毫无羞耻地说出这些事情的人，都会被认为"思想开明"。①

在鲁夫看来，理性时代的那种蔑视态度，即嘲笑任何难以很快
理解的事物，阻碍了人们对非同寻常的隐秘之物进行研究，这其中
也包括炼金术。这种偏见可能会使世界陷入新的黑暗，而非启蒙。
启蒙运动的放肆所引发的这种不安成为 18 世纪末炼金术的许多支
持者的一个共同特征。其他一些同时代人则开始批判对理性的盲
目崇拜，从而产生了浪漫主义运动。② 此后很久，某种反叛或"反权
威"的特征一直伴随着炼金术。(它已经是猛烈攻击医学事业的帕拉
塞尔苏斯主义著作的一个鲜明特征。)到了 20 世纪，那些对"现代性"

---

① Andreas Ruff, *Die neuen kürzeste und nützlichste Scheide-Kunst oder Chimie theoretisch und practisch erkläret* (Nuremberg, 1788), p. 200.

② 这一时期与炼金术最著名的关联之一是歌德在其自传《诗与真》(*Dichtung und Wahrheit*)中对这一主题的研究，比如 vol. 1, bk. 8 和 vol. 2, bk. 10。另见 Rolf Christian Zimmermann, *Das Weltbild des jungen Goethe: Studien zur hermetischen Tradition des deutschen 18. Jahrhunderts*, 2 vols. (Munich: Wilhelm Fink, 1969 – 1979)。同样值得指出的是，玛丽·雪莱(Mary Shelley)笔下的弗兰肯斯坦(Franken-stein)便是从阅读著名炼金术作者的著作而开始其神秘研究的。

及其放纵产生怀疑的人有时会把炼金术当成一种反文化立场。

19 世纪的炼金术

到了 19 世纪,于 18 世纪末复兴的炼金术仅仅持续了几年时间。不过在 19 世纪上半叶,炼金术只是再次进入了休眠而非彻底死去。讨论嬗变的出版物还在零零星星地问世,其作者大致可以分为两组。一批人继续遵循着 17 世纪(和更早)炼金术的传统、方法和进路。该群体只有少数著作在 19 世纪初问世。[①] 然而到了 19 世纪末,在巴黎学医的学生阿尔贝·泊松(Albert Poisson,1864 - 1893)迷上了传统炼金术,对其主张确信无疑。他在实验室如饥似渴地做着研究,并且重新出版了若干部炼金术经典以及他自己的炼金术著作。泊松本打算写一部多卷本的炼金术纲要,但此计划因其 28 岁死于风寒而搁浅。[②] 后来的出版物同样遵循着

93

[①] 例如 L. P. François Cambriel,*Cours de philosophie hermétique ou d'alchimie* (Paris,1843)和 Cyliani,*Hermès dévoilé* (Paris,1832;reprint,Paris:Éditions Traditionnelles,1975)。

[②] Albert Poisson,*Théories et symboles des alchimistes* (Paris,1891). 他的去世时间有各种版本;参见 Richard Caron,"Notes sur l'histoire de l'alchimie en France à la fin du XIXe et au début du XXe siècle,"in *Ésotérisme, gnoses & imaginaire symbolique*,ed. Richard Caron,Joscelyn Godwin,Wouter J. Hanegraaff,and Jean-Louis Vieillard-Baron (Leuven:Peeters, 2001), pp. 17—26, esp. p. 20. Georges Richet ("La science alchimique au XXe siècle,"in *Le voile d'Isis*,December 1922)声称泊松死于1894 年,年仅 29 岁。关于晚期炼金术的更多讨论,参见 Caron,"Alchemy V:19th and 20th Century," in *Dictionary of Gnosis and Western Esotericism*,ed. Wouter J. Hanegraaff et al. (Leiden:Brill,2005),1:50—58。

现代早期制金的方法，它们在整个 20 世纪仍然时有出现，其中许多继续声称成功地制备出了哲人石或其他炼金药。[①]

　　19 世纪的另一批从业者则沿着新的方法论道路前进。他们仍然在研究金属嬗变，不过是以新的方式，即常常利用当时的科学发现。例如在 19 世纪 50 年代中期，化学家和摄影师西普里安·泰奥多尔·蒂弗洛（Cyprien Théodore Tiffereau）向巴黎科学院提交了一系列论文，概述了他在墨西哥时如何用普通的试剂把银变成了金。蒂弗洛坚持认为，金属实际上是氢、氮、氧的化合物，因此可以通过改变这些成分的相对比例而实现金属之间的转化。[②] 这种观点当然类似于古代关于金属构成的汞-硫理论，但也反映了当时的化学争论。新近的发现已经迫使 19 世纪中叶的化学家们重新思考金属可能的复合本性。支持金属复合本性的受人尊敬的化学家们公开推测，关于金属嬗变的炼金术之梦也许很快就能实现。[③] 因此，虽然炼金术和化学在 18 世纪有所疏离，但在某些时期的确重新建立了思想接触。1854 年，一位新闻记者表达了这种

---

　　① 例如 Archibald Cockren, *Alchemy Rediscovered and Restored* (London: Rider, 1940)［该文本更多是医药化学的而不是制金的，但主要遵循了现代早期观念］和 Lapidus, *In Pursuit of Gold : Alchemy in Theory and Practice* (New York: Samuel Weiser, 1976)。

　　② Cyprien Théodore Tiffereau, *Les métaux sont des corps composés* (Vaugirard, 1855; reprinted as *L'or et la transmutation des métaux* [Paris, 1889]). 他 1853 年发表的第一篇论文是一本 8 页的小册子 *Les métaux ne sont pas des corps simples*；他 1855 年的出版物收录了提交给巴黎科学院的 6 篇论文；1889 年的版本则包括了更多的材料以及他当年所作的一篇公众讲演的文字记录。

　　③ 例如 Alexandre Baudrimont, *Traité de chimie générale et expérimentale* (Paris, 1844), 1: 68—69 and 275。

友好关系在 19 世纪中叶的明显恢复,他写道:"在对炼金术大加嘲讽之后,今天化学又向炼金术靠拢了。"①

在这种情况下,科学院比之前更愿意接受关于金属嬗变的主张。它不仅邀请蒂弗洛参会展示成果,还成立了一个官方委员会来检验他的说法。不幸的是,在蒂弗洛看来,不论是他本人还是其他人都未能在巴黎复制出他的结果。于是他做了一名摄影师,回归宁静的个人生活。然而到了 1899 年,蒂弗洛又再次出现在公众面前,开始宣讲他的发现,展示他在墨西哥制成的黄金。大众媒体欢呼雀跃,开专栏来讨论这位"19 世纪的炼金术士"。1891 年,蒂弗洛利用生物学和显微技术的新近研究成果,提出他在墨西哥观察到的嬗变是微生物作用所致。他认为巴黎的实验之所以失败,是因为巴黎不像墨西哥那样存在着由空气传播的必不可少的微生物(它们通常存在于贵金属矿床附近)。②

19 世纪 90 年代,在大西洋对岸,一个名为斯蒂芬·艾曼斯(Stephen Emmens)的化学实业家和采矿工程师向美国财政部提供了一种把银变成金的方法。美国和英国都对他的方法(包含锤击墨西哥银)作了独立检验,但结果并不如人意。③

嬗变炼金术在 18 世纪"死亡"之后继续存在的这些事例,或许

----

① Victor Meunier, *La Presse*, June 24, 1854; reprinted in Tiffereau, *Les métaux sont des corps composés*, p. xix.

② C. Théodore Tiffereau, *L'art de faire l'or* (Paris, 1892), pp. 61 and 89—102. 他说自己受到了 Edouard Trouessart's *Les microbes, les ferments, et les moisissures* (Paris, 1886)以及巴斯德发现的启发。

③ George B. Kauffman, "The Mystery of Stephen H. Emmens: Successful Alchemist or Ingenious Swindler?," *Ambix* 30 (1983): 65—88.

只构成了冰山一角。档案手稿见证了更多的实验者，无疑有更多的人并未留下他们的活动记录。1854 年，路易·菲吉耶（Louis Figuier）撰写其炼金术史时增加了整整一章来讨论 19 世纪中叶那些有前途的从业者。他注意到，其中有很多人活跃于法国，尤其在巴黎。菲吉耶详细描述了这些人的思想，并且造访了他们的实验室。[①]　今天，仍然有一些严肃的（和一些不那么严肃的）研究者在研究制金。

　　蒂弗洛的回忆录和菲吉耶的书都是在炼金术再次复兴之际出现的（他们自己对此一无所知）。这次复兴比 18 世纪末的那次广泛得多，影响也大得多。它贯穿整个 19 世纪下半叶，并且一直持续到 20 世纪，与其说它是一次重生，不如说是对 18 世纪之前的整个炼金术史进行彻底重新诠释的一场运动。它将深刻地改变炼金术思想的方向以及后来的炼金术观念。

作为自我转化的炼金术：
阿特伍德、希区考克和维多利亚时代的神秘学[②]

　　1850 年出版了《赫尔墨斯奥秘初探》（*A Suggestive Inquiry into the Hermetic Mystery*），炼金术的历史由此开始了一个新的

---

　　①　Louis Figuier, *L'Alchimie et les alchimistes*, 2nd ed. (Paris, 1856), pp. 343—375.

　　②　Lawrence M. Principe and William R. Newman, "Some Problems in the Historiography of Alchemy," in *Secrets of Nature: Astrology and Alchemy in Early Modern Europe*, ed. William Newman and Anthony Grafton (Cambridge, MA: MIT Press, 2001), pp. 385—434 对维多利亚时代神秘学中的炼金术作了更详细的考察。

阶段。该书的作者是居住在英吉利海峡戈斯波特的玛丽·安妮·阿特伍德(Mary Anne Atwood,1817 – 1910),她同父亲托马斯·索思(Thomas South)生活在一起。阿特伍德声称,她和父亲发现了隐藏在早期秘密作品中的炼金术的真正含义和做法。然而在该书出版后不久,她将已经付印的书籍悉数买回,在她家门前的草坪上将其焚毁,同时付之一炬的还有她父亲就同一主题所写的名为《炼金术之谜》(*The Enigma of Alchemy*)的诗稿。[①] 只有她本人收藏的几本《赫尔墨斯奥秘初探》和已被购买或由出版社送到图书馆的少量副本幸存下来。阿特伍德后来的追随者们声称,这种文学上的自我牺牲缘于"神圣技艺的实现"引发了"道德恐慌"以及担心成为"神圣秘密的背叛者"。但阿特伍德和她的父亲还是省钱为好,因为那些躲过一劫的副本被如饥似渴地阅读和传播,该书在20 世纪又重印了好几次。[②]

《赫尔墨斯奥秘初探》先是粗略地概述了从古埃及到 17 世纪的炼金术史,根据阿特伍德的说法,那时"从失望积累而来的不信任"慢慢演变成自那以后对炼金术及其从业者的"绝对憎恶"。阿

---

① 1918 年,托马斯·索思的诗作残篇被发现,当时它作为校样夹在伦敦一家书店的一本二手书中。William Leslie Wilmshurst 将此残篇发表于 *The Quest* 10 (1919):213—225,并于 1984 年被 Alchemical Press (Edmonds,WA)重印。

② Mary Anne Atwood,*A Suggestive Inquiry into the Hermetic Mystery*:*With a dissertation on the more celebrated of the alchemical philosophers being an attempt towards the recovery of the ancient experiment of nature* (London:T. Saunders,1850). 初印本(Belfast:William Tait,1918)包含着 Walter Leslie Wilmshurst 写的一篇导言,pp.6—9 给出了对初印本被毁的上述解释。修订版于 1920 年问世,1960 年出版了重印本(New York:Julian Press)。Yogi Publication Society 对 1918 年版作了重印,但未标日期。

特伍德断言，整个世界"完全不知晓炼金术的真正要义"，因为它绝不像看起来的那样是实验室操作。炼金术著作的字面含义仅仅是"智慧的外衣，以防她的万能灵药被一个无能的、空想的世界窃取"。[①] 接下来，阿特伍德以沉闷的维多利亚散文风格呈现了她的论点，其中夹杂着一些出自古典炼金术著作的脱离语境的引语，书中充斥着晦涩难懂的断言，欣喜若狂的惊叹，以及遭到奇特扭曲的科学观点。她自称揭开了炼金术的两大秘密：正确的初始物质和制造哲人石的方法。她写道，初始物质是一种无所不在、没有重量和接触不到的以太。制造哲人石的炼金术容器就是炼金术士本人，他在一种类似于恍惚出神的状态中能以"磁力"吸入这种以太，将其凝聚成哲人石。以太是"纯粹精妙的自然"或"浓缩的光"，是带来普遍变化与激奋的无形作用者，居于炼金术行家之内并使其觉悟。[②] 正如阿特伍德所言，"人是这种赫尔墨斯技艺的真正实验室；其生命是基体，是巨大的蒸馏器，是蒸馏物和被蒸馏物，自我认识是所有炼金术传统的基础。"[③]简而言之，阿特伍德最先提出，炼金术是一种自我转化的心灵修习。

96

在阿特伍德看来，炼金术过程与自我净化有关，它使炼金术士有机会升到"更高的存在层面"。灵性化的炼金术内行不仅能在其

---

① Mary Anne Atwood, *A Suggestive Inquiry into the Hermetic Mystery：With a dissertation on the more celebrated of the alchemical philosophers being an attempt towards the recovery of the ancient experiment of nature* (London：T. Saunders, 1850). 初印本(Belfast：William Tait, 1918)包含着 Walter Leslie Wilmshurst 写的一篇导言，p. 26. 这条及以下诸条均指 1918 年的重印本。

② Ibid., pp. 78—85, 96, 96—98, 162, 454—455.

③ Ibid., p. 162.

自身内部控制以太来制造哲人石,而且能用同样的力量来操控普通物质,从而通过一种心灵的而非物理的操作把铅转化为金。她宣称,一切事物,无论是矿物、植物、动物还是精神之物,都可以通过同样的力量和过程使其在自身领域内得到擢升。她甚至大胆断言:"任何现代技艺或化学,即使有各种秘密的主张,都与炼金术毫无共同之处。"[①]就这样,阿特伍德对炼金术的支持以及把化学斥为"仅仅是物理的",加剧了一个多世纪以前所提出的炼金术与化学之间的分裂。

阿特伍德的思想并非源于古代晚期、中世纪或现代早期的炼金术,而是源于她本人的时代和地域,尤其是 19 世纪 40 年代英国人对催眠术的狂热。半个世纪前活跃于巴黎的瑞士医生弗朗兹·安东·梅斯梅尔(Franz Anton Mesmer,1734 - 1815)提出了一种理论,认为有一种无形的流体渗透于整个宇宙,将人与人以及人与其余的万物联系在一起。这种流体在体内的循环如果不当,就会引发疾病。一些人能够用自己的身体或磁体来控制其流动,从而成为医治者。该体系后来被称为"动物磁学"(animal magnetism),其名称和它的一些原理都来自当时的电学和磁学研究,当时这些研究被以科学的方式表达为"无重量流体"的运动。

梅斯梅尔的体系在法国得到了广泛的研究,但结果却含糊不

---

① Mary Anne Atwood,*A Suggestive Inquiry into the Hermetic Mystery:With a dissertation on the more celebrated of the alchemical philosophers being an attempt towards the recovery of the ancient experiment of nature* (London:T. Saunders,1850). 初印本(Belfast:William Tait,1918)包含着 Walter Leslie Wilmshurst 写的一篇导言,p. 143. 这条以及以下诸条均指 1918 年的重印本。

清。1784年，皮塞居尔侯爵（marquis de Puységur）阿尔芒·玛丽·雅克·沙特内（Armand Marie Jacques Chastenet）在一个年轻人身上使用梅斯梅尔的磁化原理时，引发了一种恍惚状态，受试者显示出了新的个性，据说能够读出周围人的思想。沙特内称这种状态为"磁性梦游"（magnetic somnambulism），在接下来的七十年里，它在法国的科学界、医学界和公众引发了激烈的争论。1837年，法国的一位"磁化者"来到英国，开始作公开演示。此后在整个19世纪40年代，动物磁学在英国引起了极大关注，也引发了一系列争论、要求和谴责。①

　　只有在这种历史背景下，才能正确理解阿特伍德的《赫尔墨斯奥秘初探》。她对炼金术的解读所基于的以太正是梅斯梅尔的动物磁学所说的无形流体。炼金术士的自我净化和"物质"聚集所需的恍惚状态正是催眠术的实践者（阿特伍德补充说，古希腊参与厄琉息斯秘仪［Eleusian mysteries］的人也是如此）据说实现的"磁性梦游"。② 类似地，1846年，阿特伍德的父亲托马斯·索思可能是同女儿合作，出版了一本名为《早期磁学，隐藏在诗人和先知中的它与人类的更高关系》（*Early Magnetism, in Its Higher Relations to Humanity as Veiled in the Poets and Prophets*）的小

---

① 关于梅斯梅尔和动物磁学，参见 Hanegraaff et al., eds., *Dictionary of Gnosis*, 1:76—82 及其中的参考文献；另见 Alison Winter, *Mesmerized: Powers of Mind in Victorian Britain*（Chicago: University of Chicago Press, 1998）。

② Atwood, *Suggestive Inquiry*, p. 543. 关于将历史文献加到动物磁学中进行解释的这种尝试的更广泛背景，参见 Hanegraaff, *Esotericism*, pp. 260—277, esp. 266—277 中所谓的"磁学编史学"。

册子。该书声称,古希腊的荷马史诗中影射性地隐藏着催眠术
实践。

这本较早的小册子不仅见证了这对父女对于动物磁学的热
情,也为他们认为历史文献中隐藏着催眠术含义提供了一个先例。
《早期磁学》出版之后,父女俩开始阅读炼金术文献,渐渐确信那里
隐藏着同样的催眠术原理,炼金术士对动物磁学的运用为极为神
秘的知识和实践开辟了道路。用阿特伍德的话说:"事实上,当今
被机械运用的催眠术只是第一步,一种更加科学的手艺使古人能
以实验的方式进入那座瑰丽的神智之殿的大门,仿佛从它的地基
处建立起一座光与真理的水晶大厦。"①

当然,阿特伍德关于炼金术士实际所为的说法的历史有效性
就像认为荷马史诗实际是在描述动物磁学一样。她的工作使我们
能够一瞥流行于 19 世纪中叶英国的观念,也使(广义理解的)炼金
术朝着新的方向发展。然而,作为对 19 世纪之前炼金术的历史阐
释或叙述,它完全是错误的。尽管如此,她将炼金术活动理解成一
种与特殊心灵状态和无形动因有关的自我转化过程,这使人们在
维多利亚时代对炼金术重新产生了兴趣,但——这是一个关键
点——主要是在 19 世纪下半叶席卷英国和欧洲其他地方的一场
更广泛的"神秘学复兴"的背景下发生的。对阿特伍德之表述的各
种不同版本(远离了她对催眠术的依赖)依然是今天流行的众多炼
金术观点的基础。她对炼金术的划分,即公开的(exoteric,化学操
作的语言)和秘传的(esoteric,隐秘的灵性转化),甚至被 20 世纪

_____

① Atwood, *Suggestive Inquiry*, pp. 527—528.

的许多科学史家所采用，他们通常并不知道这种划分的起源。

阿特伍德之后不久，美国将军伊森·艾伦·希区考克(Ethan Allen Hitchcock,1798-1870)独立提出了类似的划分，认为炼金术是用公开的物理语言来隐藏一种秘传的灵性要义。他 1855 年出版的简明的《评炼金术士》(*Remarks upon Alchymists*)试图表明，"哲人石仅仅象征着某种如果公开表达就可能招致死刑判决(*auto da fé*)的东西"。一篇对其不利的书评问世之后，希区考克又发表了篇幅更长也更详细的《评炼金术和炼金术士》(*Remarks upon Alchemy and the Alchemists*)。[①] 与阿特伍德夸张的观点不同，希区考克对炼金术文本的解读完全是道德的和基督教的。他主张，炼金术纯粹是对道德生活的寓意描述。但和阿特伍德一样，希区考克也断言，炼金术士完全不做类似于化学的事情，"人是炼金术的主体；这门技艺的目标是人的完满或至少是改进。金属嬗变象征着人的拯救——他弃恶从善，或者从自然状态过渡到恩典状态"。[②] 在他看来，炼金术士的追求完全是宗教性的。哲学汞代表着一种摆脱了不道德的清白良心，一旦获得它，便会导向代表着完满道德和神圣生活的哲人石。希区考克认为，人的改进不是通过把心灵擢升到更高的存在层面，而是通过践行真正的宗教和道德来

[①] Ethan Allen Hitchcock, *Remarks upon Alchymists* (Carlisle, PA, 1855); *Remarks upon Alchemy and the Alchemists* (Boston, 1857; reprint, New York: Arno Press, 1976), 引文在 on p. 19. 书评见于 *Westminster Review* 66 (October 1856): 153—162. 参见 I. Bernard Cohen, "Ethan Allen Hitchcock: Soldier-Humanitarian-Scholar, Discoverer of the 'True Subject' of the Hermetic Art," *Proceedings of the American Antiquarian Society* 61 (1951): 29—136.

[②] Hitchcock, *Remarks upon Alchemy*, pp. iv—v.

实现的。根据他的论点，由于"众所周知的……中世纪的不宽容"，炼金术追求的真正本性隐藏在秘密中，他断言，"炼金术士若是公开表达意见，便会与当时的迷信发生冲突，从而被处以火刑"。遗憾的是，他并未确切解释勉励人道德和虔敬为何会被视为异端。①

希区考克用寓意方式来诠释炼金术的物质、理论和操作，如同布道者在解释《圣经》中的寓意故事，或者学者在解释文学中的比喻。事实上，17世纪的布道者在作道德和灵性方面的布道时，有时的确会把当时的化学语言、过程和理论用作隐喻。像净化和蒸馏这样的主题很容易充当道德或精神上的象征，有时一些化学［炼金术］作者也亲自指出了这样的关联（此话题将在第七章讨论）。然而，虽然希区考克的炼金术观的确符合一些历史先例，但他把炼金术解释为仅仅是道德化的寓言却是错误的。尽管如此，他的思想在19世纪经常被引用，他认为炼金术主要是一种宗教追求，这种观念在今天仍然普遍存在。

维多利亚时代的神秘学复兴过于复杂和引人注目，这里无法详细讨论。但是和当时流行的魔法、召鬼术、降神会以及其他神秘学活动一起，阿特伍德和希区考克所倡导的新炼金术在这场运动中扮演了关键角色。② 1893年出版的《炼金术科学》（*The Science of Alchymy*）总结了这些神秘学表述，其作者威廉·怀恩·韦斯科特（William Wynn Westcott，1848 - 1925）是"英格兰玫瑰十字

① Hitchcock, *Remarks upon Alchemy*, pp. viii and 30.
② 关于炼金术在维多利亚时代神秘学圈子中的更多细节，参见 Principe and Newman, "Some Problems," pp. 388—401.

会的最高魔法师，四冠会所（Quatuor Coronati Lodge）的主人"。[①]
韦斯科特将西方炼金术与他自己对犹太教卡巴拉的"赫尔墨斯主
义"解释以及出自魔法书、新柏拉图主义、佛教和印度瑜伽等诸多
来源的观念联系在一起。之所以将佛教和印度瑜伽包含在内，无
疑是受到了经过曲解的东方神秘主义的影响，韦斯科特当时是海
伦娜·布拉瓦茨基（Helena Petrovna Blavatsky, 1831 - 1891）"夫
人"1875 年创立的神智学会（Theosophical Society）的一员，这种
东方神秘主义在该学会中被奉为神圣。1888 年，韦斯科特帮助建
立了金色黎明会（Hermetic Order of the Golden Dawn），这个秘
密社团繁荣了 15 年。该群体对诗人叶芝的重要影响已经得到公
认，但它对维多利亚时代晚期社会更广泛的影响才刚刚开始得到
充分认识。[②] 法国和欧洲其他地方也建立了具有类似神秘学导向
的包括炼金术在内的秘密社团。[③]

---

① S. A.［Sapere Aude，威廉·怀恩·韦斯科特的笔名］，*The Science of Alchymy*（London：Theosophical Publishing Society, 1893）。韦斯科特也是东北伦敦的验尸官和 *The Extra Pharmacopaeia of Unofficial Drugs*（1883）的合编者；他在 1922 年 9 月 2 日的 *The Chemist and Druggist*，p. 339 被提及（并附有照片）。

② Ellic Howe，*The Magicians of the Golden Dawn*（New York：Samuel Weiser, 1978）；Ellic Howe, ed.，*The Alchemist of the Golden Dawn：The Letters of the Reverend W. A. Ayton to F. L. Gardner and Others 1886 - 1905*（Wellingborough, UK：Aquarian Press, 1985）；R. A. Gilbert，*The Golden Dawn：Twilight of the Magicians*（San Bernardino, CA：Borgo Press, 1988）。另见 *Cauda Pavonis* 的金色黎明会专号：new series 8, Spring and Fall 1989 and Spring 1990。

③ 例如参见 Christopher McIntosh，*Eliphas Lévi and the French Occult Revival*（London：Rider, 1975）；在炼金术方面，参见 M. E. Warlick，*Max Ernst and Alchemy：A Magician in Search of a Myth*（Austin：University of Texas Press, 2001），pp. 21—33 中有用的概述。

到了 19 世纪末,将炼金术纳入各种秘籍以及秘密社团的虚构历史已经成为理所当然之事。一部关于玫瑰十字会士的通俗著作把炼金术内行表现为神秘的、不会变老的、近乎不朽的行迹飘忽之人,他们天赋异禀,远超常人。在共济会的背景下也是如此。[①] 自那以后,在 19 世纪与(一般所谓的)"神秘学"建立起来的这些联系为炼金术打上了深深的烙印。

亚瑟·爱德华·韦特(Arthur Edward Waite,1857 - 1942)是维多利亚时代最多产的炼金术作家。[②] 他写过 20 多本神秘学主题的书籍,其范围从共济会和玫瑰十字会一直到魔鬼崇拜和塔罗牌。在这些著作中,韦特批评阿特伍德和希区考克都忽视了炼金术士用物质材料所做的实际的实验室工作,(据韦特说)并由此成功地制造出一种能够嬗变金属的物理上的哲人石。[③] 他称自己的观点是一种"中间路线":炼金术士研究的是物理过程,但这些过程仅仅是一种既适用于金属也适用于人的"普遍发展理论"的物质表现。这种观点再次重复了 19 世纪末的许多炼金术观所特有的"秘传/公开"的划分。韦特同时把炼金术称为"物理神秘主义"和"心灵化学",将其定义为"一种宏大而崇高的绝对重建方案……通过

100

---

① Hargrave Jennings, *The Rosicrucians* (London, 1870);参见 esp. pp. 20—39; Albert Pike, *Morals and Dogma of the Ancient and Accepted Scottish Rite* (London, 1871)。

② 参见 R. A. Gilbert, *A. E. Waite; Magician of Many Parts* (Wellingborough, UK; Crucible, 1987)。

③ Arthur Edward Waite, *Lives of the Alchemystical Philosophers* (London, 1888), pp. 9—37, 273. 这部作品以 *Alchemists through the Ages* (New York; Rudolf Steiner Publications, 1970)之名重新发行。

一种从上界的涌入使三位一体的人发生狭义的圣化或神化"。因此，韦特设想了一种"人的炼金术转化"，通过唤起"人的身心未进化的可能性"来"永葆青春"。① 于是在韦特看来，炼金术代表着一种手段，整个人类藉此"精神进化"到一种更高形式的存在。

在维多利亚时代出版了一系列作品之后，在将近三十年的时间里，韦特再没有出版过有关炼金术主题的著作。直到 1926 年，他才出版了自己的最后一部著作——《炼金术的秘密传统》（*The Secret Tradition in Alchemy*）。在这本书中，韦特的态度发生了惊人的重大转变。他总结说："从拜占庭时代到路德时代"，没有任何历史记录表明炼金术不是一种"实验物理学的记录"。② 韦特并没有向读者暗示他如何、为何以及何时改变了自己的想法，甚至没有暗示自己已经改变了想法。他的这一戏剧性转变是炼金术史上的又一个谜。③ 但事实证明，他的早期作品要更具影响力——也许是 19 世纪神秘学圈子中诸多炼金术出版物中最有影响力的。

将炼金术视为作用于炼金术士本人的自我转化过程、沉思过

---

① Arthur Edward Waite, *Lives of the Alchemystical Philosophers* （London，1888），pp. 30—37 and 273—275；A. E. Waite, *Azoth；or，The Star in the East，Embracing the First Matter of the Magnum Opus，the Evolution of the Aphrodite-Urania，the Supernatural Generation of the Son of the Sun，and the Alchemical Transfiguration of Humanity* （London，1893；reprint，Secaucus，NJ：University Books，1973），pp. 54，58，and 60.

② A. E. Waite, *The Secret Tradition of Alchemy* （New York：Alfred Knopf，1926），p. 366.

③ 对于 1913 年至 1915 年在化学学会会议上所提交的论文，韦特的口头评论（记录在其"日志"［*Journal*］上）所指出的进路远比他在 19 世纪的出版物中显示出来的进路更具批判性和历史复杂性。

程或心灵过程,这种观点源于 19 世纪,但仍然广泛流行。今天,世

101 界各地的神秘学家还在继续发展这些观念。① 维多利亚时代对炼
金术的灵性/神秘学解释的特征仍然是对整个炼金术的默认理解。
作为炼金术悠久历史的一部分,自我转化的炼金术或心灵炼金术
的种种观念显然有其内在的意义和重要性。但它们就早期炼金术
士的活动所作的历史论断是无效的,因此,若想正确理解黄金时代
或之前的炼金术,就必须将其置于一旁。

　　这种"灵性"解释又进一步催生了新的炼金术形态。特别值得
注意的是,它融合(和鼓励)了一直在持续的实验室制金的古老传
统,该传统让人回想起 18 世纪之前的种种模型。弗朗索瓦·若利
韦-卡斯特罗(François Jollivet-Castelot,1874 - 1937)便是一个出
色的例子。他继承了其前任和同事阿尔贝·泊松所开创的实际制
金研究,但在其中混杂了神秘学复兴所带来的一些神秘学主题,这
部分得益于其同伴格拉尔·昂科斯(Gérard Encausse,1865 - 1916)
亦称帕皮斯(Papus)的帮助,帕皮斯在法国创建了若干个神秘学
组织。1896 年,若利韦-卡斯特罗(与蒂弗洛等人一起)创建了法
国炼金术协会(Société Alchimique de France),从 1897 年到 1914
年,再从 1920 年到 1937 年逝世,若利韦-卡斯特罗一直担任该协
会所出版月刊的主编。②

　　若利韦-卡斯特罗的第一本书《怎样成为炼金术士》(*How to*

---

　　① 对这些作者的简要论述,参见 Halleux,*Les textes alchimiques*,pp. 56—58。

　　② 该期刊在不同时期有不同的名称:*L'Hyperchimie*,*Les nouveaux horizons de la science et de la pensée*,*Rosa alchemica*,1920 年以后是 *La Rose + Croix*。

Become an Alchemist , 1897）将对实际金属嬗变的兴趣与塔罗牌
等神秘学主题结合在一起，并附有帕皮斯的序言。它还表达了其
炼金术观的两个基本概念：一是物质的统一性，它重述了古代的一
元论（因此他许多著作的封面上都印有衔尾蛇）；各种化学元素其
实都是同一种基础原料的变式。二是物活论，认为万物都有生命；
物质的演进和发展与动物和植物没什么两样。若利韦-卡斯特罗
在实验室中用汞、金属、砷、锑甚至是新发现的镭作了大量嬗变实
验。他自视为一门新化学的先锋，一场新化学革命的发起者，这场
革命将会推翻由拉瓦锡（Lavoisier）所引领的错误理解化学元素的
"误导的"化学。这种未来的"超化学"（hyperchemistry）将会诞生于
现代化学与古代炼金术和神秘学知识的结合。若利韦-卡斯特罗后
来的著作猛烈批判科学权威，试图"把各门神秘科学综合在一起"。① 102

　　若利韦-卡斯特罗将实际的实验室工作与神秘学观念相混合
的做法在 20 世纪许多人的工作中得到延续，他创立的法国炼金术
协会也与意大利、德国、英国的类似组织结合在一起。从 1912 年
到 1915 年，炼金术协会（The Alchemical Society）在伦敦一直很
活跃，并与法国炼金术协会建立了正式联系，其成员的来源极为广
泛，包括化学家、历史学家、神秘学家等等（以及所有这些身份的各

---

　　① 　François Jollivet-Castelot, *Comment on devient alchimiste*（Paris, 1897）; *La synthèse de l'or*（Paris: Daragon, 1909）; *La révolution chimique et la transmutation des métaux*（Paris: Chacornac, 1925）, 该书包含了"炼金术哲学"（La philosophie al-chimique, pp. 46—52）, 简明地总结了他的炼金术观点, pp. 175—178 描述了他的协会; 以及 *Synthèse des sciences occultes*（Paris, 1928）; Richard Caron, "Notes," pp. 23—26 对此作了分析。

种结合）。它的期刊曾短暂活跃过一段时间,发表了风格极为不同的文章。[①] 不可否认,1900 年以后,炼金术与化学恢复了某种程度的友好关系。新的科学发现使人们再次更加同情地看待传统的炼金术主张。这始于 1896 年发现的辐射、放射性和元素衰变。元素嬗变一经成为既定事实(既通过放射性元素的自发衰变,也通过用辐射轰击较轻的元素),神秘学家和实际追求制金的人便认为这些发现证实了整个炼金术传统,有少数人甚至声称,炼金术士们肯定在数个世纪以前就已发现了放射性。另一方面,即使是一些头脑清醒的化学家也把新发现的镭元素誉为"一种现代哲人石",因为它的辐射可以把一种元素转变成另一种元素。[②]

幻觉和投射:心理分析的视角

这种灵性/神秘学的炼金术观还引出了另一种极具影响力的诠释,那就是瑞士精神分析学家卡尔·古斯塔夫·荣格(Carl Gustav Jung,1875 - 1961)的心理学表述。荣格声称,炼金术"完

---

① 著名炼金术史家约翰·弗格森(John Ferguson)是主席,名誉副主席包括 A. E. 韦特以及玛丽·安妮·阿特伍德以前的伙伴 Isabelle de Steiger。《炼金术协会学报》总共出版了 21 期;第一期出版于 1913 年 1 月,最后一期(合刊)出版于 1915 年 9 月。

② 关于 20 世纪初的化学和物理学与维多利亚时代神秘学之间引人入胜的联系,包括在伦敦炼金术协会内部,参见 Mark S. Morrisson,*Modern Alchemy:Occultism and the Emergence of Atomic Theory* (Oxford:Oxford University Press,2007)这一出色研究。关于当时对放射性和炼金术的概述,参见 Jollivet-Castelot, *Révolution*, "Les théories modernes de l'alchimie," pp. 179—198。关于镭与哲人石的对比,例如参见 Fritz Paneth,"Ancient and Modern Alchemy,"*Science* 64 (1926):409—417,esp. 415。

全不涉及或至少在很大程度上并不涉及化学实验,而是可能涉及用伪化学语言表达的某种心灵过程".[①] 荣格说,炼金术士的心灵内容被无意识地"投射"到其容器中的材料上:"在实际工作中会产生幻觉,它们只可能是无意识内容的投射。"换句话说,在实验室工作中,炼金术士们陷入了一种改变的意识状态,在此状态中,他们的无意识心灵会产生幻觉,所暗示的心灵内容、状态和活动与梦境不无相似。于是荣格声称,炼金术其实是对无意识的描述,炼金术士的"经验与物质本身毫无关系"。[②] 炼金术的"真正根源"与其说在哲学的观念和看法中,不如说在"个体研究者的投射经验中"。[③]

　　荣格并不完全否认实验室实验在炼金术中的作用,但他断言,炼金术的真正目标在于心灵的转化。由于心灵可将其内容投射到任何一种物质上,炼金术士所使用的实际物质并不那么重要。因此荣格认为,旨在制造哲人石(或其他任何东西)的那些过程很少包含明显的化学含义。因此,炼金术的寓意语言之所以产生,并不是作为隐藏的手段,而是因为正是通过这些意象,无意识才将自身

---

　　① 　Carl Gustav Jung, "Die Erlösungsvorstellungen in der Alchemie," *Eranos-Jahrbuch 1936* (Zurich:Rhein-Verlag,1937), pp. 13—111, quoting from p. 17. 在后来的英文版本中,"The Idea of Redemption in Alchemy," in *The Integration of the Personality*, ed. Stanley Dell (New York:Farrar and Rinehart,1939), pp. 205—280, quoting from p. 210,也许是在荣格的指导下,主张变得更强。荣格的所有炼金文章可见于 *The Collected Works of Carl Gustav Jung* (London:Routledge,1953－1979), vol. 9, pt. 2:*Aion*; vol. 12:*Psychology and Alchemy*; vol. 13:*Alchemical Studies*; vol. 14:*Mysterium Conjunctionis*. 对荣格炼金术观点的进一步分析,参见 Principe and Newman,"Some Problems,"pp. 401—408。

　　② 　Jung,"Erlösungsvorstellungen,"pp. 19,20,23—24;"Idea of Redemption,"pp. 212,213,215.

　　③ 　Jung,"Erlösungsvorstellungen,"p. 20;"Idea of Redemption,"pp. 212—213.

投射到物质上。相应地,哲人石的初始材料之所以有多种名称,是因为"投射源于个体,所以每种情况都不相同"。[①] 反过来,炼金术著作里出现的象征、符号和意象的统一性使荣格相信,它们是集体无意识的表达,所谓集体无意识是一种据说普遍存在于所有人心理当中的世代相传的遗产,在某种意义上是遗传本能的心灵类似物。于是,他声称用同一种心灵理论就能解释过程上的相似性和细节上的迥异。

荣格的思想与 19 世纪和 20 世纪初的神秘学家们不无相似之处。两者都认为,炼金术主要不在于物质转化,而在于炼金术士内在的心灵转化。两者都把炼金术主要看成心灵发展的一种手段,都声称炼金术士的真正工作是在一种改变的意识状态中发生的。有这种相似之处并不奇怪,荣格早在其职业生涯之初就研究过维多利亚时代的神秘学。其博士论文《论所谓神秘现象的心理学和病理学》(*On the Psychology and Pathology of So-Called Occult Phenomena*)便是基于他参与的其表妹海利·普赖斯沃克(Helly Preiswerk)的降神会。韦特等人的作品曾于 20 世纪初在荣格的苏黎世心理学俱乐部流传。荣格还大量借鉴了弗洛伊德派心理学家赫伯特·西尔伯莱(Herbert Silberer)关于炼金术象征含义的早期研究。[②]

---

① Jung,"Erlösungsvorstellungen,"p. 60;"Idea of Redemption,"p. 239.

② Luther H. Martin,"A History of the Psychological Interpretation of Alchemy,"*Ambix* 22 (1975):10—20,esp. 12—16;F. X. Charet,*Spiritualism and the Foundations of C. G. Jung's Psychology* (Albany,NY:SUNY Press,1993);Herbert Silberer,*Hidden Symbolism of Alchemy and the Occult Arts* (New York:Dover,1971;originally published 1917 as *Problems of Mysticism and Its Symbolism*);Richard Noll,*The Jung Cult* (Princeton,NJ:Princeton University Press,1994),pp. 144 and 171;*The Aryan Christ* (New York:Random House,1997),pp. 25—30,37—41,229—230.

　　和阿特伍德的《赫尔墨斯奥秘初探》一样,荣格的表述也激励
了一大批追随者发展和改进其基本思想。其中最著名的旁系也许 104
是比较宗教学家米尔恰·埃利亚德(Mircea Eliade,1907-1986)
于20世纪30年代开创的。和荣格一样,埃利亚德也受到各种神
秘学运动的影响。他同阿特伍德和荣格都认为,炼金术主要关注
的是自我转化,炼金术士经历了一种指引体验(initiatic experience),
该体验导向了"外行无法达到的某些意识状态"。虽然炼金术士可
能忙于手头的化学物质和金属,但其真正追寻的东西却与灵魂有
关。埃利亚德写道:"炼金术士虽然在研究金属的'完满'和如何'转
变'为黄金,但实际追求的却是他自身的完满。"①埃利亚德补充说,
炼金术基于这样一种宇宙观,认为世界和世间万物都有生命——这
种活力论或物活论的观点类似于若利韦-卡斯特罗及其学派所倡导
的思想。埃利亚德的观点再次把炼金术与化学彻底分开。②

　　诸多现代炼金术流派在伊斯雷尔·雷加地(Israel Regardie,
1907-1985)富有影响的著作中汇集在一起。雷加地年轻时便与来
自金色黎明会的群体和人物有过交往,后来他研究了心理治疗,此

---

　　①　Mircea Eliade, "Metallurgy, Magic and Alchemy," *Cahiers de Zalmoxis*, 1
(Paris:Librairie Orientaliste Paul Geuthner,1938),quoting from p. 44. 这一早期作品
被加工成更流行的 *The Forge and the Crucible* (Chicago:University of Chicago Press,
1978 [first English publication,1962]),quoting from p. 162,起初以 *Forgerons et alchi-mistes* (Paris:Flammarion,1956)出版;关于神秘学根源,参见 Mac Linscott Ricketts,
Mircea Eliade:The Romanian Roots,1907-1945 (Boulder,CO:East European Mono-graphs,1988),pp. 141—153,313—325,804—808,835—842;关于荣格的明确影响,例
如参见 *Forge and Crucible*,pp. 52,158,161,163,and 221—226。

　　②　关于埃利亚德的更多讨论,参见 Principe and Newman,"Some Problems,"pp.
408—415,and Obrist,*Débuts*,pp. 12—33。

后成为他的职业。他 1938 年出版的《哲人石》(*The Philosopher's Stone*)将荣格对炼金术的阐释与直接源自灵性/神秘学解释的若干概念结合在一起,同时还包含了东方神秘主义、犹太教卡巴拉、催眠术和动物磁学等各种要素。① 他的融合进路(有人会说它不加区别)坚持认为,整个炼金术史上的炼金术文本同时是化学的、灵性的和心理的,但其主要目的是将"意识的若干组分"统一在一起,发展出"觉悟的完整而自由的人"。② 20 世纪 70 年代,为给他的综合补充炼金术的材料方面,雷加地亲自在实验室中实践炼金术,结果因通风不良,实验产生的烟气永久损伤了他的肺。③

　　今天,荣格、埃利亚德和雷加地及其追随者的表述仍在出版和被人坚持——不仅见于大量通俗文献,也见于科学史家和其他一些学者的著作。然而,关于炼金术真正本性的这些说法根本得不到历史记录的支持,因此(虽然它们在 20 世纪的一些背景下很有影响)现在不再被科学史家们视为对炼金术的有效描述。从各种不同的学科角度来研究炼金术的一批学者也得出了相同的结论。④

---

　　① 　Israel Regardie, *The Philosopher's Stone : A Modern Comparative Approach to Alchemy from the Psychological and Magical Points of View* (London: Rider, 1938).

　　② 　Israel Regardie, *The Philosopher's Stone : A Modern Comparative Approach to Alchemy from the Psychological and Magical Points of View* (London: Rider, 1938), pp. 18—19.

　　③ 　Morrisson, *Modern Alchemy*, pp. 188—191.

　　④ 　例如参见 Obrist, *Débuts*, esp. pp. 11—21 and 33—36; Principe and Newman, "Some Problems," pp. 401—408; Dan Merkur, "Methodology and the Study of Western Spiritual Alchemy," *Theosophical History* 8 (2000): 53—70; Halleux, *Les textes alchimiques*, pp. 55—58; Harold Jantz, "Goethe, Faust, Alchemy, and Jung," *German Quarterly* 35 (1962): 129—141。

回到 16、17 世纪

本章描述的关于炼金术的所有重新定义和重新诠释都源于特定的历史背景和潮流。因此,需要把它们当作其自身时代的产物来研究。然而,虽然它们关于 18 世纪之前炼金术和炼金术士的历史论断是错误的,但它们仍然是炼金术悠久历史的重要组成部分,而且对后来的艺术家、作家和其他许多人产生了很大影响。① 这些重新定义和重新诠释固然极大地影响了对早期材料的解读和历史分析,但目前方兴未艾的第三次炼金术复兴从根本上修正了我们对这一主题的理解。过去看似熟悉的东西已经不再熟悉。

炼金术的第一次复兴发生在 18 世纪末,它试图沿着炼金术蓬勃发展的黄金时代的思路来恢复制金和炼金术的实践和追求。它反对炼金术在 18 世纪初遭到的诋毁。炼金术的第二次复兴始于 19 世纪中叶,它对之前的炼金术士实际所做的事情提出了全新的解释。它认为早期的炼金术士提出了积极的、自我转化的甚至宏伟的宇宙设计,它本身也可以被视为对早期把炼金术斥为愚蠢、欺骗或唯利是图的一种回应。炼金术的第三次复兴始于 20 世纪末,

---

　　① 除了前面提及的金色黎明会对诗人叶芝的影响,若利韦-卡斯特罗的炼金术还吸引并影响了瑞典剧作家 August Strindberg(他们的通信以 August Strindberg,*Bréviaire alchimique*,ed. François Jollivet-Castelot [Paris:Durville,1912]出版,并参见 Alain Mercier,"August Strindberg et les alchimistes français:Hemel, Vial, Tiffereau, Jollivet-Castelot,"*Revue de littérature comparée* 43 [1969]:23—46),神秘学炼金术构成了艺术家 Max Ernst 作品的一个背景;参见 Warlick,*Max Ernst*。

这次复兴与之前非常不同,因为它发生在科学史家和其他学者当中。① 它旨在用更加仔细和严格的历史技巧来更准确地理解,在炼金术漫长动态发展的各个阶段,从古代的希腊-埃及时期到现在,炼金术士们实际上在做什么和想什么(以及原因是什么)。

与目前正在进行的这场炼金术复兴的目标相一致,我现在要回到 16、17 世纪,从新的角度、不带偏见地审视那一时期的炼金术士,以了解他们的想法和行为,以及他们如何影响了当时的社会和文化。

---

① 关于这第三次复兴,参见 Bruce T. Moran,"Alchemy and the History of Science:Introduction,"*Isis* 102 (2011):300—304;Principe,"Alchemy Restored,"ibid.,305—312;以及 Marcos Martinón-Torres,"Some Recent Developments in the Historiography of Alchemy,"*Ambix* 58 (2011):215—237。

第五章 黄金时代:现代早期的 "化学[炼金术]"(Chymistry)实践

到了中世纪末,炼金术已经发展成熟并且在欧洲牢固确立。从 1500 年到 1700 年,即所谓的科学革命时期或现代早期,炼金术继续扩展。[①] 在此期间,炼金术的核心目标——实现金属嬗变,制造更好的药物,改善和利用自然物质,理解物质变化——沿着许多方向得到发展。15 世纪中叶,在约翰内斯·古登堡(Johannes Gutenberg)发明的印刷机的帮助下,出现了更多的炼金术文本,其伪装形式也更为丰富,其中许多都有意使用寓意、"假名"、寓言图像和知识分散等手段来保护它们的秘密。关于炼金术的目标和承诺的争论继续进行,与神学和哲学概念的新联系被炮制出来。用于解释结果和指导实践研究的理论激增,从业人数大幅增加。这种爆炸式增长有双重结果:首先,炼金术的思想和实践将其文化影响力扩展到越来越多的思想家和实干家;其次,炼金术的日益多样

---

① 对科学革命中科学史的方便导引可参见 Lawrence M. Principe, *The Scientific Revolution : A Very Short Introduction* (Oxford : Oxford University Press, 2011);更多细节可参见 Margaret J. Osler, *Reconfiguring the World : Nature, God, and Human Understanding from the Middle Ages to Early Modern Europe* (Baltimore : Johns Hopkins University Press, 2010)。

108　化使得全面叙述其现代早期的历史实际上变得不可能，或至少是过于仓促，因为炼金术已经变得相当多样化，其中许多方面仍然有待探索。①

　　因此，以下各章仅仅涵盖了现代早期炼金术的代表性片段，主要侧重于其两个核心目标：金属嬗变和制药。这两个话题并不构成当时这一主题的全部，但的确代表了它的大部分内容。接下来的两章说明了制金和医疗化学（*chemiatria*）如何建立在连贯的理论和观察的基础上，以及为何许多炼金术工作者都是极好的实验家。本章介绍了现代早期炼金术士的基本原理、目标和假设。如果你是一个 17 世纪的炼金术士，你会知道什么？做什么？试图实现什么？下一章揭示了他们的实际做法，通过认真解读寓言图像和实验室复制来揭示看似不可能的秘密说法（包括几种关于哲人石本身的说法）背后隐藏的东西。

　　必须强调现代早期炼金术中理论与实践的相互作用。有时候人们以为，炼金术士的工作或多或少是"经验性的"，也就是说相当随意，没有什么理论原理或批判性的观察。通过将炼金术与化学分开（将炼金术与用实物所作的严肃认真的实验室研究工作分开），从而更普遍地与科学史分开，第四章谈到的对炼金术的重新诠释加强了这种印象。这种看法是错误的。现代早期的炼金术是心与手并用的努力，是理论与实践的结合。它涉及对自然界中物

---

　　①　对现代早期炼金术所涵盖的各种思想、人物和活动的广泛概述，可参见 Bruce T. Moran, *Distilling Knowledge：Alchemy，Chemistry，and the Scientific Revolution* (Cambridge，MA：Harvard University Press，2005)。

质转变的研究、理解和操纵。它完全是科学史的一部分，事实上是一个关键部分。[①] 前面各章描述了"炼金术"和"化学"在 18 世纪之前的同义，以及隐藏在几个简单的炼金术过程之中的化学，从而有助于把这些术语再次组合起来。作为对这一点的提醒，我现在将越来越多地使用"化学［炼金术］"（chymistry）和"化学家［炼金术士］"（chymist）这两个词。

基础：金属和金属嬗变

17 世纪的化学家［炼金术士］和他们的中世纪前辈一样认识到有七种金属：金、银、铜、铁、锡、铅、汞。[②] 他们称其中两种——金和银——为"贵"金属，是因为这两种金属抗腐蚀，美丽而稀有，而称余下五种为"贱"金属。这些化学家［炼金术士］认为金属是复合物，而现在我们知道它们是元素。这种复合性意味着应当能将金属分解为其各个成分，不过到了 17 世纪，对于这些成分究竟是什么，人们的意见有很大分歧。许多人继续主张，金属是由汞和硫这两种成分按照不同比例和/或性质构成的，这个概念可以追溯到中世纪的伊斯兰世界。图 5.1 显示了汞和硫的地下烟气逐渐上升形成金属。另一些人则采纳了一种被归于帕拉塞尔苏斯的较新观点（见下文），假设有汞、硫、盐三种成分。还有一些人则更

109

---

① 关于炼金术从科学史领域的放逐和回归，参见 Principe，"Alchemy Restored"。

② 事实上，到了 17 世纪末，化学家［炼金术士］也发现了锌、铋、可能还有钴；但这些都没有与古典七种金属列在一起，它们有时被称为"不纯金属"（bastard metals），因为它们并不完全像其他金属那样有典型的光泽和可锻性。

加固守亚里士多德主义思想,声称所有金属(或所有物质)都是由一种可以被赋予不同"形式"的共同的"原初质料"(*materia prima*)构成的。原初质料本身并没有自己的性质,而只是提供物质和量,而形式则提供了特定材料的所有性质(颜色、硬度等)。对亚里士多德来说,原初质料是一个概念,而不是某种可以放入瓶子的东西——它本身并不实际存在。但是,更专注于实际的实验室操作的化学家[炼金术士]则倾向于更具体、更物质地看待原初质料。对他们来说,原初质料(如果可以孤立出来的话)提供了一种材料白板,可以为它赋予任何形式,从而产生任何所需的物质。

其他几个流传不太广的系统与这些表述和平共处。需要记住的是,金属作为复合体的概念支持了金属嬗变的可能性。改变各个成分的比例、性质或组成方式,就能改变金属,将它变成另一种金属。

对金属嬗变的信念也依赖于观察证据:它似乎是一个自然而然的过程。在矿山中很少看到纯粹状态的金属;铅矿几乎总是含有一些银,银矿几乎总是含有一些金。这个众所周知的观察结果表明,随着地下热和水的作用使贱金属的组成慢慢发生改变,贱金属不断被天然地转化为更贵的金属。数百或数千年来,渗透的地下水缓慢地冲走了贱金属中的干扰杂质,而地球的温热则逐渐把贱金属烹制成贵金属所特有的、调制得更好、更加稳定和完全统一的组成。因此,制金者只需找到一种方法,在地面上迅速去做大自然总在地下慢慢做的事情。

图 5.1　圣托马斯·阿奎那（被误认为写过炼金术文本）指出，被称为汞和硫的排出物结合在一起，形成了地下的金属。座右铭读作："如同大自然由硫和汞产生了金属，技艺也是如此。"出自 Michael Maier, *Symbola aureae mensae duodecim nationum*（Frankfurt, 1617）, p. 365。

　　早在古代，这七种金属中的每一种就已经与特定的行星联系在一起。如果将太阳和月亮列为行星（就像哥白尼之前的天文学那样），那么就有七颗行星，就像有七种金属一样（见下图）。在炼金术的最初几个世纪，每一对之间的关联不断变化，但在拉丁炼金术时代已经固定下来。① 某些关联的起源是显而易见的：例如，基

111

---

　　① 　Vladimir Karpenko, "Systems of Metals in Alchemy," *Ambix* 50（2003）：208—230.

于光辉、色彩和相对价值,两种贵金属与两大发光体——金与太阳,银与月亮——联系在一起。其他配对则不那么明显。铁与火星相联系,可能是因为铁(以盔甲和武器的形式)天然与战争之神相关。具有讽刺意味的是,现代已经发现,这颗红色行星可以观察到的颜色其实是因为铁化合物。铜与金星配对,是因为维纳斯女神的家和最丰富的古代铜矿都在塞浦路斯岛(Cyprus)——这个岛因此提供了"铜"的拉丁词 *cuprum*。

现代早期的化学家[炼金术士]并不一定认为金属和行星之间的这些关联不是象征性的或类比的,尽管有少数人的确提出,行星的影响对于地下相应金属的形成起了作用。[①] 部分基于七颗行星和七种金属之间的相关性,最伟大的裸眼天文学家第谷·布拉赫(Tycho Brahe,1546-1601)——他在丹麦的城堡天文台"天堡"(Uraniborg)中有一个化学[炼金术]实验室——把化学[炼金术]称为"地界天文学"(terrestrial astronomy)或"下界天文学"(astronomy below)。[②] "上界天文学"与"下界天文学"之间的这种关

---

① 据我所知,最早提到这个想法的是历史学家伊本·赫勒敦在 1367 年写的一本著作(但他肯定是从以前的文本中借用的),他说金需要 1080 年的时间才能形成,对应于一个太阳周期;*The Muqaddimah*,3:274. 行星与相应金属的形成之间的关系在 Nicolas Lemery,*Cours de chymie* (Paris,1683),pp.69—71 中遭到了夸大和嘲笑。

② Alain-Philippe Segonds,"Astronomie terrestre/Astronomie céleste chez Tycho Brahe,"in *Nouveau ciel,nouvelle terre:La révolution copernicienne dans l'allemagne de la réforme* (1530-1630),ed. Miguel Ángel Granada and Édouard Mehl (Paris:Les Belles Lettres,2009),pp.109—142;"Tycho Brahe et l'alchimie,"in Margolin and Matton,*Alchimie et philosophie à la Renaissance*,pp.365—378. 关于第谷的实验室,参见 Jole Shackelford,"Tycho Brahe,Laboratory Design,and the Aim of Science:Reading Plans in Context,"*Isis* 84 (1993):211—230。

系与《翠玉录》中说的"上者来自下界，下者来自上界"相呼应，这简洁地表达了现代早期的人所理解的自然的相互联系。

金	太阳	☉
银	月亮	☽
铜	金星	♀
铁	火星	♂
锡	木星	♃
铅	土星	♄
汞	水星	☿

　　每一对行星和金属都被赋予了一个共同的符号，化学家［炼金术士］经常用行星名称来指称金属。铜常被径直称为"金星"，铅则常被径直称为"土星"。直到 18 世纪，大多数化学家［炼金术士］——不仅是那些对制金感兴趣的人——一直在使用这种命名。奇怪的是，直到今天，旧的行星名称"水星"［汞，Mercury］仍然是我们其实应该称之为"水银"（quicksilver）的元素的正式英文名称。为什么水星是金属的行星命名的唯一幸存者，这仍然是一个悬而未决的问题，不过这种异常的液态金属对于众多化学［炼金术］所起的核心作用可能是答案的一部分。

金属嬗变：殊剂（*particularia*）和异常金属

　　对嬗变感兴趣的现代早期化学家［炼金术士］大都有特殊和普

遍两条路径可以走。特殊的方法聚焦于数量巨大的具有各种不同效力和能力的转化剂，它们被称为"殊剂"（*particularia*）。这个名称的意思是"特殊之物"（particulars），因为这些物质只能把特定的贱金属嬗变成银或金。因此，一种殊剂能把铜变成银，但对其他金属没有作用。与之暗中形成对比的是那种普遍的转化剂，即能把任何贱金属变成金或银的哲人石。殊剂据说更易于制备，但这种优越性被其特异性和低效力所抵消。于是，一些制金者告诉其读者不要为殊剂操心，因为制造的金银数量还不能补偿所花费的劳动和材料。但也有许多化学家［炼金术士］广泛地讨论殊剂，一位条理谨严但不知姓名的倡导者甚至向读者提供了材料成本的资产负债表，以及从制造和使用各种殊剂所能获得的潜在总利润和净利润。①

著名英国化学家［炼金术士］罗伯特·波义耳（1627－1691）把殊剂的配方编成了他所谓的"赫尔墨斯遗产"（Hermetic Legacy）。他在这样一本汇编集的序言中写道："大多数殊剂并不那么有利可图，除非制作的量很大，但有一些殊剂可以巧妙地制作出来，即使很小的量，也能使一个贫穷而勤奋的技师（特别是如果他单身）获得谋生之道，虽然不会很富有。"因此，波义耳把殊剂的低嬗变效力视为一种美德，因为"这些较为低贱的殊剂要想带来利益，需要很多人、材料和仪器，这将使许多穷人有工作可做，从而救济许多人，

113

---

　　① 关于对殊剂的警告，参见 Gaston Duclo, *De triplici praeparatione argenti et auri*, in *Theatrum chemicum*, 4：371—388, esp. 374—375；关于资产负债表，参见 *Coelum philosophorum*（Frankfurt and Leipzig, 1739），pp. 60, 125—126。

至少是帮助他们维持自己及其贫困的家庭"。[①] 换句话说，通过殊剂来实现金属嬗变可能产生炼金术的"家庭手工业"——穷人们勤勉地投身于制金，从而获得适度的营生。虽然波义耳用炼金术来接济穷人的慈善梦想从来也没有实现，但它提醒我们，现代早期的炼金术不仅是就这一主题进行理论研究和著述的学者们所作的一种思想努力，形形色色的技师、企业主以及其他许多希望获利的人也以不太复杂的形式追求它。

殊剂背后没有统一的方法或理论。大多数殊剂据信是与银或某种贱金属融合在一起，以实现嬗变。其他一些殊剂则与金融合以产生更多的金，这种过程被称为增加（augmentation）或增殖（multiplication）。在某些情况下，这些程序之所以奏效，可能是因为产生了一种被误认为是纯金的合金。另一些殊剂是腐蚀性的溶剂（被称为渐变剂［gradators］），据称能使溶解在其中的一部分金属发生嬗变。还有一些溶剂通过仅仅溶解金属的一个组分而不是整个金属来产生"改性金属"（modified metals）——不同于任何天然金属的奇怪的金属物质。以这种方式，一些制金者努力从金中提取一种含有所有金属典型颜色的"染色剂"，留下一种异常的白色金属。化学家［炼金术士］认为这种染色剂是与金分开的硫，有时被称为"金的'灵魂'"（*anima auri*）。然后他们用这种染色剂将白色金属"染"成金。有些人认为这种材料就是那种渴望得到的金液（potable

---

① 发表于 Principe, *The Aspiring Adept*, pp. 302—304。关于殊剂的更多内容，参见 Principe, *The Aspiring Adept*, pp. 77—80。关于波义耳殊剂清单的主要文本已经丢失，可能是被某个有志于金属嬗变的有机会接触其文稿的人偷走了，今天只剩下一些前言材料。参见 Michael Hunter and Lawrence M. Principe, "The Lost Papers of Robert Boyle," *Annals of Science* 60 (2003): 269—311。

gold），一种据说由金制成的功能强大的药液（也许是一种万灵药）。[①] 金的药用制剂问题是它们很容易重新分解为金——但真正金液的标志是它无法变回金，因为金已被充分"解剖"，只保留了它的治疗部分。"金的'灵魂'"正是金的这样一种提取成分。

一些作者宣称成功地实现了这样一个过程，但其他化学家［炼金术士］表示反对，指出从金融的角度来看，这种通过"移植"金的硫化物来实现嬗变的方法是没有用处的，因为它要求为获得染色剂而摧毁的金与染色剂本身所产生的金同样多。[②] 颇具影响的佛兰德化学家［炼金术士］和医生约安·巴普蒂斯塔·范·赫尔蒙特（Joan Baptista Van Helmont，1579－1644）声称以类似的操作从铜中提取了一种绿油，留下了一种异常的"白铜"。[③] 这个实验以及

① 关于金液，参见 Angelo Sala，*Processus de auro potabili*（Strasbourg，1630）；*De auro potabili* in *Theatrum chemicum*，6：382—393；Francis Anthony，*The apologie，or defence of …aurum potabile*（London，1616）；Guglielmo Fabri，*Liber de lapide philosophorum et de auro potabili*，in *Il Papa e l'alchimia；Felice V，Guglielmo Fabri e l'elixir*，by Chiara Crisciani（Rome：Viella，2002），pp. 118—183，citing pp. 150—160［一部献给敌对教皇菲利克斯五世［Felix V］的 15 世纪中叶炼金术文本的拉丁文和意大利文翻译］；以及 Ernst Darmstaedter，"Zur Geschichte des *Aurum potabile*，" *Chemiker-Zeitung* 48（1924）：653—655，678—680。

② 博学的丹尼尔·乔治·莫尔霍夫（Daniel Georg Morhof）在 1671 年出版的简短但内容丰富的制金研究中对这种提取作了一些记录：*De metallorum transmutatione*，in *Bibliotheca chemica curiosa*，1：168—192，esp. p. 178。1680 年 2 月 26 日 De Saintgermain 致 Robert Boyle 的私人信件中记述了将金币中的染色剂移除，金币变白，载于 *The Correspondence of Robert Boyle*，ed. Michael Hunter，Lawrence M. Principe，and Antonio Clericuzio（London：Pickering and Chatto，2001），5：185—190。另见 Principe，*Aspiring Adept*，pp. 82—86。

③ Joan Baptista Van Helmont，*Opuscula medica inaudita*（Amsterdam，1648；reprint，Brussels：Culture et Civilization，1966），"De lithiasi，"pp. 69ff。；Principe，*Aspiring Adept*，pp. 88—89。

其他种种理由促使范·赫尔蒙特断言,金属的构成中必定有两种硫,一种"内部"、一种"外部"。如果他的提取成功地移除了铜中所有的硫,残渣应当是一种液态汞,但事实上留下的是一种固态的白色金属,这表明必定还有一种更难提取的"内部"硫,正是这种硫使铜的汞保持为一种固体(但白色的)金属。外部硫只提供金属的颜色。

　　知道金属是元素的现代读者可能想知道这些化学家[炼金术士]究竟在做什么。这很难给出令人满意的答案。将那些关于异常金属的报告斥之为故意欺骗或过度想象的产物太过容易了。其中一些报告可能属于思想实验——也就是说,给定流行的化学[炼金术]理论,说明应当发生什么。但有些报告似乎更为具体,比如化学家[炼金术士]乔治·斯塔基(George Starkey,1628–1665)在17世纪50年代所作的"固银"(*luna fixa*)。[①] 固银据说是一种有着银色外观的白色金属,但显示出金的所有其他特性——密度大、熔点高、耐硝酸腐蚀等。几位证人私下记录说,他们看着斯塔基制造了这种异常的金属,金匠发现这种金属检验起来像金一样。这些金匠还从斯塔基那里购买了一些这种奇怪的金属,价格是40先令一盎司,是当时银价的8倍还多。斯塔基制造了什么? 我们几

---

　　① 关于斯塔基,参见 William R. Newman,*Gehennical Fire:The Lives of George Starkey,an American Alchemist in the Scientific Revolution* (Cambridge,MA:Harvard University Press,1994)和 Newman and Lawrence M. Principe,*Alchemy Tried in the Fire:Starkey,Boyle,and the Fate of Helmontian Chymistry* (Chicago:University of Chicago Press,2002);关于"固银",参见 George Starkey,*Alchemical Laboratory Notebooks and Correspondence*,ed. William R. Newman and Lawrence M. Principe (Chicago:University of Chicago Press,2004),pp. xxiii—xxxiv,and Morhof,*De metallorum transmutatione*,1:187。

乎给不出答案。但一种重如黄金、耐硝酸的白色金属让我们想起了铂和相关金属的性质。考虑到勤勉的现代早期化学家[炼金术士]拥有令人惊奇的能力，能够分离出仅以低浓度存在的物质，斯塔基是否可能获得了天然含有少量这种金属的矿石样品或其他金属材料，并成功地将其分离呢？

如何制造哲人石：获取指导

最有抱负的嬗变者所着眼的目标超越了殊剂，指向了哲人石。据说正确制备的哲人石拥有一种非凡的效力，能将数千倍甚至数几十万倍于其重量的任何贱金属变成黄金。寻找哲人石的人主要面临两个障碍：确认正确的初始材料，然后找到正确的实践操作将这些（这种）材料变成哲人石。

寻求这两个基本问题的答案是任何寻找哲人石的化学家[炼金术士]的支柱。有几种方法可以开始。一个人要碰见另一个有配方可售的人，或者更常见的情况是被后者所接近。显然，这种获取信息的方法为欺骗性的交易提供了广阔的空间，所以可以用两个词来总结这种事态："请买家小心"（*Caveat emptor*）。一个看起来太好以致不可能为真的配方可能就是如此。然而，一些卖主可能真的相信自己拥有一个可行的配方，但无法用往往冗长而昂贵的程序来验证其是否正当。[①] 这些配方连同其拥有者的服务往往

---

① 一个有详实记录的例子是，1684 年，Gottfried von Sonnenberg 试图以 7000 镑的价格将一份哲人石配方卖给波义耳或伦敦皇家学会的另一位成员；参见 Principe, *Aspiring Adept*, pp. 114—115 和 Boyle, *Correspondence*, 6：52—86 and 116—121。

被提供给自愿的主顾,他们通常是统治者或富有的私人。

　　嬗变配方(以及化学[炼金术]中的几乎所有其他东西)的交易在整个现代早期都很活跃。在欧洲各地,配方以书信、口耳相传和手稿收藏等方式得到传播和交流。虽然现代学者的注意力往往集中于学者的书中所发表的更具理论性的阐述,但要知道,在对现代早期化学[炼金术]手稿的任何普查中通常都会发现,各种配方和过程的汇编占据着主导地位。现代早期学术文本的作者们大都是化学[炼金术]配方的收藏者和交易者。他们是交流化学[炼金术]的信息、结果、方法和思想的重要途径。

　　经验性的实验为寻找哲人石提供了另一种选择。这种研究(最好是借助于实践经验和对各种材料性质的广泛了解)可能是几乎无休止的劳动,因为有各种材料和可能的路径要被检验。于是,古代的希波克拉底学派关于治疗术的说法也适用于炼金术:"生命短暂而艺无穷。"(*Ars longa , vita brevis*)[①]然而,许多可能性都可以通过基于观察和理论思考的合理猜想而大大减少。因此,大多数现代早期的嬗变追求者并没有为了偶然发现哲人石而将手头的任何东西胡乱混合在一起。严肃的研究者以当时的理论和知识来指导自己的工作,就像今天的实验工业化学家指导自己的研究一样。[②]

116

---

　　①　对这句话的引用见于 Thomas Norton, *Ordinall of Alchimy* , in Ashmole, *Theatrum chemicum britannicum* , pp. 1—106, on p. 87,尽管在那里它被归于"Maria Sister of Aron"。

　　②　涉及对炼金术实验室笔记的分析的一个现代早期例子参见 Newman and Principe, *Alchemy Tried in the Fire* , pp. 100—155。

　　另一种方法涉及在书本中寻找。与文本的关系标志着现代早期的化学家[炼金术士]与现代化学家之间的一个重要区别。与现代科学家对待其同行的出版物相比,嬗变寻求者赋予了"内行"(那些声称成功地制造了哲人石的人)的文本以更大的权威性,并以更大的耐心来对待它们。制金者们认为,这些内行已经实际制备出哲人石,他们的隐秘著作包含着其使用工序的隐秘线索,因此,细致的文本研究成为他们寻找哲人石的一个重要组成部分。当然,没有一本书曾经为制造哲人石提供直截了当的"配方"。所使用的各种保密方法意味着,每一个文本都需要作认真而耐心的诠释,每一个步骤都可能是错误的。正如伪维拉诺瓦的阿纳尔德所说:"我说话是为了嘲笑愚者,教导智者。"①然而,如果能够得到正确的诠释,书籍和手稿都可能为找到正确的工序提供线索。因此,有抱负的内行努力把文本研究和做实验结合起来以制备哲人石。

　　制金者们往往声称"所有内行说的都是同一件事",这意味着无论各种表述表面上有什么差异,所有作者都对如何制备哲人石达成了一致意见。这种观点催生了将各位作者的引语编在一起的"选集"和纲要。它也启发热切寻求炼金术秘密的艾萨克·牛顿爵士(1642 - 1727)编写出庞大的"化学索引"(Index chemicus),试图把他在一百多本书中发现的类似的术语和表述收集在一起并进行分组,

---

① Pseudo-Arnald of Villanova, *De secretis naturae*, ed. and trans. Antoine Calvet, in "Cinq traités alchimique médiévaux," *Chrysopoeia* 6 (1997 - 1999): 154—206; "dicam ut fateos derideam, sapientes doceam," p. 178.

从而拼凑出整个秘密。① 然而在现实中，关于应当使用什么正确材 117
料以及如何处理它，的确存在着巨大分歧。事实上，基于制金者们
对正确初始材料的看法，可以把他们归入各种"学派"。② 不幸的
是，一些现代论述把化学[炼金术]作者理解得过于字面，夸大了制
金在各个时间地点的同质性和一致性。这种误解给人的印象是，
一门铁板一块的、静态的甚至僵化的学科一代又一代地不断陷入困境。
正如我们在前几章中已经看到的那样，这种描绘远离了历史真相。
虽然认真阅读原始文本的确表明了共同点，但它也揭示了方法、理
论和实践的广泛多样性。它还表明，思想和方法是根据实践经验
而发生演变的。

　　那些在实验和阅读方面不得志的人还可以采用另一个手段。
某些制金者希望接触到一个更直接的更高权威来吐露他们所需要
的秘密。在最平凡的情况下，这意味着找到一个愿意教导他们的
内行。根据围绕着伪卢尔的传说，令修道院院长克里默感到沮丧
的是，"我读的书越多，错误就越多"，他遍访欧洲以寻找一个内行，

---

　　① Richard S. Westfall,"Alchemy in Newton's Library,"*Ambix* 31 (1994):97—
101;关于更一般的牛顿炼金术，参见 Betty Jo Teeter Dobbs, *The Foundations of
Newton's Alchemy；or，Hunting of the Greene Lyon* (Cambridge:Cambridge University
Press,1975)和 *The Janus Faces of Genius* (Cambridge:Cambridge University Press,
1991)。Dobbs 的许多结论都必须结合最新的研究进行修正；例如参见 Principe,"Re-
flections on Newton's Alchemy,"和 William R. Newman, "Newton's *Clavis* as
Starkey's Key."*Isis* 78 (1987):564—574。

　　② 基于喜欢用的初始材料对制金者进行分类，这类工作特别见于 Georg Ernst
Stahl,*Fundamenta chymiae dogmaticae* (Leipzig,1723),translated by Peter Shaw as
Philosophical Principles of Universal Chemistry (London,1730)；参见 Kevin Chang,
"The Great Philosophical Work:Georg Ernst Stahl's Early Alchemical Teaching,"in
López-Pérez,Kahn,and Rey Bueno,*Chymia*,pp. 386—396。

最终在意大利遇到了卢尔。[1] 围绕着尼古拉·弗拉梅尔的传说声称,他无法破解一本寓意炼金术著作的含义,遂到西班牙朝圣,以寻找一个知识渊博的人向他解释这本书的含义。[2] 事实上,通过旅行来获取知识成为虚构的炼金术自传的一个常见特征。但寻求内行的建议并不限于虚构。例如,罗伯特·波义耳就曾多次向他的访客当面以及通过书信询问嬗变的秘密。1678 年,他热切期待一项承诺得到履行,即加入一个秘密的国际内行协会,这些人将与他分享他们的知识。不幸的是,他的热切希望落了空,要么因为这些内行聚会的城堡被一枚炸弹所炸毁,要么因为整个事情都是一个精心设计的骗局。[3]

其他有抱负的制金者目标更高,试图与天使精灵沟通或者祈求神的启示。在通过灵媒爱德华·凯利(Edward Kelley)而与天使进行的著名对话中,伊丽莎白时代的数学家约翰·迪(John Dee,1527－1608)不失时机地询问了哲人石的事情。波义耳本人也叙述了联系精灵的故事,如何制造哲人石的话题则是其突

118

---

① Abbot Cremer, *Testamentum Cremeri*, pp. 531—544, quoting from p. 535.

② Pseudo-Nicolas Flamel, *Exposition of the Hieroglyphicall Figures* (London, 1624; reprint, New York: Garland, 1994), pp. 11—13. 关于弗拉梅尔及其传说,参见 Robert Halleux, " Le mythe de Nicolas Flamel, ou les méchanismes de la pseudépigraphie alchimique," *Archives internationales de l'histoire des sciences* 33 (1983):234—255。

③ 关于这个精彩的故事,参见 Principe, *Aspiring Adept*, pp. 115—134;"Georges Pierre des Clozets, Robert Boyle, the Alchemical Patriarch of Antioch, and the Reunion of Christendom: Further New Sources," *Early Science and Medicine* 9 (2004):307—320;以及 Noel Malcolm, "Robert Boyle, Georges Pierre des Clozets, and the Asterism: New Sources," ibid., 293—306。

出特征。^①波义耳甚至提出，天使与哲人石之间有某种特殊的亲和力。除了用文本和炉子勤奋地作实践工作，许多（也许是大多数）化学家[炼金术士]作者都建议把祈祷作为一种获取知识的技巧。这项建议对于现代早期欧洲任何一个从事艰苦或重要努力的人来说都是很自然的。海因里希·昆拉特（Heinrich Khunrath，1560－1605）不仅主张祈祷，还主张分步骤地联系天使，引出启示性的梦。（第七章将更详细地讨论炼金术知识与神的意志之间的关系。）

　　然而，这些方法都有潜在的阴暗面。在一些观察者看来，以超自然的方式获取知识是非法的，因为这可能使追求者受制于魔鬼的诅咒之力，而不是将其送到天使援助的安全港。学识渊博的耶稣会士阿塔那修斯·基歇尔（Athanasius Kircher，1601/2－1680）虽然对一般化学[炼金术]的力量和功用非常积极，但对追求金属嬗变很是担忧。在他看来，这项任务非常困难，以致经过多年无果的劳动，沮丧的化学家[炼金术士]不可避免会诉诸任何帮助来源，包括求助于魔鬼。^②他早期的同事马丁·德·里奥（Martin Del Rio，1551－1608）认为，虽然"人的勤勉和热情"能够实际揭示如何制造哲人石，但在某些情况下，这种知识可以通过"以魔鬼为

---

　　① 关于约翰·迪和天使，参见 Deborah Harkness, *John Dee's Conversations with Angels：Cabala，Alchemy，and the End of Nature*（Cambridge：Cambridge University Press，1999）；关于波义耳和天使，参见 Principe, *Aspiring Adept*, pp. 195—197 and 310—317（Boyle's "Dialogue on the Converse with Angels"）；and Michael Hunter, "Alchemy，Magic，and Moralism in the Thought of Robert Boyle," *British Journal for the History of Science* 23（1990）：387—410。

　　② Athanasius Kircher, *Mundus subterraneus*（Amsterdam，1678），pp. 301—302。

师"的捷径来获得。①简而言之,长期的沮丧和不受控制的欲望为
魔鬼利用痴迷的化学家[炼金术士]创造了可乘之机。早在 1396
年就有人提出了这种关切,当时的调查者尼古拉·艾米里奇
(Nicolas Eymerich)指出,炼金术士们"很容易依附于邪灵并与之
相沟通……就像占星术士在无法实现自己的渴望时很容易召唤和
沟通魔鬼一样"。②

如何制造哲人石:选择初始材料

　　现代早期的制金者大都认为,既然嬗变的目标是改变金属,那
么就有必要从金属或金属矿物开始。汞的流动性立即引起了人们
的好奇和极大关注。至少从理论上讲,金也是优先考虑的对象,但
其成本和缺乏反应性使它实际上不那么有吸引力。半金属锑以其
古怪的化学性质,"几乎"是金属的奇特地位——它像金属一样闪闪
发光和可熔,但像玻璃一样易碎,在火中会蒸发——有时在生产过程

------

　　①　Martin Del Rio, *Disquisitionum magicarum libri sex*（Ursel,1606）,bk. 1,
chap. 5; *Investigations Into Magic*, trans. and ed. P. G. Maxwell-Stuart（Manchester,
NY; Manchester University Press,2000）,这本有用的书并非完整的翻译,而是一系列
翻译的段落,以对中间文本的简明概述相连接; Martha Baldwin, "Alchemy and the So-
ciety of Jesus in the Seventeenth Century: Strange Bedfellows?," *Ambix* 40（1993）:
41—64. 对耶稣会士用来支持和反对嬗变炼金术的文本所作的有价值的概述,参见
Sylvain Matton, *Scolastique et alchimie*, Textes et Travaux de Chrysopoeia 10（Paris:
SÉHA; Milan: Archè,2009）,esp. pp. 1—76。

　　②　Nicolas Eymerich, *Contra alchemistas*, ed. Sylvain Matton, *Chrysopoeia* 1
（1987）:93—136,quoting from pp. 132—133[拉丁文本与法文翻译对开]. Newman,
Promethean Ambitions,pp. 47—62 and 91—97 对魔鬼力量与炼金术之间的关系作了
精彩的考察。

中,其表面会产生神秘的"星形"图案,这些都使它特别受人喜爱(见插图 3)。一些文本声称盐提供了正确的起点;有些人选择了硫酸盐(硫酸铁或硫酸铜),有些人遵循着 17 世纪初的波兰炼金术士米沙埃尔·森蒂弗吉乌斯(Michael Sendivogius)的指导,把注意力集中在硝石(亦称硝酸盐或现代所说的硝酸钾)或某种更一般的"硝石物质"上。[①]

少数几位哲人石寻求者漫游到了矿物界以外,进入了植物或动物王国。贾比尔派的著作早就主张使用有机物质,最早的一些拉丁作者也是如此。鸡蛋、毛发、血液等有机物质都被列为可能的起点;罗吉尔·培根在 13 世纪倡导这条路线。但是到了 15 世纪,非矿物的方法已经遭到大多数化学[炼金术]作者的广泛拒斥甚至嘲笑。[②] 然而,有机材料的使用在某些地方仍然存在着。也许是在尝试制造哲人石的过程中,亨尼希·布兰德(Hennig Brand)在17 世纪 60 年代用蒸馏法从人尿中提取出残留物,从而发现了磷元素。不大讲求理论精良的研究者(这些人从来也不缺)一直在关注尿液和粪便等排泄物,它们作为初始材料至少有容易获得和价格低廉的优点,在现代早期欧洲的街道上就可以大量获取。把排泄物用作初始材料源于一则古代格言,即哲人石的材料"价格低

---

① Newman, *Gehennical Fire*, pp. 87—90 and 212—226. 关于森蒂弗吉乌斯的最新传记信息,参见 Rafal T. Prinke 的工作,例如"Beyond Patronage: Michael Sendivogius and the Meanings of Success in Alchemy," in López-Pérez, Kahn, and Rey Bueno, *Chymia*, pp. 175—231 和其中的参考文献。

② 关于中世纪寻求哲人石的进路,参见 Michela Pereira, "Teorie dell'elixir";各种初始材料的清单(和批评)可见于 Lorenzo Ventura, *De ratione conficiendi la pidis philosophici*, in *Theatrum chemicum*, 2:215—312, on pp. 233—239. 事实上,许多制金论著都是从分析各种初始材料开始的。

廉,无处不在","脚下即是"。① 早在 14 世纪,鲁庇西萨的约翰就曾强烈批评过那些把这则格言解释为意指排泄物的人:"哲人石的物质价格低廉,无处不在……许多粗俗的人(*bestiales*)不理解哲学家们的意思,径直在粪便中寻求它。"②

"假名"所引起的混乱加剧了关于正确初始材料的分歧。当一位备受尊敬的作者引述(例如)金属铅作为起点时,他的真正意思是什么呢:是实际的铅,还是其他某种仅仅被称为"铅"的物质? 因此,方才提到的各个"学派"并不能维持明确或永久的边界。例如,把硫酸盐(vitriol)当作初始材料的兴趣部分源于 16 世纪的一则格言式的建议——"造访地球内部,通过净化,你会发现那块隐秘的石头" (*Visita interiorem terrae rectificando invenies occultum lapidem*),这是一个离合字谜,可以拼出 *VITRIOL*(见图 5.2)。③ 但"vitriol"总是意指硫酸盐吗? 在使用这则座右铭时,约翰·鲁道夫·格劳伯 (Johann Rudolf Glauber,1604 - 1670)认为是这样。另一方面,这则座右铭有时(错误地)与被认为出自神秘人物巴西尔·瓦伦丁(Basil

———————

① 这种思想来源于 Morienus, *De compositione alchemiae*, 1:515; Morienus, *A Testament of Alchemy*, pp. 24—27。

② John of Rupescissa, *De confectione*, 2:80—83, quoting from p. 80.

③ 关于这则格言及其变种的起源,参见 Joachim Telle, "Paracelsistische Sinnbildkunst: Bemerkungen zu einer Pseudo-*Tabula smaragdina* des 16. Jahrhunderts,"in *Bausteine zur Medizingeschichte* (Wiesbaden: Steiner Verlag, 1984), pp. 129—139; available also in French: "L'art symbolique paracelsien: Remarques concernant une pseudo-*Tabula smaragdina* du XVIe siècle,"in *Présence de Hèrmes Trismégeste*, ed. Antoine Faivre (Paris: Albin Michel, 1988), pp. 184—208; Didier Kahn, "Les débuts de Gérard Dorn,"in *Analecta Paracelsica: Studien zum Nachleben Theophrast von Hohenheims im deutschen Kulturgebiet der fr. hen Neuzeit*, ed. Joachim Telle (Stuttgart: Steiner Verlag, 1994), pp. 75—76, and "Alchemical Poetry in Medieval and Early Modern Europe: A Preliminary Survey and Synthesis: Part I: Preliminary Survey,"*Ambix* 57 (2010): 263。

Valentine)之手的著作联系在一起。被归于这个名字之下的一些著作的确为制造哲人石的初始步骤规定了真实的硫酸盐，但其他一些著作中使用的"vitriol"则必定是"锑矿"的"假名"。[①] 凭借着对历史的了解，我们可以将这种差异在一定程度上归因于瓦伦丁著作的多重作者身份，但最初的读者需要花费大量精力去试图理解和协调这样一些矛盾的说法。让不同的资料彼此一致——不仅包括由单一作者所写的资料，而且包括由多位作者所写的资料——是一个耗时而令人沮丧的过程，但对于现代早期炼金术的实践至关重要。

图 5.2　一幅哲人石的寓意画，以硫酸盐的离合字谜为座右铭。出自 *Von den verborgenen philosophischen Geheimnussen*（**Frankfurt, 1613**）。

---

① 比如在早期著作 *Vom grossen Stein der Uhralten*（in *Chymische Schrifften*, 1：94—98［Hamburg, 1677；reprint, Hildesheim：Gerstenberg Verlag, 1976］；this section appeared first in 1602）中，*vitriol* 被说成拥有只有锑才能显示的性质，因此肯定被用作一个"假名"；但在后来的 *Offenbahrung der verborgenen Handgriffe*（in *Chymische Schrifften*, 2：319—340）中，*vitriol* 明显意指一种金属硫酸盐。

后来的作者重新诠释前人,以表明他们"真正的意思"支持现在这位诠释者自己的想法,成为常见的练习。于是,赞成把金属当作正确初始材料的作者可能会重新诠释森蒂弗吉乌斯对硝石的提及,说他暗示的并不是该名称通常意指的盐,而是在特定金属中发现的某种"硝石本原"。一个特别难解的"假名"可能会引出随着时间的推移而不断变化的一系列诠释,这取决于实验结果和作者本人的信念。例如,15 世纪的制金者和奥古斯丁会的教士乔治·里普利(George Ripley)写道:"sericon"是哲人石的关键初始材料,但究竟什么是 sericon 呢?一些最早的文本暗示它是一种氧化铅,可能是一氧化铅或红铅,而后来的读者——也许是由于氧化铅没能产生所期望的结果——开始把它诠释为各种其他物质。[①] 重新诠释早期的著作有时需要把秘密性和欺骗归咎于并没有这种意图的作者。例如,经院学者盖伯是非常明确和直截了当的,但通过假设他比实际上更加暧昧和秘密,后来的作者可以把他诠释为正在主张他从未有过的各种观念。结果是,文本的"正确含义"不断地从其诠释者脚下滑脱。站在稳定的位置来寻求哲人石,就像为西西弗斯的巨石找到一个休息处一样艰难。

使用成分的数量也是一个争论的话题。许多作者强调,只需用一物(one thing)——但指示越是简明,就越是有诠释的空间。"一物"可能并非指"一种物质",而是指"一类物质"或"一种混合物"。同样,所有物体的基质——无论是亚里士多德主义者所说的

---

① Jennifer Rampling,"Alchemy and 'Practical Exegesis' in Early Modern England,"*Osiris* 29 (2014).

原初质料，《创世记》1:1 中所说的原始混沌，泰勒斯所说的水，还是各种其他准物理实体——都可以被看成"一物"。于是，可以把"一物"巧妙地（或者欺骗性地）扩展到任何数量的离散物质，因为每一事物都共享着同一种最终的基本"原料"。因此，说哲人石仅仅是由一物制成的，不过是对一元论的重申罢了，对于实际工作没有什么帮助。

然而，关于制造哲人石的大多数建议都涉及两种物质的组合（至少是在关键阶段）。早期的《哲学家的玫瑰花园》描述了由两种东西组成的二元混合物，这两种东西在不同情况下被称为"国王和王后"、"太阳和月亮"或"伽布里蒂乌斯和贝亚"。当哲人石的成分没有人格化时，汞和硫是最常用的术语，有时为了说明是特殊术语（也就是说，即非该名称所指的那种常见物质，亦非金属的成分），它们会被称为哲学汞和哲学硫。这种双重成分的初始材料有时被称为"*rebis*"，它源自用来表示"双物"的拉丁语。

从逻辑和实践的观点看，二元混合是有道理的，因为新物质通常来自两种不同材料的相互作用，而不是只来自一种材料的转变。两种物质的组合也很容易与生物学中需要双亲的有性生殖作类比。[①] 制造哲人石时，硫的热-干性质代表"男性"要素，汞的冷-湿性质则代表"女性"。然而，这些二元类比还可以进一步扩展。普通的硫会把普通的汞凝结成固体的辰砂（硫化汞，HgS），正如干的硫本原会把湿的汞本原凝结成金属，男性的精液会把女性的经血

122

---

① 然而，聪明的炼金术士设法描述了由三个均为男性的父母不太可能的结合所产生的"后代"。参见 Principe，"Revealing Analogies，"pp. 211—214。

凝结成胎儿一样。对于化学[炼金术]作者来说,硫和汞代表着一对互补原则:固-液,干-湿,凝结剂-凝结物,形式-质料,主动-被动,等等。事实上,必须把汞和硫这两个术语看成是由彼此的反应性所确认的两组物质(实际的或理论的)。类似地,现代化学家用"酸-碱"或"氧化-还原"等二元类别来称呼相互反应的物质。严格说来,并不存在什么孤立的酸,酸只是就它相对于扮演碱的角色的另一种物质的反应性而言的。当然,一个主要区别是,现代化学家不会故意用这个系统来让人费解或产生误导,尽管一些初入门的化学学生可能不这样认为。

此外还出现了其他数量的成分。乔治·里普利的一首流传甚广的韵律诗《炼金术的复合物》(*Compound of Alchymie*)似乎规定了三种物质的混合,甚至给出了彼此之间的恰当比例:

一份为日,二份为月,

直至全部如膏。

水星于日为四,

于月为二。

汝手之工当依此而行,

三位一体乃其所喻。

(One of the Sonn, two of the Moone,

Tyll altogether lyke pap be done.

Then make the Mercury foure to the Sonne,

Two to the Moone as hyt should be,

And thus thy worke must be begon,

123

In fygure of the Trynyte.)①

　　通过暗示事实上需要三种不同的汞，里普利进一步加剧了混乱。②

如何制造哲人石：妇女的工作和儿童的游戏

　　与围绕着初始材料的暧昧不明相比，关于将这种（这些）材料转化为哲人石的一般方法，（至少到了现代早期）人们的意见非常一致。所制备的物质或混合物被置于一个瓶身为卵形的长颈玻璃容器中，由于其腹部的大小和形状，也因其功能在于"分娩"（再次让人想起生殖隐喻）哲人石，它常被称为"哲学蛋"(*ovum philosophicum*)。然后制金者将长颈瓶的颈部密封，以防物质挥发。这种对容器的密闭通常是将瓶颈两侧熔在一起，被称为"赫尔墨斯的密封"(seal of Hermes)，指的是那位传说中的炼金术创始人。（我们今天仍然能从"hermetically sealed"［密封］这一表述中回想起制造"哲人石"过程中这一非常实际的步骤。）然后将密封的"蛋"置于炉子中加热（正确的温度是另一个引发混乱的来源）。加热密闭容器通常是一个糟糕的主意，因为随着密闭的空气在加热时膨胀，没有预先为释放压力做准备，肯定有很多关于装置爆炸的记载

　　① George Ripley, *Compound of Alchymie*, in Ashmole, *Theatrum Chemicum Britannicum*, pp. 107—193, quoting from pp. 130—131.

　　② George Ripley, *Compound of Alchymie*, in Ashmole, *Theatrum Chemicum Britannicum*, p. 124.

（插图 2）。这个问题在现代早期更为糟糕，因为当时的玻璃容器有很厚的器壁，所以更容易发生开裂和热冲击。

　　如果材料得到正确选取和制备，并且避免了爆炸，那么三四十天以后，密闭的物质会变黑。黑色是哲人石的第一种"原色"，有"乌鸦头"（*caput corvi*）、"比黑更黑的黑色"（*nigredo nigrius nigro*）或"黑色"（*nigredo*）等许多名字。这种颜色不仅标志着物质的"死亡"和腐败，而且表明程序是正确的。《哲学家的玫瑰花园》引用维拉诺瓦的阿诺德的话说："当你看到物质变黑时，欣喜吧：因为这是工作的开始。"① 此后，持续的加热将使哲人石趋向完成，化学家［炼金术士］只需把火调节好就可以了。因此，这部分工序有时被称为"妇女的工作和儿童的游戏"，但这个义务本身——就像现代早期"妇女的工作"一样——实际上是一项繁重的劳动负担，因为每次需要使热量保持数月恒定。今天，借助于电和恒温器，我们可以通过切换开关而轻松地做到这一点。而现代早期的化学家［炼金术士］只能日夜不停地定期加入认真量取尺寸的木炭，并且在砖炉或铁炉上操纵通风口，以保持和控制热量。在发明温度计之前的时代，化学家［炼金术士］不得不依靠触摸、视觉和气味来测量温度。

　　一旦继续加热，黑色据说会在接下来数周内褪去，取而代之的是许多短暂且常常变化的颜色，被称为"孔雀尾"（*cauda pavonis*）。渐渐地，这块半流体的物质变得越来越轻，最终变成一种光彩的白色，这是哲人石的第二种原色。这种变白或白化（*albedo*）标志着白色哲人石或白色炼金药已经完成——这是通往完全的哲

---

① *Rosarium*，1：59。

人石道路上的一站。此时，(现在想必很开心的)制金者可以选择打开容器，移除部分或全部的白色材料。经过进一步的处理，包括添加银，这种白色的哲人石能将所有贱金属变成银。

然而要想达到最终目标，需要持续加热，直至超出白色阶段。大多数作者都建议在这一点上逐渐增加热量，使白色的材料变黄，然后颜色加深变成深红色。终于，材料进入了它的最后阶段，也变成了最后的颜色，即红色哲人石或红色炼金药。孵化哲人石的漫长过程一旦完成，就可以打开烧瓶，取出哲人石。与白色哲人石的情况一样，此时还需要作几项操作。红色哲人石必须用金来"发酵"，即与真正的金混合，以便将其他金属转化成金。此外还需要将它"浸蜡"(incerated)，也就是通过添加一种液体本原(通常是哲学汞)，使之像蜡一样易于熔化，从而可以透过金属，将其成功地转化成金。完成的哲人石似乎是一种极为稠密、易碎易熔的深红色物质，能像油透过纸一样透过金属。①

当制金者准备实现他期盼已久的嬗变时，他把铅或锡这样的贱金属放入坩埚，加热它，直到金属熔化(或将汞加热至接近沸腾)。然后他取少量的红色哲人石或白色哲人石，有时用纸或蜡将它包裹好，丢入坩埚并加火。这个过程被称为"投射"(projection)，来自拉丁词 *projicere*，意思是"投射到……上"。过了几分钟，当坩

125

---

① 17 世纪末的一部匿名著作 *Stone of the Philosophers*，printed in *Collectanea chymica*（London，1893），pp. 55—120，on pp. 113—120 特别简明地描述了哲人石的各个颜色阶段，Eirenaeus Philalethes [George Starkey]，*Secrets Reveal'd；or，An Open Entrance to the Shut-Palace of the King*（London，1669），pp. 80—117 则以更加冗长的方式对此作了描述。

埚中的所有物质再次熔化之后，可以把产物——金或银，取决于投射的是什么样的哲人石——倒出来浇注成锭。这项操作中使用的哲人石的量取决于它的嬗变能力。据说，新制的哲人石能使大约十倍于其自身重量的贱金属发生嬗变，但增殖过程可以大大增加这一比例。通过将哲人石重新溶解在哲学汞中，并通过黑-白-红三色对它进行重新吸收，据说可以增加十倍的效力。于是，重复这一过程可以产生一种极为强大的转化剂。据说，约翰·迪在一个主教坟墓中发现的哲人石样本曾将 272330 倍于其重量的铅变成了金。[①]

解释哲人石的作用

制金者们提出了各种理论来解释哲人石的奇妙作用。他们都同意，哲人石的作用是纯粹自然的，也就是说，仅仅通过自然法则来运作。强调这一点很重要，因为现代人常常会设想嬗变过程是"魔法的"或"超自然的"。尽管一些评论家试图把制金描述成以非自然的方式来运作，涉及魔鬼的作用和诡计，因此是应当避免的，但几乎所有倡导者都坚持作纯粹自然的解释。[②] 一些常见观察为

---

① Elias Ashmole, annotations, *Theatrum Chemicum Britannicum*, p. 481.

② 认为哲人石的作用是非自然的（也许是被魔鬼精心安排）批评者中包括 Meric Casaubon, *A True and Faithfull Relation* (London, 1659), preface, p. xxxx 以及阿塔那修斯·基歇尔等几位耶稣会士，尽管耶稣会士们的观点大相径庭；参见 Baldwin, "Alchemy and the Society of Jesus," and Margaret Garber, "Transitioning from Transubstantiation to Transmutation: Catholic Anxieties over Chymical Matter Theory at the University of Prague," in *Chymists and Chymistry*, ed. Lawrence M. Principe (Sagamore Beach, MA: Chemical Heritage Foundation and Science History Publications, 2007), pp. 63—76。

哲人石的转化作用提供了明确范例。每一个现代早期的人都知道，将少许的醋投入一桶葡萄酒，很快就会把整桶酒变成醋。同样，微量的凝乳即可将数加仑的牛奶凝结成奶酪，正如一粒哲人石即可将千百倍于其重量的汞凝结成金。将一小块酵母揉进一大块新鲜面团，很快就会将整个面团变成酵母。诸如此类的常见自然事件为类似的材料转化提供了具体实例，这些材料转化尽管不那么有利可图，但与哲人石的作用同样惊人、同样强大。

一些作者声称，哲人石的作用就像一团特别强大的清洗之火，将阻碍贱金属达至纯金的杂质和冗余焚烧殆尽。另一些作者则认为，哲人石可能拥有过多的亚里士多德所说的金的"形式"，因此在投射到贱金属上时，可能会破坏金属的旧形式，而代之以金的形式。一个密切相关的观点是，哲人石带有程度极强的热和干（金的典型特性）等性质，因此少量哲人石即可扭转（例如）大量铅的冷和湿。该主题的另一种形式是，炼金药是"超完美的"（plusquamperfect），也就是说，在矿物领域，哲人石不只是完美的——它是比通常的完美级别更高的金。因此，当哲人石以适当的比例同一种不完美的金属相混合时，金属的不完美与哲人石的超完美最终等于完美，即等于金。[①]

还有一些作者断言，哲人石含有能把其他金属变成黄金的金的"种子"。现代读者不应过于从字面来解释"种子"，以为这个术语意指一种有机或有生命的物质。在现代早期，"种子"指的是一种在

___

① 超完美性的一个例子可见于 *Rosarium*, in *Bibliotheca chemica curiosa*, 1：662—676, on p. 665。

微观层次转化物质的强大作用物，一种进行组织的本原。考虑该隐
喻在植物领域的起源。植物是如何将从大地吸收的水分转化成植
物中的种种物质，再将这些物质组织成叶、花、茎、果的复杂结构的
呢？植物内部必定有某种本原能将这些转化引向其固有目标，既作
为蓝图，又充当实现必要转化的机制。现代早期的思想家（其中许
多人远远超出了化学[炼金术]的界限）将这些进行组织的本原称为
"种子"（拉丁文是 *semina*），认为它们不仅存在于植物中，而且存在
127 于动物和矿物中。[①] 在一些人看来，这些"种子"嬗变是通过对元素
进行重组或者对构成金属的微小颗粒进行重新排列而发生的。

最后，身份并不亚于罗伯特·波义耳的一些人承认，他们无法
对哲人石的作用给出完全令人满意的解释。但波义耳表示，他那
个时代的任何人都无法对发酵给出令人满意的理论解释——但他
并不怀疑酿酒师酿造啤酒的能力！[②]

化学[炼金术]医学、帕拉塞尔苏斯
和帕拉塞尔苏斯主义

到了现代早期，制备药物已经成为炼金术的一个重要部分。
鲁庇西萨的约翰在 14 世纪中叶提出的起防腐作用的"精华"
（quintessence）概念，以及他用化学[炼金术]方法从矿物、金属和

---

① 关于对"种子"的全面论述，参见 Hiro Hirai, *Le concept de semence dans les théories de la matière à la Renaissance de Marsile Ficin à Pierre Gassendi* (Turnhout, Belgium: Brepols, 2005)。

② Boyle, *Dialogue on Transmutation*, pp. 254—255.

植物中制造更好的药物，已经被伪卢尔等后来的作者所继承和发展，从而广为传播。药水和香精的蒸馏，医用盐的生产，将新的物质和制备技术引入药用，所有这些东西构成了 15 世纪炼金术的一个重要方面。然而，对于化学［炼金术］医学的这种早期兴趣在很大程度上笼罩在一位即将到来的 16 世纪人物的阴影中：他就是特奥弗拉斯特·冯·霍恩海姆，也被称为帕拉塞尔苏斯（1493/94—1541），是现代早期最丰富多彩的人物之一。

　　终其一生，帕拉塞尔苏斯多半在颠沛流离。他性急易怒，常常以偶像破坏式的方式挑起麻烦。有人错误地声称，“bombastic”［夸夸其谈］一词便源自他的名字。帕拉塞尔苏斯以激烈批判传统医学而闻名——他的著作充满了对医生、药剂师和整个医学事业的讽刺和谴责，其风格经常被后来的追随者效仿。据说他曾公开烧毁当时医学教育的标准教科书——伊本·西那的医学著作以示轻蔑。帕拉塞尔苏斯的其他挑衅习惯包括以其母语瑞士德语而不是拉丁语来演讲（曾在巴塞尔作过短暂的医学讲座）和写作，并倡导使用德国的药用植物，而不是用基础更为牢靠的地中海植物。他强烈支持炼金术，但只是把它看成“医学的支柱”之一，也就是说，因其能够制备药物和解释身体功能。他对制金没有兴趣，偶尔还会表现出蔑视。

　　帕拉塞尔苏斯的创新之一是他为金属的两种本原（汞和硫）添加了第三种本原：盐。此外，阿拉伯人的这个二元组只适用于金属和一些矿物，而帕拉塞尔苏斯则把他的三元组——被称为“三要素”（*tria prima*）——扩展为一切事物的基本组分。这三种化学［炼金术］“本原”提供了一种地界的、物质性的三位一体，既反映了天界的、非物质的三位一体,也反映了人的身体、灵魂和精神的三位一体。不仅如此,帕拉塞尔苏斯还努力创造包含整个神学和自然哲学在内的整个世界体系,希望最终可以取代当时流行的体系。对他来说,化学[炼金术]过程为解释物理宇宙和人体内的自然过程提供了基本模型。例如在帕拉塞尔苏斯看来,经过海洋、空气和陆地的雨水循环是一场伟大的宇宙蒸馏。地下矿物的形成,植物的生长,生命形态的产生,以及消化、营养、呼吸和排泄等身体功能本质上是化学[炼金术]过程。神自己就是化学[炼金术]大师;神从原始混沌中创造出一个有秩序的世界,这类似于化学家[炼金术士]提取、净化并把普通材料制作成化学[炼金术]制品,神用火对世界的最后审判就像化学家[炼金术士]用火来清除贵金属中的杂质。帕拉塞尔苏斯的体系被称为一种"化学[炼金术]世界观",事实证明,它对后世非常有影响力。[①]

---

① 关于帕拉塞尔苏斯的文献浩如烟海且仍在增加,这里只能提到少数几部作为入门。经典研究参见 Walter Pagel, *Paracelsus: An Introduction to Philosophical Medicine in the Era of the Renaissance* (Basel: Karger, 1958), and Allen G. Debus, *The Chemical Philosophy: Paracelsian Science and Medicine in the Sixteenth and Seventeenth Centuries*, 2 vols. (New York: Science History Publications, 1977)。更近的出版物包括以下论文集: Joachim Telle, ed. , *Analecta Paracelsica: Studien zum Nachleben Theophrast von Hohenheims im deutschen Kulturgebiet der frühen Neuzeit* (Stuttgart: Franz Steiner Verlag, 1994); Ole Peter Grell, ed. , *Paracelsus: The Man and His Reputation, His Ideas and Their Transformation* (Leiden: Brill, 1998); Heinz Schott and Ilana Zinguer, eds. , *Paracelsus und seine international Rezeption in der frühen Neuzeit* (Leiden: Brill, 1998), as well as Didier Kahn, *Alchimie et Paracelsisme en France (1567 – 1625)* (Geneva: Droz, 2007); Charles Webster, *Paracelsus: Medicine, Magic, and Mission at the End of Time* (New Haven, CT: Yale University Press, 2008); and Udo Benzenhöfer, *Paracelsus* (Reinbek: Rowohlt, 1997)。

帕拉塞尔苏斯认为，通过化学[炼金术]的"分离"（Scheidung）手段，即使是用有毒物质也能制造出强大的药物。可以用蒸馏、升华、腐败、溶解等方法将天然存在的物质分成它的汞、硫、盐三种原始要素。他认为这三者是有用和有益的部分，并认为它们的分离会留下该物质的有毒"残渣"。三要素净化后可以重新结合，以产生没有杂质和毒性的原始物质的"高级"形式，从而作为药物更有力和有益地发挥作用。帕拉塞尔苏斯始终喜欢发明新词，他将这个分离和重新整合的过程称为 *spagyria*。这个词的含义被解释为"分离和（重新）结合"，它源自希腊词 *span* 和 *ageirein*，意思是"取出"和"集合"。

在后来的帕拉塞尔苏斯主义评注者中，*spagyria* 过程获得了明确的神学意味。人死之后，灵魂和精神同人体分离，身体在坟墓中腐败。末日世界被大火烧毁，一个新的灵体起于最后的复活，现已涤净罪孽的灵魂和精神被神重新灌注其中，由此创造出一个荣耀、不朽、完美的个体。[①] 类似地，化学家[炼金术士]用火将挥发性的硫和汞与盐分离，分别净化之，然后将其重新结合成有益健康的完善物质。于是，神在时间的开端和结束都是一个化学家[炼金术士]，回想起来，化学家[炼金术士]改进材料物质的工作被神化了，因为他在以神一般的能力改进自然世界。一些帕拉塞尔苏斯主义者甚至认为，所有毒物和毒素是随着原罪才进入了世界。因此，通过用化学[炼金术]将现在有毒的物质净化成药物，化学家

129

---

① 例如参见 Basil Valentine, *Vom grossen Stein der Uhralten*, in *Chymische Schrifften*, 1：12—14。

[炼金术士]使之回到了它们起初被神创造时健康而纯净的原始状态。因此,化学[炼金术]过程是救赎性的,化学家[炼金术士]是堕落世界的一个救赎者。

帕拉塞尔苏斯远远不是一个条理清晰的作者,甚至有一位同事声称,其所有论著都是喝醉时口授的,而且他很少有作品是在生前出版的,所以他的直接影响并不很大,而且局限于本地。但在16世纪下半叶,帕拉塞尔苏斯去世后,亚当·冯·博登施坦(Adam von Bodenstein)、米沙埃尔·托克斯特(Michael Toxites)、格拉德·多恩(Gerard Dorn)、约瑟夫·迪歇纳(Joseph Du Chesne,或称 Quercetanus)等追随者收集和编辑了他的手稿,组织、编纂和重新加工了他那些常常混乱和互相矛盾的说法。① 正是通过他们的工作,帕拉塞尔苏斯才在整个欧洲广为传播。由于崇拜者和评论家对帕拉塞尔苏斯的遗产作了各种重新安排,事实证明,揭示出历史上真实的帕拉塞尔苏斯是非常困难的。在许多人心目中,他成了一个富有传奇色彩的反权威偶像,对科学、医学、政治、神学等领域予以思想和文化上的藐视。② 这种态度与新教改革和科学革命的态度非常一致,这部分解释了为什么帕拉塞尔苏斯的形象比他的具体思想更为流行。当然,与帕拉塞尔苏斯主义的联盟在业已确立的正统圈子之外——激进的新教徒、医学上的"江湖医生"(意

---

① 关于法国的这个过程,特别参见 Kahn,*Alchimie et Paracelsisme*。

② 参见 Stephen Pumphrey,"The Spagyric Art;or,The Impossible Work of Separating Pure from Impure Paracelsianism:A Historiographical Analysis," in Grell,*Paracelsus*,pp. 21—51,以及 Andrew Cunningham,"Paracelsus Fat and Thin:Thoughts on Reputations and Realities,"in ibid. ,pp. 53—77。

指那些没有接受正规训练的人）等——要更为普遍。因此，在 16 世纪末和整个 17 世纪出现了多种"帕拉塞尔苏斯主义"。

各种帕拉塞尔苏斯主义者及其批评者对医学和化学［炼金术］产生了重大影响。但要意识到，并非所有倡导用化学［炼金术］来辅助医学的人都自视为帕拉塞尔苏斯主义者，帕拉塞尔苏斯的学说也并不就是整个化学［炼金术］甚或医疗化学。例如在意大利，药液和酒精的蒸馏在帕拉塞尔苏斯之前有悠久的传统。在这个反对传统习俗的瑞士人被接受之前很久，鲁庇西萨的约翰、伪卢尔等人就已经开创和延续了独立的化学［炼金术］医学传统。①

"帕拉塞尔苏斯主义者"和诋毁者之间爆发了更加激烈的争论。这种批评的部分原因在于对特定医学主张和实践的不同意见。一个关键议题是，帕拉塞尔苏斯主义者认为恰当的化学［炼金术］处理可以使有毒物质摆脱毒性，将它们变成保健药品。因此，他们主张使用汞、砷、锑等有毒物质作为药物。在一个多世纪的时间里，论战性的著作层出不穷，要么赞成要么谴责把锑作为医用，从而将帕拉塞尔苏斯主义者与其更传统的医学同行之间的所谓"锑战"(antimony wars)延续了下去。② 直到 1658 年以后，这场论战才在法国结束，当时路易十四在一次战役期间病倒了，皇家医师

---

①　特别参见 Moran, *Andreas Libavius*, esp. pp. 291—302。

②　Allen G. Debus, *The French Paracelsians* (Cambridge: Cambridge University Press, 1991), pp. 21—30. 一份非常有用的文献清单可见于 Hermann Fischer, *Metaphysische, experimentelle und utilitaristische Traditionen in der Antimonliteratur zur Zeit der "wissenschaftlichen Revolution": Eine kommentierte Auswahl-Bibliographie*, Braunschweiger Veröffenlichungen zu Geschichte der Pharmazie und der Naturwissenschaften (Brunswick, 1988).

采用的传统治疗方法无济于事,当地的一名医师用一剂锑诱发呕吐而治愈了他。此前谴责使用锑的巴黎医学院只得投票支持将这种催吐酒(*vin émetique*)的使用合法化。

131　　　另一部分批评更广泛地集中在帕拉塞尔苏斯主义者的反权威态度及其化学[炼金术]观。许多医生当然反对自己被公开宣布为傻瓜,其正规的训练、学识和执照被视为一文不值。但一切帕拉塞尔苏斯主义事物的最多产的对手也许是教育者和化学家[炼金术士]安德烈亚斯·利巴维乌斯(1555-1616)。利巴维乌斯特别反对帕拉塞尔苏斯主义者藐视正规研究和古典学问,而试图规避教育、公民、职业和社会方面的机制。他谴责帕拉塞尔苏斯主义者的新词和蒙昧,嘲笑他们的著作杂乱无章、不优雅、不精确。在讽刺地谴责化学[炼金术]作者的同时,他也为传统化学[炼金术]的各个方面作辩护。他支持制金、制金行家及其保密措施。同样,他也促进了医疗化学实践,批评有些医生在谴责帕拉塞尔苏斯主义者时走得太远,以致完全拒绝了化学[炼金术]的效用和尊严。利巴维乌斯的巨著《炼金术》(1597 年,增补版为 1606 年)将数百种化学[炼金术]制备方法和实验室操作组织在一起,其中许多针对的是化学[炼金术]药品的生产。作为化学[炼金术]的热情支持者,利巴维乌斯试图保护其领域不受那些卑劣的捣乱者的侵害,界定合法的和非法的化学[炼金术],从而使合法的化学[炼金术]能在学术界赢得一席之地。[①]

---

①　　Moran, *Andreas Libavius*.

其他雄心勃勃的化学［炼金术］方案

将化学［炼金术］应用于医学，并且用化学［炼金术］的思想来解释宇宙论主题，是帕拉塞尔苏斯工作的两个关键方面。然而，经常与他的名字联系在一起的还有其他一些化学［炼金术］努力。（由帕拉塞尔苏斯和/或他的追随者所著的）小册子《论事物的本性》（*On the Nature of Things*）讲述了化学［炼金术］如何能在实验室中甚至制造出活物。这种技艺的顶峰是制造出一种类似于人的生物，被称为"侏儒"（*homunculus*，源自表示"矮人"的拉丁词）。基于以下一些想法，如新的生命始于腐败，种子永远在努力产生出某种东西等，作者声称，若将人的精液密封在一个瓶子里，用文火使其腐败变质，那么 40 天之后它就会开始移动，产生出一种人形生物。用化学［炼金术］制备的人血喂养它 40 周，这种生命形态就会发育成侏儒。虽然看起来像孩子，但侏儒拥有很高的知识和能力。由于是技艺的产物，侏儒从生下来就了解所有技艺。它也拥有普通人所没有的一些特殊能力和禀赋，因为它的纯洁没有因为掺合了女性要素而受到污染。（作为对比，同一文本声称，如取经血而非精液以同样的方式进行处理，那么最后产生的就不是侏儒而是蛇怪——一种有毒的可怕怪物，凭目光就能杀死人。）①

132

---

① Paracelsus[?]，*De rerum natura*，in *Sämtliche Werke*，ed. Karl Sudoff；*Abteilung* 1：*Medizinische，wissenschaftliche，und philosophische Schriften*（Munich：Oldenbourg，1922－1933），11：316—317.

对于中世纪和现代早期的思想家来说，在实验室制造生命的可能性似乎并不成为问题。生命自发地起源于无生命的物质，这被认为是理所当然之事——腐烂的牛的尸体会产生蜜蜂，腐败变质的泥浆会产生蠕虫和昆虫。按照神学家们的解释，《创世记》1∶24中神命令"地要生出活物来"，意思是神从一开始就赋予了各种成分以自行产生活物的能力，神所赋予的能力继续存在于物质中。① 引出许多道德和神学议题的是人工制造一种类似于人的理性生命形态。直到 17 世纪，侏儒的故事一直伴随着惊奇和愤怒。②

很少有（如果有的话）化学家［炼金术士］对复制像制造侏儒那样古怪的配方显示出很大兴趣，但用化学［炼金术］手段引起再生（palingenesis）——使死亡的材料起死回生——却引起了更多关注。这种兴趣再次发端于《论事物的本性》这一帕拉塞尔苏斯主义文本。其作者写道，通过化学［炼金术］手段可以使植物和动物"复活"。化学家［炼金术士］需要将木头烧成灰，将这些灰与从同一种木头中提取的水状和油状馏出物混合，再将此混合物放在温暖的地方，直至它变成粘稠的材料。待这种材料腐败变质之后，将它埋

---

① 例如参见 St. Augustine, *The City of God*, bk. 16, chap. 7；关于创世的自然主义叙述，即神首先创造物质，然后自发地继续产生宇宙，包括地上的生命，例如参见 12 世纪沙特尔大教堂学校的作者们的作品，比如沙特尔的蒂埃利（Thierry of Chartres）的《创世六日》(*Hexaemeron*)。

② 关于侏儒，参见 William R. Newman, "The Homunculus and His Forebears: Wonders of Art and Nature," in *Natural Particulars: Nature and the Disciplines in Renaissance Europe*, ed. Anthony Grafton and Nancy Siraisi (Cambridge, MA: MIT Press, 1999), pp. 321—345，更长的讨论见 *Promethean Ambitions*, pp. 164—237。

在肥沃的土中,它最终会长成一棵与该木头同样种类的树木,但比之前更为"强大和高贵"。① 此过程显然是对木材的一种化学[炼金术]制备。通过蒸馏使木头经受"分离"(Scheidung),三种成分是木头的三要素。这棵树"复活"成一种荣耀的形式显然类似于人在最后复活之后将会享有的完美本性。同一文本声称可以对小鸟实施类似的过程。

　　然而,这种"化学[炼金术]复活"的一个更广泛的版本来自帕拉塞尔苏斯主义者约瑟夫·迪歇纳。他描述了植物形态被火毁灭之后表现出来的两种截然不同的方式。据他所述,一个朋友将大量荨麻烧成灰,用水从灰分中提取盐,并且在一个寒冷的夜晚敞开窗户,溶液过滤后(称为"浸滤液"[*lixivium*])将它置于水池中。一夜之后,浸滤液冻成了固体;早上,约瑟夫·迪歇纳和他的朋友(以及其他许多证人)在冰块内看到了荨麻的形象,根、茎、叶完好无损。约瑟夫·迪歇纳认为这个实验证明了,烧成灰的植物所残留的盐保留着该植物的形态和生命本原,在正确的条件下,此生命本原可将植物形态重新表达出来。他还认为这是世界被大火烧毁后,身体在世界末日复活的一项物理证据。②

　　虽然约瑟夫·迪歇纳(等人)经常能够重复冰冻浸滤液的实验,但他还讲了一个更引人注目的实验;他自己从未做过该实验,其论述也没能启发其他任何化学家[炼金术士]。一位来自克拉科

133

---

　　① Paracelsus[?],*De rerum natura*,11:348—349.

　　② Joseph Duchesne,*Ad veritatem Hermeticae medicinae*(Paris,1604),pp. 294—301.关于在冰冻的浸滤液中看到的植物形象,一则更早的说法可见于他 1593 年出版的 *Grand miroir du monde*;相关文本重印于 *Ad veritatem*,p. 297。

夫的波兰医生曾经向他展示过一系列带有标签的密封烧瓶,其中包含着用化学[炼金术]制备的各种植物的灰分。用蜡烛轻轻地加热其中一个烧瓶,完整植物的朦胧形象便从灰分粉末中生长出来。把热移开,植物形象便慢慢缩回到灰分中。①

　　在 17 世纪接下来的时间和 18 世纪,一些化学家[炼金术士]以各种方式尝试过"再生"。② 博学多才的耶稣会士阿塔那修斯·基歇尔收集并发表过若干"再生"配方,并声称 1657 年在其罗马的博物馆中向许多访客成功地展示了一个实验,其中包括瑞典女王克里斯蒂娜。③ 1660 年,曾经拜访过基歇尔的凯内尔姆·迪格比(Kenelm Digby,1603 - 1665)爵士向聚集在伦敦格雷欣学院(Gresham College)的学者们描述了"再生"实验,在会上他也成功地重复了约瑟夫·迪歇纳用冰冻的荨麻浸滤液所作的实验。他还报告说,通过一种本质上是化学[炼金术]的过程,螯虾也得以成功再生。④

---

　　①　Joseph Duchesne, *Ad veritatem Hermeticae medicinae* (Paris, 1604), pp. 292—294.

　　②　对再生的讨论参见 Joachim Telle, "Chymische Pflanzen in der deutschen Literatur," *Medizinhistorisches Journal* 8 (1973): 1—34, and Jacques Marx, "Alchimie et Palingénésie," *Isis* 62 (1971): 274—289。现代早期所作的长篇概述,参见 Georg Franck de Franckenau and Johann Christian Nehring, *De Palingenesia* (Halle, 1717)。

　　③　Kircher, *Mundus subterraneus*, 2: 434—438.

　　④　Kenelm Digby, *A Discourse on the Vegetation of Plants* (London, 1661);一份略有不同的配方可见于 *A Choice Collection of Rare Chymical Secrets* (London, 1682), pp. 131—132。关于迪格比的化学[炼金术],参见 Betty Jo Teeter Dobbs, "Studies in the Natural Philosophy of Sir Kenelm Digby: Part I," *Ambix* 18 (1971): 1—25; "Part II," ibid. 20 (1973): 143—163; and "Part III," ibid. 21 (1974): 1—28。

化学家[炼金术士]范·赫尔蒙特径直否认了约瑟夫·迪歇纳
冰冻荨麻的意义:"诚实的人不知道,冰开始形成时,会产生荨麻叶
形状的锯齿状的点。"①但范·赫尔蒙特(Van Helmont)启发人们 134
去寻找最终源于帕拉塞尔苏斯的另一种化学[炼金术]药剂——万
能溶剂(alkahest)。帕拉塞尔苏斯用"alkahest"这个词来指一种
用来治疗肝脏的特殊药物,而范·赫尔蒙特则用这个词来指一种
能够溶解任何物质的液体——帕拉塞尔苏斯称这种材料为"循环
盐"(*sal circulatum*)。万能溶剂在范·赫尔蒙特的体系中占据着
重要地位。

范·赫尔蒙特全面而颇具影响的世界观统一了化学[炼金
术]、医学和神学的思想。他拒绝承认帕拉塞尔苏斯所说的三要素
的元素地位,而是主张一元论,和古代的泰勒斯一样认为,水是构
成所有物质的基本材料。他将这一理论基于水在《创世记》第 1 章
中的突出地位以及实验室实验。在他最著名的实验中,他在 200
磅土壤中种下了一棵 5 磅重的柳树苗,并且用水浇灌。五年后,柳
树已经有 164 磅,而土壤重量几乎保持不变。于是范·赫尔蒙特
断言,柳树的各种物质都是由水变成的。他认为,水的各种变化都
是由能将水组织成其他物质的种子(*semina*)来管理的。大多数
材料都可以通过热和冷而重新变成原始的水,从而建立一个创造
和毁灭的持续循环。火摧毁物质,将它们变成气体(Gas,范·赫

---

① Joan Baptista Van Helmont, "Pharmacopolium ac dispensatorium modernum,"in *Ortus medicinae* (Amsterdam,1648;reprint,Brussels:Culture et Civilisation,1966),no. 13,p. 459.

尔蒙特根据"混沌"[chaos]创造了这样一个词),一种比任何蒸气都更精细的不可凝结的物质。气体上升到大气层顶部,在那里暴露于严寒,随雨落下,重新变成水。[①] 万能溶剂使这种水的回归发生得更为快速有效。

任何与万能溶剂一起加热的物质首先会分解为其最直接的成分(三要素),进一步加热会被还原成水。因此,万能溶剂有希望成为进行化学[炼金术]分解的最终手段——这是范·赫尔蒙特及其追随者获得知识的一个关键手段。他写道:"获取知识最确定的类型就是知道一个事物中包含着什么以及各有多少。"[②]在正确的时刻停止这个过程,并把万能溶剂蒸馏掉,被溶解物质的"原质"(ens primum)就会作为一种结晶的盐留下来。这种原质包含着被溶解物质的浓缩药力,没有毒性,很像一种化学[炼金术]制剂,但(据说)更容易制备。

范·赫尔蒙特声称已经制备了万能溶剂,但关于如何制备,他只是给出了一点暗示。万能溶剂的承诺引起了强烈的兴趣;许多化学家[炼金术士]都曾力图理解范·赫尔蒙特的暗示,直到18世

135

① 关于柳树实验,参见 Van Helmont, "Complexionum atque mistionum elementalium figmentum," in *Ortus*, no. 30, p. 109, 以及 Robert Halleux, "Theory and Experiment in the Early Writings of Johan Baptist Van Helmont," in *Theory and Experiment*, ed. Diderik Batens (Dordrecht: Rediel, 1988), pp. 93—101。关于一般的赫尔蒙特实验,参见 Newman and Principe, *Alchemy Tried in the Fire*, pp. 56—91。对赫尔蒙特的概览,参见 Lawrence M. Principe, "Van Helmont," in *Dictionary of Medical Biography*, ed. W. F. Bynum and Helen Bynum (Westport, CT: Greenwood Press, 2006), 3: 626—628; 更多细节可见于 Walter Pagel, *Joan Baptista Van Helmont* (Cambridge: Cambridge University Press, 1982)。关于种子,参见 Hirai, *Le concept de semence*。

② Van Helmont, *Opuscula*, "De lithiasi," chap. 3, no. 1, p. 20.

纪都在亲自制备。①

寻求这些化学[炼金术]药剂是与现代早期化学[炼金术]的两个主要分支——制金和医疗化学——共存的。这些更宏大的目的还伴随着试金、熔炼、金属精炼、玻璃制造等许多日常的化学[炼金术]技术。随着商业和制造业变得对欧洲经济日益重要,化学[炼金术]的重要性和应用在整个 17 世纪与日俱增。在对化学[炼金术]诽谤者连篇累牍的抨击中,17 世纪中叶生活在威尼斯的德国化学家[炼金术士]奥托·塔亨尼乌斯(Otto Tachenius)使我们看到了化学[炼金术]的广度。他断言,没有化学[炼金术],不会有建房所用的砖、石灰和玻璃,不会有印刷和着色所用的墨水、纸张、染料和颜料,不会有啤酒和葡萄酒等酒精饮料,不会有足够的药物、盐和金属。他总结说:"但我为什么要花时间提及这些事物呢?在意大利,连任何一位老妇人都会痛斥这种技艺的反对者,因为没有这种技艺,她们就找不到任何东西来染头发。"②因此,17 世纪的"化学[炼金术]"——我们今天所说的炼金术与化学的统一领域——遍及很广的领域:从寻求哲人石、金属嬗变、万能溶剂和其

---

① 关于万能溶剂,参见 Bernard Joly, "L'alkahest, dissolvant universel, ou quand la théorie rend pensible une pratique impossible," *Revue d'histoire des sciences* 49 (1996):308—330;Paulo Alves Porto," 'Summus atque felicissimus salium': The Medical Relevance of the Liquor Alkahest," *Bulletin of the History of Medicine* 76 (2002):1—29;Principe, *Aspiring Adept*, pp.183—184;and Newman, *Gehennical Fire*, pp.146—148 and 181—188. 关于当时的讨论,参见 George Starkey, *Liquor Alkahest* (London,1675);Otto Tachenius, *Epistola de famoso liquore alcahest* (Venice,1652); Jean Le Pelletier, *L'Alkaest; ou, Le dissolvant universel de Van Helmont* (Rouen, 1706);and Herman Boerhaave, *Elementa chemiae* (Paris,1733),1:451—461.

② Otto Tachenius, *Hippocrates chymicus* (London,1677),preface.

他诱人的秘密，到解释身体和宇宙的自然功能，到阐明神学真理，再到精炼金属、制药和制造化妆品，可以说包罗万象，应有尽有。

现代早期化学[炼金术]活动目录中的第一批项目引发了一些可能会使某些读者感到困扰的问题。为什么这么多人相信像哲人石那样的化学[炼金术]药剂真的存在？制金者们为何能够如此精确地描述哲人石和万能溶剂等物质的制备、外观和性质？讨论哲人石的书籍究竟是异想天开或是用从一本本书中借用的花哨语词所作的练习，还是包含着实验的实践基础？在多大程度上可以将这些内行的加密语言破译出来，以揭示实验室的实践？在医疗化学方面，相信有毒物质可作药用是否有实际基础？所有这些问题都围绕着制金者和医疗化学家在实验室中实际做了什么，如何做的，实际看到了什么和实现了什么等核心议题。下一章的任务便是解决这些难题。

第六章　揭开秘密

现代早期的化学[炼金术]包含着今天通常被视为独立学科的许多主题,如化学、医学、神学、哲学、文学、艺术等。因此,其实践者实际在做什么和想什么的问题可以以各种不同进路来处理。实际上有必要采用若干种平行的进路来把握该主题极为多样的特征。其中一条进路与化学有关。虽然现代早期的化学[炼金术]置身于一个从现代化学的角度来看非常不同的由假设、理论、目标、社会结构和哲学信念所组成的网络中,但化学仍然是最类似于现代早期的制金和医疗化学的现代学科。两者都使用结合和分离的操作来转变物质,制造新的材料。

虽然将现代早期的化学[炼金术]归结为某种"原始化学"(protochemistry)是一个严重的错误,但17世纪的从业者与21世纪的化学家所做的事情之间仍然存在着共同之处。当然,物质的表现和反应方式依然是相同的,即使人类观察者解释和理解它们的方式已经改变了。因此,现代化学可以以两种方式帮助炼金术史家。首先,了解物质的化学和物理属性可以帮助历史学家把握早期作者不完整或暗示性地描述的过程和观念。其次,对化学有起码的了解可以使研究者尝试复制——从而更好、更深入地理解——历史上的过程和结果。基于三十年这样的工作,我的经验是，按照历史信息在实验室复制这些过程的确能使我们洞悉炼金术的实际做法和内容及其从业者的活动。因此，本章借助于化学——特别是关于现代早期医疗化学和制金过程的现代解释与复制——来揭示16、17世纪从业者的思想和活动。

历史学家（或其他任何人）并不容易理解现代早期的化学家[炼金术士]实际在做什么。许多人并没有留下工作记录，或者，这些文件随着时间的推移而不复存在。在我们拥有的数以千计的书籍和手稿中，许多都有意写得很隐晦和保密，似乎很难使我们清晰地理解作者的理论和实践。即使是现代早期的化学家[炼金术士]也往往难以理解其同行的著作。文化、思维方式和言说方式经过数个世纪的深刻变化，要想理解这些东西就更难。长期以来，化学[炼金术]文本（尤其是制金文本）的神秘风格使严肃的学术研究望而却步，或者导致非历史的解读盛行于世。甚至看似写得清晰的资料也常常会主张今天似乎不可能的结果。因此，过去有许多人不得不得出结论说，这些描述根本不是实验室实践的产物。然而，辅以化学仔细阅读，将会给出一幅不同的画面。

医疗化学：不可能的结果？

现代早期化学[炼金术]中最著名的人物之一被归于一个不大可能是真实的名字——巴西尔·瓦伦丁（Basil Valentine）（图6.1）。瓦伦丁似乎是莱茵河上游的当地人，他后来成为本笃会修士，空余时间研究化学[炼金术]，以便为他的修道士弟兄制备药物。随着他的著作日渐普及，更多的传记细节开始出现，到了17

图 6.1　"Brother Basil Valentine, Monk of the Order of St. Benedict and Hermetic Philosopher,"他的 *Chymische Schrifften*（Hamburg, 1717）的扉页。桌子上的哲人石（由一个蛇怪来象征）搁在一个哲学蛋里。

世纪末，围绕其详细身世形成了各种传说。根据这种叙述，瓦伦丁是 15 世纪德国北部埃尔福特镇圣彼得修道院的一名修士。在一个多世纪里，他的作品一直不为人知。其中最长的作品《最后的遗嘱》（*Last Will and Testament*）被藏在修道院教堂的高坛中，为其作者临死之前所藏。某些叙述声称,一道霹雳击中并损毁了教堂里的一根柱子,其内部的秘密手稿暴露出来——这个故事让人联想起《自然事物与秘密事物》中的说法。[①] 另一个故事是修道院院长在 1700 年左右讲的,声称瓦伦丁的手稿藏在修道院食堂墙内。[②]

历史学家和化学家[炼金术士]都力图了解关于瓦伦丁更多的故事,但没有定论。现代学术研究表明,有几位作者隐藏在巴西尔·瓦伦丁(这个笔名很可能源于 *basileos valens*,它是希腊语和拉丁语的混合,意为"强大的国王")的面具背后。瓦伦丁的写作年代不早于 16 世纪 90 年代,尽管有些作品可能包含更早的材料。德国中部的盐制造商约翰·托尔德(Johann Thölde,约 1565 – 1624)几乎肯定是作者之一,他以瓦伦丁的名字出版了前五本书。[③]

瓦伦丁作品中最著名的书于 1604 年问世,它有一个宏大的标题——《锑的凯旋战车》(*Der Triumph-Wagen Antimonii*)。第一部分基本上是理论性的,第二部分则包含着二十多种以锑为基

① Olaus Borrichius, *Conspectus scriptorum chemicorum celebriorum*, in *Bibliotheca chemica curiosa*, 1:38—53, esp. p. 47.

② Georg Wolfgang Wedel, "Programma vom Basilio Valentino," in *Deutsches Theatrum Chemicum*, 1:669—680, esp. pp. 675—676.

③ Claus Priesner, "Johann Thoelde und die Schriften des Basilius Valentinus," in Meinel, *Die Alchemie in der europäischen Kultur-und Wissenschaftsgeschichte*, pp. 107—118; Hans Gerhard Lenz, "Studien zur Lebensgeschichte des Basilius-Herausgebers Johann Thölde," in *Triumphwagen des Antimons: Basilius Valentinus, Kerckring, Kirchweger; Text, Kommentare, Studien*, ed. Lenz (Elberfeld, Germany: Humberg, 2004), pp. 272—338; and Oliver Humberg, "Neues Licht auf die Lebensgeschichte des Johann Thölde," in ibid., pp. 353—374.

础的实际制剂,描述得似乎非常清晰。今天,锑被认为是一种非常稀有的、带有一定毒性的半金属元素(与砷有许多共同性质),但对于现代早期的化学家[炼金术士]来说,锑有无穷无尽的魅力。[①]尽管锑化合物有毒,但大多数瓦伦丁制剂都是药物。(后来的一则故事说,锑元素的名字"antimony"来源于瓦伦丁的制剂对其本笃会弟兄的作用:"anti-moine",即"反对修士"。这个词源虽然有趣,但并不真确。)[②]《锑的凯旋战车》强调把毒物变成药物,强烈谴责医学权威,这些都使它牢固地置身于帕拉塞尔苏斯主义传统。[③]

《锑的凯旋战车》将帕拉塞尔苏斯学说中的"分离"原则用于锑,以去除其有害的性质,产生有效的药物。瓦伦丁首先描述了一种隔离锑的硫(Sulfur of antimony)的方法(图 6.2)。[④] 他先是制造了"锑玻璃"(*vitrum antimonii*)——一种玻璃状的物质,通常(危险地)用于催吐。他用醋提取这种玻璃,得到一种红色液体,将液体蒸发成一种黏性的残余物,然后用酒精提取残留物,得到一种甜的红油。这种油据说就是锑的硫,它不再是催吐药或泻药,因为所有毒性都已经分离了。

141

---

① 应当指出的是,在现代早期的术语中,"antimony"一词并非是指今天所称的锑元素,而是指其主要矿石辉锑矿,它是锑的三硫化物。

② 这个故事通常出现在 19 世纪的化学教科书中;例如参见 Robert Kane, *Elements of Chemistry*(New York, 1842),p. 384。

③ 与帕拉塞尔苏斯思想的相似性,加之关于瓦伦丁生活在 15 世纪即帕拉塞尔苏斯之前的说法,两相结合便激起了一项长期的优先权争论,其中帕拉塞尔苏斯被批评为巴西尔·瓦伦丁的剽窃者。例如参见 Van Helmont, *Ortus medicinae*, p. 399.

④ 瓦伦丁的配方可见于 *Triumph-Wagen antimonii*, in *Chymische Schrifften*, 1: 365—371。

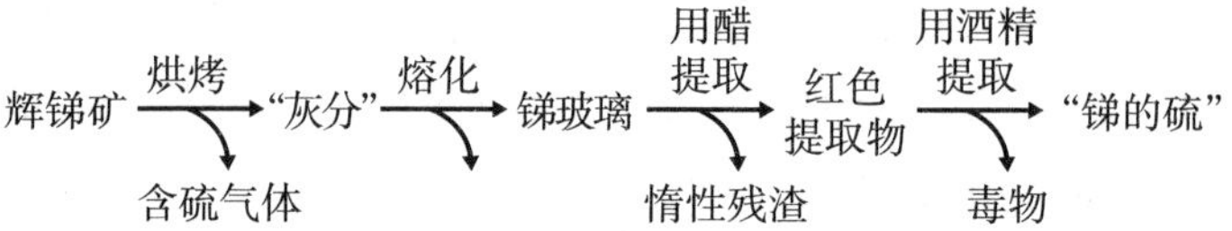

图 6.2 瓦伦丁用化学[炼金术]将有毒的锑转化为药物的示意图。据说每一步都有有毒的或无活性的材料被分离——这显示了帕拉塞尔苏斯学说中的"分离"原则。

对于现代化学家来说,这种叙述似乎极不可能是真实的。有毒元素的毒性根本不可能被"去除"。而且,没有任何锑化合物可以溶于酒精和水,颜色也不是红的。那么,这种叙述仅仅是虚构吗? 还是说可能是一种想象的过程,它基于帕拉塞尔苏斯学说的概念,但从未得到实际确证? 要想就这些问题给出可靠的答案,我想最好的办法就是尝试自己制造出"锑的硫"。[①]

制造锑玻璃似乎无足轻重,这种材料通常出现在现代早期的药典中。瓦伦丁甚至为从这么不费力的东西开始表示歉意,但复制其工序的最初结果表明,这种道歉是不必要的。瓦伦丁指示读者研磨锑矿(辉锑矿,本地的硫化锑[插图 3]),慢慢地烘烤,直到它变成浅灰色,在坩埚中将这种"灰分"熔化,然后倒出熔融的材料,制造出"一种美丽的黄色透明玻璃"。[②] 于是,我将硫化锑烘烤成(很费力,因为需要温和加热两三个小时并持续搅拌,这种程序被称为"煅烧")一种浅灰色的"灰分"。这种灰分——主要是氧化锑——要很费力才能熔化,倒出来时则凝固成一个脏兮兮的灰色

142

---

① 复制瓦伦丁过程的以下论述在 Principe,"Chemical Translation and the Role of Impurities in Alchemy"中有更详细的讨论。

② Valentine,*Triumph-Wagen antimonii*,in *Chymische Schrifften*,1:367.

团块。经过多次反复尝试，调整了温度、焙烧的持续时间以及灰分保持熔融的时间长度，总是给出同样的不幸结果。正当无计可施之时，我从东欧获得了一个矿石样本（瓦伦丁指定使用"匈牙利锑"），按照和以前完全相同的工序，将其磨碎、烘烤，熔化灰分——这次得到了美丽的黄色透明玻璃（插图3）。

最终什么做对了？对矿石的分析表明，它含有少量石英，这是地球上最常见的矿物之一。事实证明，占矿石总重量大约 1%—2% 的少量石英是关键；没有它，就不会形成玻璃。[1] 事实上，当我把那个丑陋灰色团块从失败的试验中拿出来，将其重新熔化，并加入一点粉状的石英（或二氧化硅）时，它们也变成了美丽的金色玻璃。瓦伦丁的配方最初总是失败，也许可以使我们得出结论，他的工序是错误的或虚构的，甚至是他在隐藏"秘密"。但是当他给出的条件得到精确复制时——使用矿石，而不是它在现代化学中的"等价物"——这一工序就会如他所述完全管用。杂质是至关重要的。[2]

接下来，瓦伦丁告诉读者将玻璃磨成粉末，用醋提取，产生一

---

① 除了现代早期文献中描述的"锑玻璃"，还有另外一种"锑"。它是红宝石色的，含有更高比例的硫，在 19 世纪中叶之后的化学文献中被称为炼金术士的"锑玻璃"；参见 J. W. Mellor, *A Comprehensive Treatise on Inorganic and Theoretical Chemistry* (London: Longmans, 1922 - 1937), 9: 477 和 *Gmelins Handbuch der anorganischen Chemie* (Leipzig: Verlag Chemie, 1924), 18B: 540. 所有金色玻璃的踪迹，现代早期真正的锑玻璃，在这项研究之前已经从目前的化学知识中消失了。我们很容易忘记，科学知识绝不只是一代代的积累，而总是有些知识被遗忘、分裂、记错或遗失。

② 对于现代早期的化学家[炼金术士]来说，不含所需量的二氧化硅的矿石可能仍然管用，因为他们使用黏土坩埚而不是现代的瓷坩埚——所需的二氧化硅可以从黏土中的矿物中熔出。

种红色溶液。这道工序再次失败了。甚至经过数周的搅拌，加入石英所制成的黄色玻璃也没有给醋染上颜色。几天之后，由矿石制成的玻璃只产生了一种浅红色。化学分析的结果令人惊讶：这种红色不是由于任何锑化合物，而是由于醋酸铁，它无疑来自矿石中微量的铁。这种红色材料形成的量极少，似乎不可能令瓦伦丁把它看得那么重。这一次的关键在于，他的配方中有一个细节被忽视了：瓦伦丁写道，他先用铁钩搅拌焙烧的矿石，然后用铁棒搅拌熔融的玻璃。锑化合物很快就把铁腐蚀了。因此，瓦伦丁的铁工具用铁化合物改进了他的玻璃。它们所提供的正是他正在分离的"锑的硫"。瓦伦丁的锑的硫实际上根本不含锑。它并不是从锑中提取的，而是从他的实验用具中提取的！

　　这个有趣的结论完全解释了瓦伦丁的说法和观察。醋溶解了玻璃中的铁，但也溶解了一些锑化合物，因此，醋提取物仍然具有瓦伦丁所指出的催泻性。但醋溶液蒸发后，用酒精提取出黏性残渣，只有醋酸铁溶解了，所有锑都留在了不溶的残留物中。瓦伦丁（正确地）写道："剩下的残留物包含毒物，提取物只作药用。"[①]酒精提取物是完全无毒的，正如瓦伦丁所说，是"甜的"，因为醋酸铁带有些许糖精的味道。

　　只有耐心地尝试复制瓦伦丁的过程才可能揭示这些发现。它们表明，虽然瓦伦丁对其过程的理论解释是有缺陷的，但他仍然非常精确地讲述了自己观察到的结果。尽管这些结果似乎不太可信，而且在认识到杂质的作用之前，这些过程是行不通的，但现在

143

---

① 　Valentine, *Triumph-Wagen antimonii*, in *Chymische Schrifften*, 1：371.

很清楚,瓦伦丁的确描述了他认真执行和观察的实验室操作。在他看来,化学[炼金术]处理几乎肯定会使有毒的材料变得无害,这显然确证了帕拉塞尔苏斯的理论。我的复制表明,连一些明显不大可能为真的化学[炼金术]说法也是基于实际的实验室操作。这些操作不仅显示出了技术水平,而且也支持了理论原则。不过,这个例子并未涉及最难解释的化学[炼金术]部分:金属嬗变。因此,现在我们就来转向这个话题。

制金:破解隐秘知识

讨论嬗变的寓意文本背后的化学含义和成就可以找到吗？那些神话般的叙述以及满是蟾蜍、正在交配的配偶和飞龙的怪异的寓意插图有什么实际意义吗？19世纪中叶,大多数关于"炼金术"的诠释都是要么不考虑这些寓意文本,要么试图通过几乎与化学无关的非历史的猜测来解释它们。有趣的是,制金者们用来掩饰其含义的方法(只有最聪明的读者才能读懂)仍然能够很好地起作用,也许比他们想象得更好。然而,撰写制金文本不仅是为了隐藏,也是为了揭示。化学可以帮助我们更好地理解这些文本。

巴西尔·瓦伦丁的第一本书——《论古人的伟大石头》(*Of the Great Stone of the Ancients*)——提供了一个很好的研究案例。[①] 前半部分提出了关于哲人石的一般原理和神秘建议。后半

144

---

① Basil Valentine, *Ein kurtz summarischer Tractat … von dem grossen Stein der Uralten* (Eisleben, 1599);后来有无数版本和译本。

部分带有"十二把钥匙"的附标题,因为它有十二短章,用寓意形式讲述了哲人石的制备,"通往我们前辈的古代石头的大门由此得以打开"。[①] 每一把"钥匙"都揭示(和隐藏)了工序的一个部分,这意味着如果读者可以正确地破译秘密语言,他大概就会懂得整个程序。制金文本往往使用类似形式的有待破解的相继步骤或阶段。例如,15 世纪乔治·里普利的《炼金术的复合物》是以十二扇"大门"的形式撰写的,每一扇门都神秘地描述了制作哲人石所需的一个操作(例如溶解、升华、腐败)。里普利本人的这种形式是从更早的蒙塔诺的圭多(Guido of Montanor)那里调整而来的,圭多描述了通往哲人石的一层层"梯级",里普利的风格被许多后来的作者所模仿。[②]

瓦伦丁的《论古人的伟大石头》是一个特别好的研究案例,因为1602 年版增加了一幅寓意性的木刻画来说明每一把钥匙。[③] 和(第

---

①　Valentine,*Von dem grossen Stein der uhralten Weisen*,in *Chymische Schrifften*,1:1—112,quoting from p. 24.

②　直到最近,里普利仍然是一个未被充分研究的人物;最出色的工作可参见 Jennifer Rampling,"Establishing the Canon:George Ripley and His Alchemical Sources," *Ambix* 55 (2008):189—208, and "The Catalogue of the Ripley Corpus:Alchemical Writings Attributed to George Ripley,"*Ambix* 57 (2010):125—201。George Ripley's *Compound of Alchymie* 的最佳版本目前可见于 Ashmole,*Theatrum Chemicum Britannicum*,pp. 107—193。它也于 1591 年被 Ralph Rabbards 刊印,现在也有 Stanton J. Linden (Burlington,VT:Ashgate,2001)所作的再版。

③　Leipzig,1602. 它曾以无插图的形式在 *Aureum Vellus … Tractatus III*([Rorschach am Bodensee:i. e. Leipzig?],1600),pp. 610—701 中出版,然后又在 Joachim Tanckius,*Promptuarium alchemiae* (Leipzig,1610 and 1614;reprint,Graz:Akademische Druck,1976),2:610—702 中出版。Lambsprinck's *De lapide philosophico*,in *Musaeum hermeticum*,pp. 337—371 是 16 世纪末的作品,它也有类似的"梯级"形式:15 篇短章,每一章都有一幅寓意插图和神秘诗句。

三章讨论的)《哲学家的玫瑰花园》一样,它也是先有文本后有插图。也就是说,在大多数(并非所有)包含寓意图像的原作中,文本是首要的。因此,如果脱离语境,就不可能理解这些图像。不幸的是,只发布图像而不附上它们所属的文本乃是一种常见的做法,特别是在流行书籍中,现在也在网站上。于是,对这些图像的诠释充斥着各种想象,不会受到诸如历史背景或理论意图等小麻烦的约束。

我们只需详细考察前三把钥匙就够了。图 6.3 显示了嵌入第一把钥匙中的图像。相应的文本教导说:"所有不纯洁的受污染之物都不值得我们研究"。在继续讨论纯洁这一主题时,作者就医生如何清除病体中的疾病发表了评论。与图像直接相关的部分建议说,

国王的皇冠应该是纯金,一个贞洁的新娘应该与他结婚。贪婪的灰狼因其名称而隶属于好战的玛尔斯(Mars,火星),但天生却是老萨图恩(Saturn,土星)的孩子,饥肠辘辘地生活在世界的山谷和山脉里。将国王的身体扔在它面前,也许可以从他身上得到营养。当它吞噬国王的时候,再燃起篝火,把狼扔进火中,使之完全燃烧;这样国王便得到了救赎。如果这样做三次,那么狮子就征服了狼,狼身上将不再有什么东西可吃;于是我们的身体在我们工作的开始就完成了。[1]

---

[1] Basil Valentine, *Von dem grossen Stein der uhralten Weisen*, in *Chymische Schrifften*, 1:7—112, quoting from p. 26.

图 6.3 巴西尔·瓦伦丁的第一把钥匙的寓意画。出自 *Von dem grossen Stein der Uhralten*（Leipzig, 1602）。

146　　　这幅木刻画显示了国王、他贞洁的新娘以及正在跳过火焰的狼（戴着项圈，看起来更像是一只赛狗）。父亲萨图恩（由他的拐杖和镰刀可以确认）站在一旁。所有这些是什么意思呢？这个谜比较容易解答。文本清晰地描述了一个提纯过程。在金属嬗变的背景下，国王很可能是"金属之王"，也就是金。此金（国王的身体）被喂给一匹贪婪的狼,它是萨图恩的孩子。在标准的行星命名中,土星是铅;他的孩子将是某种密切相关的东西,可用来提纯金。答案是瓦伦丁最喜欢的物质——锑矿或辉锑矿。辉锑矿被广泛认为与铅有关,被用来提纯金。[①] 凡是见过辉锑矿与金属发生反应的人都会理解为什么会把辉锑矿称为一匹贪婪的狼。熔化时,辉锑矿会以惊人的速度溶解——"吞噬"——金属。证据来自于"因其名称而受制于好战的玛尔斯"这一暗示。在德语中,表示辉锑矿名称的词是"*Spiessglanz*",其字面意思是"矛的光泽",指的是它闪亮的针状晶体。和所有武器一样,矛隶属于战神玛尔斯。

今天,这个过程运作得很好。把一块不纯的金(比如 14 克拉的金戒指或金项链,其中含有 58% 的金和 42% 的铜)扔进熔融的辉锑矿,它几乎会瞬间熔解。金以外的金属会变成硫化物漂浮在表面。锑与金的白色合金沉到熔融物底部,坩埚冷却后很容易将它取回。当这种合金(即狼与它胃中的国王)被烘烤("燃起篝火,把狼扔进火中")时,锑会蒸发,留下提纯的金。现在金是纯的,"狼身上将不再有什么东西可吃";就这样,"狮子[野兽之王＝金属之王]征服了狼"。

第二把钥匙指出,"新郎阿波罗"在与"新娘狄安娜"结婚之前必须小心地用水沐浴,"你必须学会用各种蒸馏方式来准备"这些水。阿波罗是太阳神,太阳与金有关,所以这把钥匙可能始于从第一把钥匙中提纯的金。金以前被称为国王,现在则被称为阿波罗。

---

① 　罗马博物学家普林尼曾经写道,锑矿石很容易被转化成铅(*Historia naturalis*,bk. 33,sect. 34)。

"假名"即使在同一本书中也不是一成不变的——狡猾的(也许是俏皮的)制金作家不断增加"假名",有时是在同一句话中。这位作者继续说，

> 新郎所需的珍贵的洗澡水必须由两位斗士最为聪明和小心地制得(理解成两种相反的东西)。……老鹰独自在阿尔卑斯山顶筑巢是无益的，因为雏鹰在高山上会冻僵。但是当你向老鹰引介长期居住在岩石之间、并从地穴中爬入爬出的老龙，并把两者置于一个地狱位置时，冥王普鲁托就会猛烈吹气，从冷龙中遣出一种飞行的、火热的精神，其巨大的热量将会烧掉老鹰的羽毛，准备好一场蒸汽浴，因此高山上的雪必定会完全融为水，从而正确地准备了矿泉浴，可以给国王以好运和健康。[①]

该文本令人晕眩地从一幅图像肆意跳跃到另一幅图像，其作者似乎精神不大正常。但它实际上也可以得到破解。新郎的洗澡水是通过鹰和龙这两位斗士的战斗而制备出来的一种液体，这两种动物显示在图 6.4 中格斗者的剑上。幸运的是，瓦伦丁在书中另一处再次提到了一只鹰(也许是知识分散的一个例子)。在那里，他将鹰等同于"salmiac"，即今天被称为氯化铵的一种盐。[②] 氯化铵的一种典型特征是易于升华，即温和加热后，这种盐会蒸发，

---

① Valentine, *Von dem grossen Stein*, 1:30—32.
② Valentine, *Von dem grossen Stein*, 1:96.

图 6.4 巴西尔·瓦伦丁的第二把钥匙。出自 *Von dem grossen Stein der Uhralten* (Leipzig, 1602)。

然后在烧瓶较冷的位置重新凝聚成一种白色的盐。鉴于氯化铵的升华能力,鹰是它的一个合适"假名"——这种盐和这种鸟都能飞到空中。(现代术语"*volatilize*"[挥发]源自拉丁词"*volare*"[飞]。)因此,"高山上的雪"必定是指纯净的白色氯化铵的沉积物,它在这种盐升华时聚集在容器顶部。

　　识别龙是什么需要一些矿物学知识。龙居住在洞穴和石头周围，这暗示了硝石（硝酸钾），这种盐作为一种结晶沉积物天然地存在于洞穴壁上和马厩的石基中。说龙是"冷"的进一步暗示了硝石，因为它尝起来舌头上是冷的，它溶解时会明显降低水的温度。最后，通过热可以从硝石中遣出"一种飞行的、火热的精神"——我们称之为"硝酸"——它使我们最终确认了龙是什么。

148

　　对此过程的复制证明这种解释是正确的。把氯化铵和硝酸钾混合起来（"向老鹰引介老龙"），将其放入熔炉中的蒸馏器（"一个地狱位置"），并强劲加热（地狱之神普鲁托开始吹气），的确会发生猛烈的反应（一场战斗），一种高腐蚀性的酸被蒸馏出来。这种"矿泉浴"是一种王水，一种能够溶解金的酸性混合物。伴随的图像显示，墨丘利位于两位斗士之间，站立在羽翼上。这里的意思似乎是，斗士之间的中介是一个有翼的墨丘利——也就是说，一种从正在战斗的盐中飞出的液体。

149

　　第三把钥匙的文本（图 6.5）描述了水如何征服火，

　　　　必须为这种技艺准备好火热的硫，并且用水来征服……以使国王……被彻底粉碎，变得看不见。但此时他的可见形态必须再次出现。[①]

150

　　这些难以捉摸的指导似乎描述了制备的酸（"水"）对提纯的金（"硫"）的作用。也就是说，金被酸溶解（"彻底粉碎"）成一种透明

---

① 　Valentine,*Von dem grossen Stein*,1:32.

图 6.5 巴西尔·瓦伦丁的第三把钥匙,隐藏着其精馏过程的主要秘密。请注意,一位早期读者在这幅木刻画上记录了他自己的破解结果;他在狐狸身上写下了金的符号($\odot$),在公鸡旁写下了汞合金(*amalgam*)的缩写(aaa)。这个解释与我自己的解释有所不同。出自 *Von dem grossen Stein der Uhralten*(Leipzig,1602)。

的溶液("变得看不见")。使"他的可见形态……再次出现"意指金再次出现,表明溶液应当蒸发掉,留下残余物,这里是氯化金。氯化金在受热的情况下是不稳定的,所以当其溶液蒸发时,残余物迅速发生分解,再次产生金——于是,国王的"可见形态"再次出现。

瓦伦丁继续说,"制备我们不可燃的圣人硫(Sulfur of the Sages)的人必须在它不可燃的某种东西中寻找我们的硫,除非咸海已经吞掉尸体,然后再将它完全吐出来,否则这是不可能做到的"。[①] 圣人硫是十二把钥匙的目标即哲人石的一个名称。瓦伦丁暗示,为了达到这个目的,必须使用更多的酸(咸海)来重新溶解金(尸体,也就是蒸发第一种溶液所留下的残余物),然后再次将它蒸馏掉,以恢复("吐出")金。这一指导在化学上似乎没有意义,对我们毫无益处。但它描述了一种被称为"精馏"的常见的化学[炼金术]操作,今天的化学家已经不再使用这项技术。在此过程中,从某种物质中蒸馏出液体,再将这种液体倒入残余物并再次蒸馏出来——这样的过程往往要持续数十次。图 6.6 用寓意画的现代等价物说明了这个过程的无用循环。这种重复可能会得到什么结果呢?

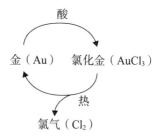

图 6.6 表达第三把钥匙秘密的一幅现代"寓意画"。金在酸中溶解,形成氯化金;当酸被蒸馏出来时,氯化金受热分解为金和氯气;所得到的金在酸中再次溶解,如此等等。

---

① Valentine,*Von dem grossen Stein*,1:34.

接着,瓦伦丁说了些最为怪异的话:

> 然后把它升到很高的地方,使它的亮度远远超过所有其他星辰。……这是我们主人的玫瑰,猩红的颜色,红龙的血。……按照它的需要给它赋予鸟的飞行能力,所以公鸡会吃掉狐狸,淹死在水中,用火使公鸡死而复生,再被狐狸吃掉,因此相同与不同变得相似了。[①]

对瓦伦丁古怪的意象和夸张的语言大加嘲笑是可以理解的。然而,这种语言乃是 17 世纪制金的典型。第三把钥匙(图 6.5)显示 151 了前方的红龙,那只奇怪的食肉公鸡既在吃狐狸,在后方又被狐狸吃掉。现代早期的人所熟知的什么关联可以构成这些隐喻的基础呢? 长期以来,公鸡一直与太阳相联系(它们在日出时打鸣),而太阳又与金相联系。于是,公鸡将是"金"的第四个"假名",以前分别被称为国王、阿波罗和硫。狐狸专吃家禽(如"鸡舍中的狐狸"),因此必定是一个新"假名",用来表示"吃"金的酸。于是,瓦伦丁的寓意可以破解如下:金饮入酸(公鸡吃狐狸),被它溶解(淹死在水中),当热蒸发酸(用火使公鸡死而复生)时再次出现,然后在精馏期间被新的酸重新溶解(狐狸吃鸡)。这种解释看起来似乎合理——它既符合文本,在化学上又是可能的——但整个过程仍然像是原地踏步。

然而,赋予金以"飞行能力",使之升高到星辰以上,这种指令似乎是完全荒谬的。这些说法暗示,要把金变得可挥发。要使某

---

① Valentine, *Von dem grossen Stein*, 1:34—35;1677 年版缺少了关键一行,插入了一个错误的词。正确的文本参见 1599 年版, folio Fv;制金文本的困难难道没有尽头吗?

种像金一样沉重、坚固、耐火的东西蒸发，这似乎是不可能的！事实上，金的挥发在现代早期既代表一种要求，又是一个嘲笑的对
152　象。"使固定者挥发，使挥发者固定"，这是制造哲人石的一条指导性格言，几乎没有什么物质比金更"固定"（即不易挥发）。因此，使之变得可挥发似乎朝着履行从"古代圣人"传下来的指令迈出了巨大一步，是走上正确道路的明确标志。与此同时，评论家们嘲笑这种观念是愚昧的"炼金术幻想"的一个例子。比如在 1717 年的喜剧《婚后三小时》(*Three Hours After Marriage*)中，一个自称波兰炼金术士的角色吹嘘自己的嬗变技能。一位博士问他是如何做到的，这位假冒的炼金术士流利地说出了一系列对金的操作，包括其挥发性。这位研究过制金的博士此时起了疑心，警告他"要小心自己的断言。金的挥发并不是一个明显的过程。能实现它是通过被称为'*fortitudo fortitudinis fortissima*'①的特别高雅的夸张言辞"。②

　　尽管是"难度最大的困难"(the most difficult difficulty of the difficulty)③，但在 1895 年，在炼金术声称金会挥发以及对它的嘲笑早已淡出人们的记忆之后，三百年前由巴西尔·瓦伦丁做过寓

---

①　*fortitudo* 是表示 courage 的拉丁语名词，*fortitudinis* 是表示 courage 的拉丁语名词的属格，*fortissima* 则是表示 the most courageous 的意大利语形容词或副词，所以 *fortitudo fortitudinis fortissima* 译成英语就是 the most courageous courage of courage。把这三个夹杂着拉丁语名词和意大利语最高级的词放在一起仅仅表明语言的优雅和夸张。——译者

②　John Gay, Alexander Pope, and John Arbuthnot, *Three Hours After Marriage*, ed. John Harrington Smith, Augustan Reprint Society, no. 91—92 (Los Angeles: Clark Memorial Library, 1961), p. 171.

③　这是作者仿照前面 *fortitudo fortitudinis fortissima* 所写的一种夸张言辞。——译者

意描述的这个过程实际上被独立地重新发现了,并且得到了化学解释。[①] 瓦伦丁似乎已经成功地使金挥发。在瓦伦丁之后七十年,罗伯特·波义耳也做到了这一点。在他自己尝试制备哲人石的过程中,波义耳成功地破解并且用实验揭示了瓦伦丁十二把钥匙中至少前三把。[②] 我已经亲自试验了这个过程,发现它极难实现,但最终还是获得了美妙的成功。[③]

瓦伦丁令人惊讶的成功依赖于那种看似无用的精馏。氯化金的反复形成和分解使蒸馏装置中充满了氯气。这种有毒气体阻止了本来极不稳定的氯化金的分解,使之能够作为红宝石色的美丽晶体升华,或如瓦伦丁用更生动的语言所描述的,作为“我们主人的玫瑰……和红龙的血”升华。

对十二把钥匙中第一把的这种考察和复制可以使我们得出四点历史教益。首先,至少某一些讨论制造哲人石头的神秘文本和寓意画的确对其作者完成的实际化学过程进行了加密。第二,这些怪异的象征和寓意画可以得到理性的、有条理的破解,这意味着其作者之所以认真地构造它们,不仅是想掩盖他们的知识,也是为了以一种慎重的方式将其透露给最有天赋从而最有价值的读者。第三,读者们期望这样的语言和意象具有明确可辨的含义;他们力图理解它,至少有一些人成功地复制了这些过程。第四,至少某些

153

---

① 　Thomas Kirke Rose,"The Dissociation of Chloride of Gold,"*Journal of the Chemical Society* 67 (1895):881—904.

② 　波义耳在其 *Origine of Formes and Qualities* (1666),in *Works of Robert Boyle*,5:424 中提到了“被巴西尔·瓦伦丁神秘描述的‘斗士之水’(*Aqua pugilum*)”及其“提升”黄金的能力。

③ 　“斗士之水”中铵盐的存在进一步有助于金盐的成功升华。

制金者显然具有真正卓越的实践技能——即使是今天,巴西尔·瓦伦丁(无论他究竟是谁)也会是一个备受赞誉的实验家。即使使用现代设备,氯化金的挥发也是一项极为困难的需要精湛技艺的操作——而我们这位自称的本笃会修士却在 16 世纪末相对原始的工作条件下(比如劣质玻璃和炭火)完成了这一惊人壮举。

接下来的几把钥匙仍然难以完全破解。一个神秘之处是最终与"国王/新郎/阿波罗/硫/公鸡"结婚,也就是与升华的金结合的"王后/新娘/狄安娜/汞"的身份。第六把钥匙(图 6.7)描述了他们的婚姻(或结合)。

图 6.7 巴西尔·瓦伦丁的第六把钥匙;王后(和主教?)的身份仍然不清楚,尽管有一位早期读者在图中写下了他自己的猜测。出自 *Von dem grossen Stein der Uhralten* (Leipzig, 1602)。

　　1618 年，制金作者米沙埃尔·迈尔（Michael Maier）出版了一本对瓦伦丁著作的拉丁文翻译，并用优雅的雕版画取代了原始的粗糙木刻画。[①] 引人注目的是，通过对第一把钥匙默默作出重新安排（图 6.8；与图 6.3 对比），迈尔插入了他自己关于王后身份的想法。他把狼移到国王左前方，把正在横跨小烤炉的萨图恩置于王后右前方。雕刻的这些微小变化大大改变了它的含义！现在，该图像描绘了金和银的提纯——用辉锑矿对金的提纯（和以前一样），以及通过所谓的灰吹法（cupellation）用铅对银的提纯。在灰吹法中，用铅把不纯的银熔于一个被称为灰皿（cupel）的由骨灰制

PRIMA CLAVIS.

　　图 6.8　米沙埃尔·迈尔重新雕刻的巴西尔·瓦伦丁的第一把钥匙，发表于 *Tripus aureus*（Frankfurt, 1618）。

---

　　① 　Basil Valentine, *Practica cum duodecim clavibus* in Maier, *Tripus aureus*, pp. 7—76; reprinted in *Musaeum hermeticum*, pp. 377—432.

成的浅盘中。气流吹过熔融的混合物,让铅和所有与银熔合的贱金属发生氧化,使它们要么被灰皿吸收,要么被吹走。纯银被留了下来。在迈尔的雕版画中,萨图恩不再是狼的父亲,而是铅;王后不再是接下来要与提纯的金相结合的一种未被确认的材料,而是银。迈尔显然相信他已经正确地破解了王后的意思,并决定将其重新雕刻成一幅寓意画,作为对读者的"馈赠"。

　　图 6.7 所属著作的一位早期拥有者得出了不同的结论,他在木刻画上匆匆写下了这个结论。他在王后头顶上方写下了用铁制备金属锑的符号。这些不同解释表明,聪明的读者可以从同一个神秘文本和图像中得出多么不同的结论(我并不认为迈尔或这位匿名读者是正确的)。

　　然而,读者可能更有理由支持他而不是迈尔的观点,因为瓦伦丁本人在关于王后线索的第九把钥匙中可能给出了暗示。那里的文本讨论了颜色,描述了制造哲人石的一个阶段,密封在烧瓶中的材料由黑变白再变红。伴随的插图(图 6.9)寓意着哲人石的成熟。国王和王后赤身裸体,他们的头上和脚上栖息着四只鸟,象征着制造哲人石的各个阶段——顶部是黑色的乌鸦,底部是五彩缤纷的孔雀,左边是白色的天鹅,右边是火红的凤凰。但如果我们后退一点,忽略细节,则总体图案就会变成一个圆,其顶端是国王和王后奇异扭曲的身体所组成的十字架:简而言之,是锑(辉锑矿)的化学[炼金术]标志。

　　和通常的制金文本一样,瓦伦丁著作的结尾最容易理解。第十一和第十二把钥匙描述了哲人石达到红色阶段之后的操作。在最后一把钥匙中,瓦伦丁决定不采用"任何花哨的或比喻的哲学语

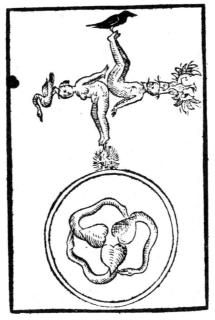

图 6.9 巴西尔·瓦伦丁的第九把钥匙,显示了哲人石成熟过程中的各种颜色,也许是在暗示一种关键成分。出自 *Von dem grossen Stein der Uhralten*(Leipzig,1602)。

言,而是在一个真实的完整过程中没有任何缺陷地揭示这把钥匙",然后给出一个通过与金熔合来"发酵"哲人石的简单配方。虽然有明确的指导,红石与金的这种结合仍然被寓意性地描绘成(图 6.10)狮子吃蛇——也许吃的是蛇怪,常与哲人石相联系的一种动物。[①]

156

---

① Valentine,*Von dem grossen Stein*,1:72.

图 6.10　巴西尔·瓦伦丁的第十二把钥匙,描绘了哲人石的"发酵",使其能将贱金属转化为金。出自 *Von dem grossen Stein der Uhralten*（Leipzig, 1602）。

制金说法的来源

157

现在可以肯定,《论古人的伟大石头》中奇异的寓意文本和木刻画实际蕴含着当时具有开创性的化学。瓦伦丁的追求在多大程度上得到实现了呢？他不可能成功地制造出引发嬗变的哲人石,除非我们目前的化学知识有很大缺陷。如果不是来自实验室的结果，那么其余的钥匙来自哪里呢？我主张，瓦伦丁的著作——以及其他制金文本——汇编了三个不同来源的信息。瓦伦丁的第一批钥匙基于他自己的实验室经验，并以金的挥发为顶点，此结果令人惊讶，大有希望，它必定使作者异常兴奋，使他确信自己正走在制造哲人石的正确道路上。中间的钥匙更为晦涩难懂，较少有明确的破解，蕴含着作者基于理论思考做出预言但尚未完成的进一步过程。最后也是最简单易懂的钥匙展示了或多或少直接从早期著作中借来的材料。由于将制备材料密封于"哲学蛋"之后的步骤在16世纪末已经几乎成为标准，所以没有理由对它们进行加密。因此，利用实验室结果、理论推断和文本惯例，瓦伦丁绘制出了一条通往哲人石的"貌似合理"的路线，并将其加密为十二把钥匙。他的实验室结果非常符合"使固定者挥发"的格言，这使他确信自己在进步，而"古代圣人"的书则使他确信，前人曾经达到过目标。剩下的仅仅是这个过程中间的"缺失环节"。他在写《十二把钥匙》时也许仍然在努力研究这些操作。

虽然是猜想性的，但这种诠释至少为某些制金作品提供了一种看似合理的解释。有多少这样的文本能够通过它来解释，这仍然是一个悬而未决的问题，但在声称成功地制备出哲人石的文本中，建立在令人鼓舞的实验室结果基础上的我所谓"化学[炼金术]乐观主义"（chymical optimism）必定起着重要的作用。确证这种观念的另一个例子引出了17世纪化学[炼金术]中最引人注目的角色之一——乔治·斯塔基。

种植自己的金:斯塔基与哲学树

　　斯塔基代表着 17 世纪化学[炼金术]的缩影。他制作和销售香水、精油、化妆品等商业产品,努力发现万能溶剂,沿着赫尔蒙特的思路行医和制备新药,设计新的仪器,提出新的化学[炼金术]理论,研究动物的起死回生,从事精炼和采矿业务,热情探索金属嬗变,还努力制备哲人石。他著述甚多,(也许无意中)成为 17 世纪最受尊敬和影响最广的制金作者之一。

　　乔治·斯塔基 1628 年生于百慕大。他的父亲是一位迁到该岛的苏格兰牧师,去世时斯塔基年龄还小。监护人发现斯塔基表现出了相当的智力才能,遂送他到马萨诸塞湾殖民地(Massachusetts Bay Colony)新建的哈佛学院接受教育,斯塔基于 1646 年从那里毕业。本科期间,斯塔基对化学[炼金术]产生了浓厚的兴趣,很快便因其超常的知识和成就而闻名遐迩。[①] 1650 年,部分是由于对用劣质的材料和设备做化学[炼金术]实验感到失望,斯塔基离开美国前往英格兰。他在伦敦定居,遇到了几位对各种新知识感兴趣的思想家,其中包括同样年轻(但要富裕得多)的罗伯特·波义耳。斯塔基似乎鼓励了波义耳对化学[炼金术]刚刚萌生的兴趣,并把自己贮备的许多信息和经验传授给他。大约在同一时间,斯塔基开始讲述他在美国遇到的一个内行的引人入胜的故事,这个人同时拥有红色和白色的哲人石,并把一部分白色哲人石给了

---

　　① 　关于斯塔基生平和思想的更多内容,参见 Newman,*Gehennical Fire*。

他。这位神秘的内行名叫"埃里奈乌斯·菲拉勒蒂斯"（Eirenaeus Philalethes，意为"真理的和平爱好者"），还与斯塔基分享了他的若干手稿。斯塔基在伦敦私下流传了这其中的一些作品，在那里激起了很大兴趣。

虽然看起来充满希望，但斯塔基的生活绝不容易。在做起了赚钱的行医买卖之后，他最终把病人打发走，全身心地致力于追求"自然秘密"，即各种形式的化学[炼金术]。但和现在一样，实验研究在当时代价高昂且充满风险，斯塔基很快就被债务人告上了法庭并坐了牢。释放后，他重新寻找更好的药物和金属嬗变，制造和销售药剂、油、香水为他的实验提供资金。令人惊讶的是，他在 17 世纪 50 年代保存的几本实验室笔记留存至今。这些文件异乎寻常地见证了一位 17 世纪化学家[炼金术士]的日常工作和思想，记录了他的成功和失败，对自己计划和进展的反思，如何基于当时最好的理论提出实验，以及如何用实验来修正这些理论。这些笔记甚至记录了他如何将寓意作品变成了实际的实验室指导。① 160

1665 年，伦敦大瘟疫——欧洲爆发的最后一场大瘟疫——爆发时，执业医师们逃离了这座城市。但斯塔基和那些同样倡导医疗化学的人留了下来。他们向逃离的医生发起挑战，看谁的药物能够治愈更多染上瘟疫的人。挑战无人应答。瘟疫达到高潮期间，斯塔基不幸染上了瘟疫，没过几天便离开了人世，年仅 37 岁。

① Starkey, *Alchemical Laboratory Notebooks and Correspondence* 对这些材料作了编辑、翻译和注解；Newman and Principe, *Alchemy Tried in the Fire* 对其中一些内容作了认真分析，并且提供了关于斯塔基在伦敦的科学互动（包括与波义耳的互动）和背景的更多信息。

　　虽然斯塔基的人生过早地结束了,但内行埃里奈乌斯·菲拉勒蒂斯仍然活着。斯塔基所流传的菲拉勒蒂斯手稿开始出版,很快就变得极为流行。艾萨克·牛顿爵士便是认真的读者之一,他不仅按照菲拉勒蒂斯的建议做了实验,还接受并且进一步发展了菲拉勒蒂斯的物质结构理论。[①] 人们不仅希望找到这位神秘的内行本人,还希望找到更多手稿。直到 18 世纪,关于菲拉勒蒂斯及其下落的新鲜传闻仍然层出不穷。当然,这些珍贵的手稿其实出自斯塔基本人之手。他的一本笔记里实际上包含着一些未完成的"菲拉勒蒂斯"短篇论著的草稿。[②] 但他很好地隐藏了自己的作者身份,而且显然非常令人信服地讲述了菲拉勒蒂斯的事迹,即使他的朋友波义耳也被蒙在鼓里。斯塔基以自己的名义出版了几本书和小册子,但从未获得像埃里奈乌斯·菲拉勒蒂斯的著作那样的名声。即使在沉迷于整个制金文献中一些寓意过强的作品时,斯塔基也热衷于提出连贯的化学[炼金术]理论。在其菲拉勒蒂斯著作中,斯塔基概括、分类、批判了关于哲人石及其制备的各种同时代思想。就像关于这位想象的作者的引人入胜的故事一样,这些令人钦佩的品质肯定也有助于这些著作的普及。

　　对于如何制备哲人石的问题,菲拉勒蒂斯或者毋宁说斯塔基的处理方法与巴西尔·瓦伦丁有很大不同。《十二把钥匙》例证了制备哲人石的一条主要途径,被称为"湿法"(*via humida*),因为

161

---

　　① Newman,*Gehennical Fire*,pp. 228—239;关于化学[炼金术]在微粒物质理论的发展中所起的更大作用,参见 Newman,*Atoms and Alchemy*。

　　② Starkey, *Alchemical Laboratory Notebooks and Correspondence*, pp. 228—260;Newman and Principe,*Alchemy Tried in the Fire*,pp. 188—197.

它运用了水性溶剂——这里是斗士的酸性水。斯塔基则例证了另一条主要途径，被称为"干法"(*via sicca*)，它并不使用这些水性腐蚀剂，而是只使用一种"干水"(dry water)，或如一句习语所说，"一种不会弄湿手的水"。斯塔基的工作属于一个名叫"汞派"(mercurialist)的制金学派。对于汞派来说，实现哲人石的关键是通过一种提纯和"赋予灵魂"(animation)的过程，由普通的汞制备出一种哲学汞。① 这种"赋予灵魂"并非是指像弗兰肯斯坦博士(Dr. Frankenstein)的实验那样的东西，而是指将"灵魂"植入普通的汞，以一种内热修改其通常的冷和湿。这种"灵魂"并不像第五章提到的"金的灵魂"(*anima auri*)那样是一种精神实体，而是指一种能够"加热"汞、赋予它以新的性质的物质。该术语类似于只要动物活着就会为之提供"生命热"的动物灵魂。

为普通汞"赋予灵魂"以提供哲学汞，这种兴趣显见于 16 至 18 世纪的数十种文本，并且形成了一种融贯的"研究纲领"，一代代有希望的汞派都在致力于这种纲领。有些人选择用金来提供赋予灵魂的热，比如 16 世纪末的加斯东·杜克洛(Gaston Duclo)。其他人则选择用生石灰、盐或——与斯塔基类似——锑等各种金属。② 事实上，斯塔基制备出"星形锑块"(表面有醒目结晶图案的

---

① 关于汞派，参见 Georg Ernst Stahl, *Philosophical Principles of Universal Chemistry*, trans. Peter Shaw (London, 1730), pp. 401—416, 以及 Lawrence M. Principe, "Diversity in Alchemy: The Case of Gaston 'Claveus' DuClo, a Scholastic Mercurialist Chrysopoeian," in *Reading the Book of Nature: The Other Side of the Scientific Revolution*, ed. Allen G. Debus and Michael Walton (Kirksville, MO: Sixteenth Century Press, 1998), pp. 181—200。

② Principe, *Aspiring Adept*, pp. 153—155.

元素锑；见插图 3)用于这个过程，美妙地例证了化学［炼金术］作者如何能够根据其目标读者而使用极富寓意的或完全平易的语言。保密的风格适用于出版物，必须采用一些保密手段来屏蔽那些配不上秘密或可能滥用秘密的读者。直接的风格则被用于私人文件，这时读者已经受到限制，比如斯塔基的实验室笔记和他的个人信件。有必要对这一点做出强调；有时有人说，"炼金术士们"（好像他们都一样似的！）无法做出清晰的表达，因为他们的思想和过程没有明确的含义，或者他们的语言在某种意义上是一种"迷狂"的宣告，而不是有意加密的言辞。这样的断言是毫无根据的。

162 在菲拉勒蒂斯的《通往国王封闭宫殿的开放入口》(*Open Entrance to the Closed Palace of the King*, 1667)中，题为"用飞鹰制备智慧汞的第一步操作"的一章告诉读者如何开始那个"赋予灵魂"的过程。

腹内藏魔钢(magical steel)的火龙取 4 份，磁铁取 9 份，将它们与炙热的武尔坎(Vulcan)混合在一起，……扔掉外壳，取出内核，用火和太阳清洗三次，如果萨图恩在玛尔斯的镜子里看到他的形态，这将很容易做到。由此便制成了变色龙(Chamaeleon)或我们的混沌，所有秘密都潜在地而不是实际地隐藏其中。这是一个感染了狂犬病的雌雄同体的婴儿。……但狄安娜的木头中有两只鸽子缓解了他疯狂的狂犬病。①

---

① Eirenaeus Philalethes ［George Starkey］, *Introitus apertus ad occlusum regis palatium*, in *Musaeum hermeticum*, pp. 647—699, quoting from pp. 658—659.

在这些模糊不清的指导被刊印之前数年,斯塔基在给波义耳的一封信中已经给出过同样的指导。1651 年春,斯塔基告诉他的朋友

> 取锑 9 盎司,铁 4 盎司(这是正确的比例)……加强火力使物质流动……将它注入一个角形物,底部将是锑块,其上有闪亮的矿渣。待冷却后将它们分离。……你必须有贞女狄安娜即纯银的调解。……现在,先生,取此锑块 1 份,纯银 2 份,……①

在同一封信中,我们还看到了该锑块为什么被称为“雌雄同体”和“狂犬病”,特别是如何用它来制备哲学汞。波义耳认为这一过程的结果大有前途,以至于实验了近四十年,试图将它产生的汞转化为哲人石。他还允许部分信件被复制(可能会令斯塔基感到恐惧),这些副本传到了欧洲各地。牛顿自己就拥有一个副本,但那时它已过许多人之手,以致原先与斯塔基的联系被忘记了。②

为什么对这种哲学汞有这么大的兴趣?汞派认为,哲学汞和普通的金是制备哲人石的两种初始材料。若密封在哲学蛋中,两者会发生反应,显示出所需的黑色、白色和红色,并产生炼金药。许多汞派(包括斯塔基)的哲人石理论都建立在种子(*semina*)概

163

---

① Starkey, *Alchemical Laboratory Notebooks and Correspondence*, pp. 12—31, quoting from pp. 22—23; Boyle, *Correspondence*, 1: 90—103.

② Principe, *Aspiring Adept*, pp. 158—179; Newman, “Newton's *Clavis* as Starkey's *Key*.”

念的基础上，这些种子本原可以将物质组织成特定的实体和形式。他们通过类比指出，既然苹果的种子只见于苹果，那么金的种子也必然只见于金。但经验教导我们，将金与碱金属简单地混合或熔化不会导致嬗变；金的种子不能作用于其他金属，而是仍然锁藏在金的金属体内，在那种状态下它是休眠和疲弱的。哲学汞释放并激活了金的种子。汞会温和而自然地溶解金（而不是以酸的剧烈的破坏性方式），尽所有的力量将种子完好无损地从金体中释放出来。汞"滋养"种子，在烧瓶中长时间加热，使种子得以加强和繁殖，最终获得哲人石，其主动本原（active principle）是具有高度活性的金的种子。哲人石中的种子不再像处于金中时那样疲弱和缺乏活性，现在可以通过将贱金属的基本物质重新组织成金来实现嬗变。

如前所述，"种子"一词在这种语境下是隐喻性的；许多支持关于哲人石作用的这种理论的人都强调了这一点。一般来说，他们并不认为金属像植物一样是"活的"，也不认为金属是通过某种像园丁植入土地的种子一样的东西来增殖的。但金属"种子"与植物种子之间的相似性还是引出了一系列辅助解释和插图——这乃是隐喻的主要目的，也正因如此，它们在今天的科学中仍然至关重要。因此，汞派文本经常利用与"种子"概念有关的额外的园艺图像。正如普通的水对于普通种子的膨胀和发芽以及它们在地面上长成植物是必不可少的，哲学汞也被认为是金"发芽"以及"长"成哲人石所需的一种"水"。于是，斯塔基所青睐的作者乔治·里普利写道，有了哲学汞，

> 赫尔墨斯可以滋养他的树：

在他制作的玻璃器皿中直直地生长，

开出赏心悦目的纯色花朵。①

15 世纪上半叶的汞派让·科莱松(Jean Collesson)写道，哲学
汞的价值在于它能"使金像植物一样生长和发芽"。他向读者保 164
证，如果一种制备出来的汞不能使金"明显生长"，那它就不是真正
的哲人汞。② 菲拉勒蒂斯(或者更确切地说是斯塔基)也大量运用
农业隐喻，并对更早作品中出现的这类隐喻作了编目。斯塔基注
意到，许多作者都在哲人石的语境下提到了植物和树木，他写道：

> 有人将我们的这棵树比作一个事物，有人将它比作另一个
> 事物；有人将它比作柏树或杉树，后者看起来也许的确像它；另
> 一些人则将它比作山楂树，比如"加添之门"(Gate of Cibation)
> 中的里普利；有人将它比作灌木，另一些人将它比作密林。……
> 我承认我们所说的发芽和所有这些东西之间有一种相似性；……
> 还有一些人称之为珊瑚，这的确是最恰当的比喻，因为我们的树
> 有嫩芽和小枝，而没有任何可能被比作叶子的东西：由于珊瑚是
> 植物性与石性的结合，所以它在我们的树中……③

在现代早期大体上农业社会的背景下，人们比我们今天的大

---

① Ripley, *Compound of Alchymie*, p. 141.

② Jean Collesson, *Idea perfecta philosophiae hermeticae*, in *Theatrum chemicum*, 6:143—162, quoting from pp. 146 and 149.

③ Eirenaeus Philalethes [George Starkey], *Ripley Reviv'd* (London, 1678), p. 65.

多数人更接近于农业和园艺经验,此时植物比喻为哲人石概念的形成以及哲学汞对于制造哲人石的作用提供了一个容易理解的类比。但是,单凭隐喻的生动性就能解释斯塔基、波义耳等许多人对哲学汞配方的长期迷恋吗?一些对制金持暗淡看法的作者曾将这种持续的兴趣归因于痴迷——尽管痴迷通常是认真学习和发现的一个先决条件——或某种幻想或"失败循环"。在它背后还有什么更多的东西吗?

再次,我认为回答这些问题的最好方法就是重复这些作者所"痴迷"的实验,看看他们自己看到了什么。斯塔基的实验室笔记提供了一个起点。不幸的是,他只有少数几本笔记留存下来,因此对其工作的完整的纯文本描述并不存在。部分根据他幸存的笔记和信件,并且用业已出版的对菲拉勒蒂斯文本的解释来填补空隙,我得以对他制作和使用哲学汞的方法进行较为完整的描述。和瓦伦丁的制备过程一样,从现代化学的角度来看,斯塔基的一些程序没有任何意义。但些许的痴迷大有帮助,经过一个月艰苦的重复工作,我制备出了斯塔基声称令人向往的少量"被赋予灵魂"哲学汞,虽然它看起来与开始时几乎没有什么不同。

根据斯塔基的提示,我将这种汞与金混合在一起,产生了一种油状的混合物,我把它放在一个形状接近哲学蛋的烧瓶中。将"蛋"密封,埋在沙浴中并加热(插图4)。几个星期之后,我改变了热量,因为原始文本并未(在实验室温度计发明之前实际上也不可能)明确指出原先使用的温度。在这段时间内,混合物只是略有膨胀,增加了流动性,然后部分被疣状赘生物所覆盖。最后,在似乎达到正确温度的几天之后,一天早上我来到实验室,发现混合物一夜之间有了全新的（极为惊人的）面貌。前一天，只有一块灰色的无定形物位于烧瓶底部，然而到了第二天早晨上，一棵闪闪发光、完全形成的树充满了整个容器（插图 5 和插图 6）。

对于这一景象，我的第一反应是完全不敢相信，在确信自己没有发疯之后，我感到了敬畏和好奇。想象一下，当 17 世纪的某位制金者看到这种景象时，他会想到什么。这几乎肯定能强有力地证实他的信念，即哲人汞能够释放、激活和滋养金的"种子"。这可能会立即使他想起以前的作者谈到过金的"生长"和"赫尔墨斯树"。简而言之，这可能会生动和毫无疑问地证明，他已经发现了"国王宫殿的入口"，这是通往哲人石的至关重要的门槛。对历史学家来说，这棵实实在在的哲学树清楚地表明，至少有某些制金意象尽管看似怪异，却直接源于化学反应物的外观。[①]

斯塔基幸存下来的一个笔记片段明确指出，这位美国炼金术士看到了同样的哲学树。1652 年 3 月 5 日星期二，他记录说，他的汞金混合物"有 12 整天基本上保持树状"，也就是说，像是"正在生长的树"。[②] 从复制其过程的结果来看，我们现在知道，必须从字面上来理解他所说的："现在火中有几杯金子和汞在以树的形状生长。"[③]考虑到这个结果如此具有视觉冲击力，我们可以更好地理解对这条通往哲人石的道路的顽强追求，这类景象必定为继续

166

①　该成果（附照片）最初发表于 Lawrence M. Principe, "Apparatus and Reproducibility in Alchemy," in *Instruments and Experimentation in the History of Chemistry*, ed. Frederic L. Holmes and Trevor Levere, (Cambridge, MA: MIT Press, 2000), pp. 55—74, the proceedings of a conference held at the Dibner Institute at MIT in April 1996。

②　Starkey, *Alchemical Laboratory Notebooks and Correspondence*, pp. 84—85.

③　Starkey, *Alchemical Laboratory Notebooks and Correspondence*, p. 21; Boyle, *Correspondence*, 1: 95.

进行实验提供了巨大鼓励。

尽管 17 世纪的化学［炼金术］还知道其他一些树状（或树枝状）的化学"生长"，但它们与插图 6 中显示的截然不同。最为人所知的是"狄安娜树"，这是从硝酸银溶液中析出的银的结晶。这些"生长"是 17 世纪所熟知的特技，今天仍然存在于"化学魔法"（chemical magic）节目中。[①] 从化学和历史的意义上来说，这些雕虫小技不能与被小心守护着的汞派的哲学树——与制金紧密相关——的秘密相比，在密封容器中，哲学树完全出乎预料地从高温的无定形金属混合物中生长出来。

斯塔基的继续实验似乎并没有使他获得哲人石，否则他可能就不会被债务人告上法庭而坐牢了。尽管像金的挥发或发芽长成一棵闪闪发光的树这样的结果令人鼓舞，但最终未能获得哲人石还是引出了一个问题：为什么有这么多人确信，哲人石能够制备而且实际上已经制备出来？是什么证据支持人们普遍相信它的存在？

哲人石的证据

今天，对哲人石存在性的怀疑主要基于这样一个事实，即它所谓的能力违反了公认的科学物质理论。然而在现代早期，哲人石非常符合当时盛行的物质理论。嬗变并不违反当时的科学思想体系。没有任何强有力的理论能够拒斥哲人石的真实性。恰恰相反，关于哲人石的能力，当时存在着各种看起来合理的解释。金属嬗变虽然缓慢，但似乎是自然中自发发生的；制金者只是尝试使用

167

①　Lemery, *Cours de chymie* (Paris, 1675), pp. 68—69.

更快的手段即我们所说的(带有某种时代误置)催化剂来实现它。人们普遍相信,所有事物都是由同一种基本"原料"构成的——这种观点可见于古老的衔尾蛇图案(图1.1),并且在17世纪最新的物质观念中得到复兴——这种信念至少保证了把任一事物转变成另一事物的理论可能性。

虽然这些理论思考使哲人石有可能存在,但要说服现代早期的人相信它是真实的则需要花更多功夫。第二个支持来源是目击证人的证词。炼金术的文学遗产包含对哲人石及其近一千年的影响的描述。17世纪出现了一种新的文本证据——"嬗变志",即公认的嬗变目击者的证词。这些目击者的报告既有单个人的也有结集出版的。选集的一个早期例子是1604年出版的《金属嬗变志种种……捍卫炼金术,反击其疯狂敌人》(*Histories of Several Metallic Transmutations …for the Defense of Alchemy against the Madness of its Enemies*),其作者是荷兰人埃瓦尔·范·霍格兰德(Ewald van Hoghelande)。在18世纪末的德国,这类选集在制金的复兴期间重见天日,在我们这个时代甚至被炼金术的信徒和那些努力兜售"奥秘"的人编辑出版。[1]

许多报告都涉及一些匿名行家,他们当着有志于制金或持怀

---

① Ewald van Hoghelande, *Historiae aliquot transmutationis metallicae … pro defensione alchymiae contra hostium rabiem* (Cologne, 1604); Siegmund Heinrich Güldenfalk, *Sammlung von mehr als 100 Transmutationsgeschichten* (Frankfurt, 1784),关于它,另见 Jürgen Strein, "Siegmund Heinrich Güldenfalks *Sammlung von mehr als 100 Transmutationsgeschichten* (1784)," in *Iliaster: Literatur und Naturkunde in der frühen Neuzeit*, ed. Wilhelm Kühlmann and Wolf-Dieter Müller-Jahncke (Heidelberg: Manutius Verlag, 1999), pp. 275—283; Bernard Husson, *Transmutations alchimiques* (Paris: Editions J'ai Lu, 1974).

疑态度的人的面,在熔化金属上加入点金石粉。有一些故事非常
离奇,现代读者读来几乎肯定会发出得意的嘲笑(对现代早期的人
也许有同样的效果),但也有很多故事极为精确,它们指出了准确
的时间、地点、出席者、产生金银的量、转化剂的外观(几乎总是一
种红色的粉末),等等。事实证明,其中一些演示有损于演示者的
健康。1701 年,一位名叫约翰·弗里德里希·伯特格尔(Johann
Friedrich Böttger,1682 – 1719)的药剂师学徒要在柏林演示嬗变
的消息不仅把数学家和哲学家戈特弗里德·威廉·莱布尼茨
(Gottfried Wilhelm Leibniz,1646 – 1716)吸引到了现场,而且也
导致萨克森公爵奥古斯特二世的士兵把伯特格尔抓了起来。伯特
格尔在狱中度过了余生,虽然他在狱中没有满足公爵制造黄金的
要求,但他的确帮助发现了制造瓷器的秘密,这一商业产品被证明
几乎同样有利可图。① 这些报告——伯特格尔并不是唯一一个因
168　为据说的知识而入狱的嬗变者——表明了炼金术为什么要保密和
匿名的一个非常实际的理由。

　　一些演示或多或少是在宫廷或学者聚会上公开进行的,有时
会用嬗变的金属本身铸造硬币或奖章作为纪念。② 事实上,到了

---

　　①　Klaus Hoffmann,*Johann Friedrich Böttger*:*Vom Alchemistengold zum weis-
sen Porzellan* (Berlin:Verlag Neues Leben,1985)详细讲述了这个故事,更不严密的叙
述见 Janet Gleeson,*The Arcanum*:*The Extraordinary True Story* (New York:Warn-
er,1998);当时的叙述参见 Gottfried Wilhelm Leibniz,"Œdipus chymicus,"*Miscellanea
Berolinensia* 1 (1710):16—21。

　　②　一个(臭名昭著的)例子是 Wenzel Seyler;参见 Pamela Smith,"Alchemy as a
Language of Mediation in the Habsburg Court,"*Isis* 85 (1994):1—25。关于 Seyler 的
更多内容,参见 Johann Joachim Becher,*Magnalia naturae* (London,1680),其中从道
德角度描述了 Seyler 对哲人石的发现、盗窃和滥用以及他随后在宫廷的冒险经历。当
时对他的其他记载发表于 Principe,*Aspiring Adept*,pp. 261—263 and 296—300。

17 世纪末,许多这类硬币被铸造出来,以至于有人写了一整部专论来讨论它们,其中许多炼金术制品流传至今(插图 7)。[1]

奥兰治亲王的医师约翰·弗里德里希·赫尔维修(Johann Friedrich Helvetius,1625-1709)1667 年发表的报告极为臭名昭著。[2] 1666 年 12 月 27 日,一位陌生人出现在赫尔维修在海牙的家中。由于赫尔维修曾经撰文对制金表示怀疑,来访者与他就这个话题进行了交谈。经过一番讨论,陌生人拿出一个小象牙盒子,里面装有三块沉甸甸的玻璃状物质,并声称这块哲人石足以产生 20 吨黄金。第二次访问期间,他给了赫尔维修一块“比油菜籽还小”的这种石头。此人走后,赫尔维修融化了一些铅,按照其指导将这粒石头投于其上,发现铅变成了金。

该城的铸币厂厂长分析了这块金属,发现它是纯金。此外他还用银熔化了一块样品来测定它的质量,发现炼金术的金使加入的一些银发生了嬗变,使金的总量增加了 33%。正如赫尔维修所说,这一结果是由“过量的染色剂”引起的。[3] 一些著名学者试图验证这些报告,比如哲学家斯宾诺莎就曾前往拜访和询问赫尔维

---

[1] Samuel Reyher,*Dissertatio de nummis quibusdam ex chymico metallo factis* (Kiel,Germany,1690);对这些硬币的现代研究参见 Vladimir Karpenko,"Coins and Medals Made of Alchemical Metal," *Ambix* 35 (1988):65—76;"Alchemistische Münzen und Medaillen,"in *Anzeiger der Germanischen Nationalmuseums 2001* (Nuremberg:Germanisches Nationalmuseum, 2001), pp. 49—72;以及 *Alchemical Coins and Medals* (Glasgow:Adam Maclean,1998)。

[2] Johann Friedrich Helvetius,*Vitulus aureus* (Amsterdam,1667). 次年它以德文(*Guldenes Kalb*)在纽伦堡出版,1670 年以英文(*The Golden Calf*)在伦敦出版,1678 年重印于 *Musaeum hermeticum*,pp. 815—863。

[3] *Musaeum hermeticum*,p. 894.

修和那位试金者。①

　　最近人们从罗伯特·波义耳未发表的文稿中发现了另一个引人注目的例子,这些文稿今天保存在他帮助建立的科学机构伦敦皇家学会中。1680 年前后,波义耳撰写了《关于金属的嬗变和改进的对话》(*Dialogue on the Transmutation and Melioration of Metals*),支持哲人石及其能力,还包括私下向他转述的几份嬗变报告。但这篇未发表的文稿也包含着用第一人称生动描写的波义耳本人所目睹的嬗变。② 波义耳说他被介绍给一个人,此人愿意向他展示一个实验,能将铅转化成一种类似于汞的金属液。波义耳派他的仆人取来了实验所用的铅和坩埚。当实验失败时(坩埚意外落入了火中),此人愿意演示另一个实验,而波义耳误以为他想重复那个失败的实验。波义耳继续报告说:

　　　　铅被剧烈熔化,旅行者打开一张折叠的小纸片,似乎包着少量粉末,它们看起来有些透明,很像极小的红宝石,呈一种非常美丽的红色。他没有称重就把些许粉末涂在了刀尖上,我猜大约有 1 格令,或者最多在 1 格令③与 2 格令之间,然后把刀柄递给我,说如果我愿意,我可以亲手投入这种粉末。④

---

　　① Benedict Spinoza, *Spinoza Opera im Auftrag der Heidelberger Akademie der Wissenschaften*, ed. Carl Gebhardt (Heidelberg, [1925]), vol. 4, *Epistolae*, pp. 196—197.

　　② 波义耳的《关于金属的嬗变和改进的对话》直到 20 世纪 90 年代才出版,此前它一直混杂在其卷帙浩繁的文稿中。现在它发表在 Principe, *Aspiring Adept*, pp. 223—295.

　　③ 格令:重量单位,等于 0.065 克。——译者

　　④ Robert Boyle, *Dialogue on Transmutation*, in Principe, *Aspiring Adept*, p. 265.

但波义耳眼睛对光很敏感,他担心在凝视炽热的火焰时会无意中把粉末洒落,"遂把刀还给了这位旅行者,希望他在我旁观时亲自投入粉末"。① 在盖上坩埚猛火加热 15 分钟之后,这两个人将它从火中取出来,让它冷却。波义耳继续说,

> 把坩埚冷却到可以安全地操作,将它移到窗口。我惊讶地发现,坩埚中没有流出汞,而是有一个坚实的东西。更让我惊奇的是,当坩埚被倒过来时,出来的东西(仍然保持着容器底部的形状)虽然有点热,但颜色很黄。我把它握在手里,感觉明显比同样多的铅更重。这时我有些惊讶地打量着旅行者,他微笑着告诉我,他认为我已经完全理解了这个新设计的实验属于什么类型。②

波义耳带走了那块黄色的金属,所有检验都表明它是金。此后不久,他的一位朋友,可能是牛津的医学教授和国王的第一任御医埃德蒙·狄金森(Edmund Dickinson,1624－1707),告诉波义耳,几天后他在牛津见到了这位旅行者。在那里,狄金森亲眼目睹了两次嬗变,分别以铅和铜为初始材料。波义耳写道:"最后,为了满足更大的好奇心,医生[狄金森]希望能对他口袋里的一些英格兰铜币也采取同样的操作,这些铜币虽然比铅难熔得多,但同样被

170

---

①　Robert Boyle,*Dialogue on Transmutation*,in Principe,*Aspiring Adept*,p. 265.
②　Ibid. ,p. 266.

嬗变成金。"①

　　这样的经历对波义耳已经足够。他后来对告解神父吉尔伯特·伯内特(Gilbert Burnet)主教说,这件事使他"心满意足地确信"哲人石的真实性及其嬗变金属的能力。② 事实上,1689 年,波义耳和伯内特当着议会的面为嬗变的真实性作证,以废除国王亨利四世 1404 年的嬗变禁令;由于他们的有力证词,旧的法令被撤销了。③

　　就这样,现代早期的人经常听到整个欧洲实现的成功嬗变的报告。这些报告不断为他们提供证据,表明哲人石是真实存在的。这些报告即使未能说服每一个持怀疑态度的人,也会为从业的和书斋里的制金者提供新的支持和激励。在他们看来,各种证据来源是彼此加强的。由当时备受尊重的权威作者所作出的证言与当时最出色的科学理论是一致的,哲学树等引人注目的惊人的实验室现象凝聚成为一个有说服力的案例,表明哲人石既是真实的,又是值得追求的目标。尽管关于嬗变的争论已经持续了几个世纪,但许多著名的学者和自然哲学家(或我们所说的科学家)仍然相信哲人石的真实性及其能力。许多努力揭示制金秘密的化学[炼金术]实践者都是严肃的思想家和有天分的实验家,其中也包括波义耳和牛顿等著名的科学革命人物。

　　本章主要侧重于揭示隐藏在炼金术极为混乱的秘密语言和意

---

　　① Robert Boyle, *Dialogue on Transmutation*, in Principe, *Aspiring Adept*, p. 268.

　　② "Burnet Memorandum," printed in Michael Hunter, *Robert Boyle by Himself and His Friends* (London: Pickering, 1994), p. 30. 事实上,这件事仅仅是波义耳几次目睹金属嬗变中最具戏剧性和最确凿的。

　　③ 参见 Hunter, "Alchemy, Magic, and Moralism," esp. p. 405。

象背后的实际做法和化学。之所以有必要说明和强调这种实验室活动,是因为存在着一种普遍倾向,要极力贬低炼金术在理论和实践上的化学内容。化学[炼金术]虽然着眼于实际的物质转变,但比现代化学的范围广得多。它是一种丰富的染色剂,点染着现代早期文化的各个方面。它也为现代读者理解现代早期的人如何思考和经验世界提供了一条途径,这些思考和经验的方式明显不同于现代,具有自己惊人的美与力量。下一章将从其他方向来探讨炼金术的主题,以考察其更广泛的背景和设想。

171

第七章　更广阔的"化学［炼金术］"世界

在 16、17 世纪，化学［炼金术］既不是一个鲜有人关注的主题，也并非孤立于其思想文化背景而存在。相反，它颇受关注，而且激起了很多从未操作过坩埚或蒸馏器的人的想象。本章考察炼金术是如何更广泛地渗透到现代早期的文化中并与之互动的，其范围远远超出了烟熏火燎的实验室和作坊。同样重要的是，许多化学家［炼金术士］思考其工作和世界的方式往往不同于现代观点，体现了这一时期的普遍观念。事实上，研究炼金术有助于阐明现代早期世界观的一些更广泛的方面。理解炼金术需要至少能在一段时间内经由现代早期的眼光来审视它。

炼金术在思想文化中的争议地位

寓意图像是一个很好的出发点。并非每一本化学［炼金术］寓意图集都是某种加密的实验室笔记本。化学［炼金术］的寓意图集有多种形式和多重目的。其中一位著名作者是米沙埃尔·迈尔

(1568－1622)。[1] 他豪华的《逃离的阿塔兰忒》(*Atalanta fugiens*)
包含着著名瑞士版画家老马特乌斯・梅里安(Matthaeus Merian
the Elder,1593－1650)所作的 50 幅美丽的版画,这是今天最常复
制的许多炼金术图像的来源。不同于巴西尔・瓦伦丁用一连串井
然有序的"钥匙"来阐明单个文本和加密单个过程,迈尔的《逃离的
阿塔兰忒》是一部图集。它收集了赫尔墨斯、莫里埃努斯、瓦伦丁
等一批早期作者的图像和表述,并把它们集合成化学[炼金术]中
一个至为复杂丰富的意义层次。[2] 即使迈尔可能做过一些实验室
工作,他的《逃离的阿塔兰忒》也比瓦伦丁或乔治・斯塔基的书更
加远离实验室操作的世界。(不过有些读者,包括艾萨克・牛顿爵
士,仍然试图从中搜寻关于制造哲人石的实用信息。)

---

①　关于迈尔,参见 Erik Leibenguth, *Hermetische Poesie des Frühbarock : Die
"Cantilenae intellectuales" Michael Maiers* (Tübingen:Max Niemeyer Verlag,2002);
Karin Figala and Ulrich Neumann, " 'Author, Cui Nomen Hermes Malavici': New
Light on the Biobibliography of Michael Maier (1569－1622),"in Rattansi and Clericu-
zio, *Alchemy and Chemistry in the Sixteenth and Seventeenth Centuries*, pp. 121—
148,and "À propos de Michel Maier:Quelques découvertes bio-bibliographiques,"in
Kahn and Matton,*Alchimie*,pp. 651—661;and Ulrich Neumann,"Michel Maier (1569－
1622):Philosophe et médecin,"in Margolin and Matton,*Alchimie et philosophie à la
Renaissance*,pp. 307—326。一项用英文写成的现已更新的较早研究是 J. B. Craven,
*Count Michael Maier, Doctor of Philosophy and Medicine, Alchemist, Rosicrucian,
Mystic*, 1568－1622 (Kirkwall,UK:Peace and Sons,1910)。
②　H. M. E. de Jong,*Michael Maier's Atalanta Fugiens:Sources of an Alchemi-
cal Book of Emblems* (Leiden:Brill,1969)对迈尔的来源作了确认。还有其他许多寓
意图集,比如 Daniel Stoltzius von Stoltzenberg 的 *Viridarium chymicum* (Frankfurt,
1624),也以德文版出版:*Chymisches Lustgärtlein* (Frankfurt, 1624;reprint, Darms-
tadt:Wissenschaftliche Buchgesellschaft,1964)。

175

图 7.1 地球是其乳母("The Earth is its nurse");emblem 2 from Michael Maier,*Atalanta fugiens*（Atalanta Fleeing）（Oppenheim, 1618）,pp. 16—17。这句格言引自《翠玉录》。

该书的 50 章分别由五部分组成:格言,寓意图像,六行警句诗（拉丁文和德文）,两页叙事散文,以及最具创新意义的是一段三声部的音乐（图 7.1）。音乐提供了编排的主题:阿塔兰忒（Atalanta）和希波墨涅斯（Hippomenes）的故事。在古典神话中,善跑的少女阿塔兰忒只答应嫁给能在赛跑中跑赢她的人——有趣的是,她会杀死失败者。希波墨涅斯接受了阿塔兰忒的挑战,但知道没有人比她跑得快。在爱神阿芙洛狄忒（Aphrodite）的帮助下,他用三只金苹果确保了自己的胜利。比赛开始时,阿塔兰忒向前飞奔,希波墨涅斯将一只苹果滚过她身边。她停下来捡苹果时,希波墨涅斯赶到了她前面。通过机智地使用苹果,希波墨涅斯赢得了比赛,如

愿以偿地娶了阿塔兰忒。① 在迈尔的音乐作品中,女高音代表"阿
塔兰忒的逃离";男高音代表"希波墨涅斯的追赶",男低音代表"引
发耽搁的苹果"。

虽然这些图像最初来自早期文本,但迈尔为其补充了进一步
的联系、暗示和意义。警句诗异常复杂,似乎任何一位读者都不可
能完全领会各种所指、暗示、联系和双关。我们也不太清楚音乐是
如何与这些图像相联系的,但在这方面已经有几种理论。②

《逃离的阿塔兰忒》代表着迈尔将制金与更广的思想领域和人
文领域联系起来的努力,它应被视为 16 世纪更广的人文主义寓意
传统的一部分。该体裁最著名的例子是安德里亚·阿尔恰蒂
(Andrea Alciati)极为流行的作品(图 7.2),他的寓意图集在现代
早期曾经多次重印。③ 这两本书的基本内容都是"格言-图像-警
句诗"的组合,它在《哲学家的玫瑰花园》已经可以看到。如果抛开

---

① 这个故事的一个版本见 Ovid,*Metamorphoses*,10:560—707。

② 参见 Jacques Rebotier,"La musique cachée de l'*Atalanta fugiens*,"*Chrysopoeia* 1 (1987):56—76;关于炼金术中的音乐,参见 Christoph Meinel, "Alchemie und Musik," in Meinel, *Die Alchemie in der europäischer Kultur-und Wissenschaftsgeschichte*,pp. 201—228;以及 Jacques Rebotier,"La *Musique de Flamel*,"in Kahn and Matton,*Alchimie*,pp. 507—546。

③ 关于寓意画的位置和内容,参见 John Manning,*The Emblem* (London:Reaktion Books,2002)这项出色的研究以及其中的参考文献。值得注意的是,阿尔恰蒂起初只写了晦涩难懂的诗,寓意画可能是后来加上的。参见 John Manning,*The Emblem* (London:Reaktion Books,2002),pp. 38—43。不幸的是,当代的人文主义研究和文学象征研究往往只是顺便提及炼金术寓意画。另见 Alison Adams and Stanton J. Linden,eds. ,*Emblems and Alchemy* (Glasgow:Glasgow Emblem Studies,1998),尽管其中相关章节的质量不尽相同。

图 7.2 中版画的文本语境,我们很可能以为它是一部制金文本的寓意画(注意那条衔尾蛇)。但阿尔恰蒂的文本肯定不是化学[炼金术]的,它展示的是道德和美德的格言。尽管如此,阿尔恰蒂和迈尔以及其他许多寓意画作者所使用的图像和格式都有密切关联。同样,两位作者心目中的读者主要也都受过人文主义教育。因此必须认为,17 世纪化学[炼金术]寓意画的激增不仅是化学[炼金术]内部的一种发展,而且也是当时对各种寓意之物的更大狂热的一部分。

177

图 7.2　研究文献以得永生("Acquire immortality from the study of literature");emblem 132 from *Andreae Alciati emblemata* (Antwerp,1577),p. 449。

　　寓意之物的流行部分依赖于现代早期对"学术游戏"（learned play）的热衷，即拼凑和猜测出巧妙地隐藏在暗示和隐喻背后的含义。即使是 17 世纪的流行期刊，比如巴黎的月刊《文雅信使》（*Mercure galant*），也都含有寓言诗和寓意画形式的"谜题"。该杂志的编辑鼓励读者发来自己的诠释，并在下一期发表最佳阐释。与我们最接近的现代等价物也许是填字游戏、字谜游戏、数独和其他智力游戏。但重要的是，这些现代形式中都没有运用图像的多重力量，也没有将智慧、道德、学问方面的要义进行加密，而正是因为有了所有这一切，现代早期的体裁才能获得勃勃生机。不过在最简单的层面上，迈尔的作品仍然是 17 世纪初给有学问的人看的一本智力游戏著作。其扉页宣称，《逃离的阿塔兰忒》"部分适合于眼睛和理智……部分适合于耳朵和心灵的娱乐"，因此把它看作一本关于智力谜题和思维乐趣的书。

　　然而，迈尔写作《逃离的阿塔兰忒》的主要目标要更高。作为一位颇有成就的人文主义者和诗人，他用书中的诗歌、音乐、学术游戏和美妙图像将化学[炼金术]与自由技艺和美术联系起来。因此，他的目的并非只是娱乐读者，而是想让同时代的人文主义者对它感兴趣，从而使一种通常被认为肮脏费力的活动变得高贵。迈尔告诉读者，

　　　　在这一生当中，一个人越是接近神性，就越喜欢用理智来
　　　研究事物，那些微妙、奇妙、罕见的事物。……为了培养我们
　　　的理智，神在自然中隐藏了无穷多个秘密……化学[炼金术]
　　　秘密并不属于其中，而是在研究完神圣事物之后第一位的也

178

是最宝贵的秘密。①

　　换句话说,学者们应当关注化学[炼金术]。要想阅读、观看、聆听——也许最罕见的是——享受《逃离的阿塔兰忒》,深刻了解古典文学和历史、神话、数学、诗歌、天文、音乐、神学当然还有化学[炼金术],都是必不可少的先决条件。读者的知识面越宽,理解就越深入;理解越深入,喜悦就越大。此外,追寻《逃离的阿塔兰忒》中隐藏的联系和意义,类似于追寻神在自然界中隐藏的秘密——迈尔认为使用化学[炼金术]尤其适合作这种追寻。

　　《逃离的阿塔兰忒》是持续不断地尝试解决化学[炼金术]不稳定的文化思想地位的一个例子——这个问题困扰着从中世纪到18 世纪的化学家[炼金术士]。化学[炼金术]"混合"了头与手,高尚的思想与费力的工作,承诺与失败,从事者来自各个社会阶层和思想阶层,其地位的确难以确定(在某种程度上现在也是如此)。因此,也许现代早期化学[炼金术]最恒常的特征就是其接受者的两极分化和它模糊不清的声誉。几乎在所有情况下,它都既被谴责为欺骗或无用,又被赞誉为强大甚至神圣。

　　如前所述,炼金术未能在中世纪大学中找到立足之地。其命运并不比文艺复兴时期努力在大学文化之外建立新知识圈子的人文主义者更好。人文主义的早期倡导者倾向于谴责炼金术。② 14

　　①　Michael Maier, *Atalanta fugiens* (Oppenheim, 1618), p. 6.

　　②　关于这些议题,参见 Jean-Marc Mandosio, "La place de l'alchimie dans les classifications des sciences et des arts à la Renaissance," *Chrysopoeia* 4 (1990 – 1991): 199—282, 以及 Sylvain Matton, "L'influence de l'humanisme sur la tradition alchimique," in "Le crisi dell'alchimia," *Micrologus* 3 (1995): 279—345。

世纪初,诗人但丁(1265－1321)将炼金术士与假冒者和伪造者一起深埋于地狱的第八圈。在《神曲》的地狱之旅中,他遇见了一个曾于1293年被处死的熟人的灵魂。这个受折磨的灵魂告诉他:"我是用炼金术造假金属的卡波乔(Capocchio)的亡魂。你应该还记得……我是多么善于模仿自然。"①这里但丁所强调的是,使事物看起来不合实际是不道德的,因此他将炼金术与假冒和伪造联系在一起,这同样可见于但丁生前颁布的教皇约翰二十二世的教令。《神曲》中被罚入地狱的灵魂只是笨拙、粗陋甚至可笑地模仿自然,而不是手艺高超地追随和模仿自然,甚至像罗杰尔·培根声称炼金术所能做到的那样,超越自然的产物。没过多久,彼得拉克(Petrarch,1304－1374)在其《两种命运的补救方法》(Remedies for Fortunes Fair and Foul)中同样一边倒地谴责制金是一种空洞和无价值的活动,其唯一成功的产物就是"烟尘、灰烬、汗水、叹息、言语、诡计和堕落"。②

后来的人文主义者一般都是跟着做,他们主要关注优雅的语言和古典文本(两者皆非化学[炼金术]吹嘘的对象)。然而到了16世纪,其中一些学者力图将以前被忽视或摈弃的知识和实践领域"人文化"。阿格里科拉(Georgius Agricola,1494－1555)的作品提供了一个相关的例子。阿格里科拉是一个受过拉丁语和希腊语训练的人文主义者,后来在矿区行医,他试图将采矿和冶金引入

---

① Dante, *La divina commedia*, canto 29.

② Petrarch, *Remedies for Fortune Fair and Foul*, trans. Conrad H. Rawski (Bloomington: Indiana University Press, 1991), 1:299—301.

学界。其百科全书式的巨著《论矿冶》(*De re metallica*)描述了矿山的发现、挖掘和运作以及矿产品的熔炼和精炼。阿格里科拉并不试图写出一本矿工手册(事实上,他的描述在技术上往往不够准确),而是想把矿业包装成一个人文学科,从而使其系统化和变得高贵。因此,他的书用博学的希腊-拉丁词汇取代了野蛮的日耳曼矿业术语。通过频繁地引用希腊罗马作家,它为矿业提供了一个古典谱系,其大幅的艺术插图使这本书赏心悦目。[①]《论矿冶》豪华的形式(以及由此产生的昂贵价格)表明了其读者的特殊地位。矿工、试金者或工程师不会拥有一本《论矿冶》来参考,就像正在操作的制金者不会在炉边放一本《逃离的阿塔兰忒》。

在乔万尼·奥雷利奥·奥古雷罗(Giovanni Aurelio Augurello,1441－1524)手中,炼金术得到了类似的对待。作为一位人文主义诗人和彼得拉克的崇拜者,奥古雷洛于 1515 年出版了一篇名为《制金》(*Chrysopoeia*)的长诗。[②] 这首诗模仿了罗马诗人维吉尔(Virgil)《农事诗》(*Georgics*)的风格,维吉尔用优雅的拉丁语诗句装点了耕作,奥古雷罗也用古典语言、文学风格和学术典故装点了炼金术。奥古雷罗将自己的作品献给了教皇利奥十世,教皇本人

---

　　① Georgius Agricola,*De re metallica* (Basel,1556).关于阿格里科拉的传记,参见 H. M. Wilsdorf,*Georg Agricola und seine Zeit* (Berlin:Deutsche Verlag der Wissenschaften,1956),以及 Hans Prescher,*Georgius Agricola:Persönlichkeit und Wirken für den Bergbau und das Hüttenwesen des 16. Jahrhunderts* (Weinheim:VCH,1985)。关于他的人文主义训练和计划,参见 Owen Hannaway,"Georgius Agricola as Humanist,"*Journal of the History of Ideas* 53 (1992):553—560。

　　② 参见 Zweder van Martels,"Augurello's *Chrysopoeia* (1515):A Turning Point in the Literary Tradition of Alchemical Texts,"*Early Science and Medicine* 5 (2000):178—195。

是一位著名的人文主义者，据说（没有什么证据）曾送给诗人一个空的钱袋作为酬劳，暗示奥古雷罗（鉴于对制金的了解）可以亲自装满它。奥古雷罗对制金概念的精通表明，他必定浸淫过相关的文献，尽管他不大可能亲自手握坩埚。《制金》广为流行，最终成为化学家[炼金术士]的一个来源，他们寻求哲人石时曾经认真研究过这首诗并作了释义，以期找到关于实际制金方法的蛛丝马迹。

　　奥古雷罗赋予制金以古典谱系的技巧之一是把希腊罗马神话解释为对化学[炼金术]过程的隐秘描述。这样一来，伊阿宋（Jason）和阿尔戈英雄（Argonauts）寻找"金羊毛"就成了一个寻找嬗变的寓言。赫拉克勒斯（Hercules）的伟绩和维纳斯（Venus）的爱也被解释为包藏着化学[炼金术]信息。将古典神话解读为化学[炼金术]寓言发展成为化学[炼金术]文献的一个标准部分。例如，它出现在《逃离的阿塔兰忒》中，更出现在迈尔的《最秘密的秘密》（*Arcana arcanissima*）中。[①] 一些制金者甚至认为，鉴于对神话进行字面解读会给出一种对众神极为不恭的看法，只有对神话做出化学[炼金术]诠释，才能使古人免受渎神的指控。

---

　　① Michael Maier, *Arcana arcanissima* (London, 1613). 从 16 世纪到 18 世纪的其他许多化学[炼金术]著作都发展了这个主题；例如参见 Vincenzo Percolla, *Auriloquio*, ed. Carlo Alberto Anzuini, Textes et Travaux de Chrysopoeia 2 (Paris: SÉHA; Milan: Arché, 1996); Pierre-Jean Fabre, *Hercules piochymicus* (Toulouse, 1634); and Antoine-Joseph Pernety, *Les fables égyptiennes et grecques dévoilées* (Paris, 1758; reprint, with a useful introduction by Sylvain Matton, Paris: La Table d'émeraude, 1982), 以及 *Dictionnaire mytho-hermétique* (Paris, 1758). 对希腊神话最早的炼金术解释之一简要地出现在 14 世纪初 Petrus Bonus 的著作 *Margarita preciosa novella*, in *Bibliotheca chemica curiosa*, 2: 1—80, on 42—43. 对该论题的现代分析参见 Sylvain Matton, "L'interprétation alchimique de la mythologie," *Dix-huitième siècle* 27 (1995): 73—87。

　　这种建立谱系和寓意解读的激增最终产生了事与愿违的结果。现代早期的制金者渐渐开始把几乎任何东西都看成化学[炼金术]的寓言，并把许多古人选为行家里手。这种肆意不仅延伸到荷马、奥维德和其他古典作家，而且也延伸到中世纪叙事诗和《圣经》。当然，正是后者激起了担心对《圣经》作非正统解读的天主教作者和致力于对《圣经》作更多字面解读的新教作者最强烈的反应。① 托马斯·斯普拉特(Thomas Sprat)在1667年出版的《皇家学会史》中抨击了这一做法：“他们轻率鲁莽地研究这个秘密[哲人石]，自信在摩西、所罗门、维吉尔等任何一条线索中都能看到一些足迹。”② 在1718年莱顿大学的就职演说中，赫尔曼·布尔哈夫(Herman Boerhaave，1668－1738)为“不虔敬”的化学家[炼金术士]感到羞愧：“我多么希望……这些疯狂的人能够约束住自己，不再通过化学[炼金术]的原理和元素来解释《圣经》！”③ 倘若能把

181

---

　　① Sylvain Matton，"Une lecture alchimique de la Bible：Les 'Paradoxes chimiques' de François Thybourel，"*Chrysopoeia* 2（1988）：401—422；Didier Kahn，"L'interprétation alchimique de la Genèse chez Joseph Du Chesne dans le contexte de ses doctrines alchimiques et cosmologiques，"pp. 641—692 in *Scientiae et artes*：*Die Vermittlung alten und neuen Wissens in Literatur*，*Kunst und Musik*，ed. Barbara Mahlmann-Bauer（Wiesbaden：Harrassowitz，2004），pp. 641—692；Peter J. Forshaw，"Vitriolic Reactions：Orthodox Responses to the Alchemical Exegesis of Genesis，"in *The Word and the World*：*Biblical Exegesis and Early Modern Science*，ed. Kevin Killeen and Peter J. Forshaw（Basingstoke：Palgrave，2007），pp. 111—136.

　　② Thomas Sprat，*A History of the Royal Society of London*（London，1667），p. 37.

　　③ Herman Boerhaave，*Sermo academicus de chemia suos errores expurgante*（Leiden，1718），reprinted in his *Elementa chemiae* 2：64—77，quoting from p. 66；英译本参见 E. Kegel-Brinkgreve and Antonie M. Luyendijk-Elshout，eds.，*Boerhaave's Orations*（Leiden：Brill，1983），pp. 193—213，quoting from p. 195. 关于布尔哈夫，参见 John C. Powers，*Inventing Chemistry*：*Herman Boerhaave and the Reform of the Chemical Arts*（Chicago：University of Chicago Press，2012）。

《圣经》经文解释成为实验室工作提供指导,那么《圣经》中的人物就必定是制金的从业者。当摩西熔掉金牛犊并让以色列人喝它时,他难道不是在用从埃及获得的知识来制备金液吗? 所罗门的伟大智慧必定已经延伸到了嬗变;因此,据说来自遥远的俄斐(Ophir)的金实际上必定是用哲人石制造出来的。[1]

　　将圣经祖先和古代异教徒加入化学［炼金术］的谱系为这门学科(及其从业者)赋予了一种莫须有的古代谱系和地位。[2] 虽然选择诺亚、摩西、使徒约翰等古代宗教人物作为化学［炼金术］的行家里手最早出现于拉丁中世纪,将三重伟大的赫尔墨斯命名为炼金术的创始人最早出现在伊斯兰时期,但现代早期走得更远。[3] 在整个 17 世纪,各种化学［炼金术］史都把自己的起源不断向前追溯,并把越来越多的古代人——包括圣经的和异教的——选为行家里手。化学［炼金术］本身成为一种更广的"赫尔墨斯知识"的一部分,这种知识不仅可以追溯到赫尔墨斯,而且可以追溯到最遥远和最受敬仰的过去,追溯到神向古代祖先——在某些版本中是亚当本人——透露并世代相传的一种"古代智慧"(*prisca sapientia*)。[4] 不

---

　　① 　Exodus 32:20;1 Kings 9:28;2 Chronicles 8:18.

　　② 　不幸的是,佐西莫斯不够古老,他生活在一个退化的罗马帝国行将结束之时。大多数人文主义者都对希腊语不够优雅的《希腊炼金术文献》表现冷淡,尽管制金的支持者们强调它是其早期世系的一部分。参见 Matton,"L'influence,"pp. 309—341.

　　③ 　参见 Robert Halleux,"La Controverse sur les origines de la chimie de Paracelse à Borrichius,"in *Acta conventus neo-latini Turonensis* (Paris:Vrin,1980),2:807—817,esp. p. 809.

　　④ 　关于就化学［炼金术］的古代性所展开的争论,例如参见 Olaus Borrichius,*De ortu et progressu chemiae* (Copenhagen,1668),reprinted in *Biblioteca chemical curiosa*,1:1—37,and *Hermetis*,*Aegyptiorum et chemicorum sapientia ab Hermanni Conringii*

幸的是，这种知识正日渐丧失，被接连的传承所破坏。异教神话实际上是这种原初知识的一个堕落的、被误解的版本，因此可以而且需要对它进行解释。虽然这种延长的谱系和扩展的范围主要旨在提高化学［炼金术］的地位，但它也促进了对越来越遥远的材料做出化学［炼金术］诠释，而这又会招致批评家的嘲笑。

文学、艺术中的化学［炼金术］

诗人、画家和剧作家也发现了化学［炼金术］，既利用了它分裂的声誉，也利用了它的思想和形象。在此过程中，他们记录了这门高贵的技艺如何被其同时代人所认识（和调整），以及化学［炼金术］的基本操作和观念如何变得为人们所熟知。他们的创作有助于在更广的文化范围上对化学［炼金术］做出更详细的描绘。

杰弗里·乔叟（Geoffrey Chaucer，约 1343 - 1400）在《坎特伯雷故事集》（*Canterbury Tales*）中采取了一种比但丁或彼得拉克更加微妙的立场。"自耕农的故事"讲述了导致破产与疾病的多个失败实验，以及一个教士如何通过加入假的点金石粉，耍手腕欺骗了一位神父。但乔叟并未由此断言嬗变炼金术是假的；相反，它是只有少数人才敢介入的一种特权知识。

---

animadversionibus vindicata (Copenhagen,1674)；and Hermann Conring,*De Hermetica Aegyptorum* (Helmstadt,1648) and *De Hermetica medicina* (Helmstadt,1669［enlarged edition of the 1648 publication]）。关于"古代智慧"的争论，参见 Martin Muslow,"Ambiguities of the *Prisca Sapientia* in Late Renaissance Humanism,"*Journal of the History of Ideas* 65 (2004)：1—13。关于牛顿的兴趣，参见 McGuire and Rattansi,"Newton and the Pipes of Pan"。

如果不能理解炼金术士的目标和行话，

就不要让他去探索这门技艺，

如果他能理解，

他就是一个十足的傻瓜，

因为他说，

这门艺术和科学的确是奥秘中的奥秘。

因此我的结论是：

既然天上的神不会允许炼金术士

解释如何能发现这块石头，

我最好的建议是——别去管它。[①]

乔叟的这个故事是警告而不是谴责。除非对炼金术特殊的"目标和行话"有深刻的理解，否则大多数胸怀大志的人都制备不出哲人石。这个故事也表明，乔叟本人很熟悉中世纪的炼金术作者和文本；他引用过阿诺尔德等权威人物的话，也对拉齐作过释义。后来的一些制金者甚至认为乔叟是行家里手。[②]

---

① 引自现代版：Geoffrey Chaucer, *Canterbury Tales*, trans. David Wright (Oxford：Oxford University Press, 1985), pp. 449—450；关于原版，参见 Chaucer, *The Canon's Yeoman's Tale*, ed. Maurice Hussey (Cambridge：Cambridge University Press, 1965), pp. 53—54 (lines 889—894 and 919—923)。

② Edgar H. Duncan, "The Literature of Alchemy and Chaucer's Canon's Yeoman's Tale：Framework, Theme, and Characters," *Speculum* 43 (1968)：633—656；"The Yeoman's Canon's 'Silver Citrinacioun'," *Modern Philology* 37 (1940)：241—262. Elias Ashmole 把《自耕农的故事》印在他的炼金术诗集 *Theatrum chemicum britannicum*, pp. 227—256 中，并说他把它包括进来的原因之一就是"显示乔叟本人就是一位炼金术大师"(p. 467)。

　　化学[炼金术]作者自己也经常提供类似于乔叟的建议,劝说不合要求的读者不要从事这项工作。例如,15世纪的制金者托马斯·诺顿(Thomas Norton)就列举了因闲暇、学识、资金或智慧不183　足而注定要失败的人,并且得出结论说,

　　　　　　　　　不是真有学问的人,

　　　　　　　　　还瞎鼓捣这玩意,

　　　　　　　　　纯属无知缺心眼。

　　　　　　……因为它是一种非常深刻的哲学,

　　　　　　　精妙而神圣的炼金术科学。①

　　视觉艺术重复着这样的警告。事实上,化学家[炼金术士]成了16、17世纪荷兰艺术中的常见角色。荷兰和弗莱芒的艺术家们描绘化学家[炼金术士]的画作有数千幅之多。虽然许多这样的绘画精确描绘了用玻璃、金属、陶瓷和石头制成的设备,但它们并不旨在逼真地呈现。② 其主要目的是提供——往往是不太直接的——道德教训,观者必须费一番心思才能领会,这与同时代的寓意画不无类似。

　　彼得·勃鲁盖尔(Pieter Brueghel)在16世纪中叶的画作《炼

---

　　①　Thomas Norton, *Ordinall of Alchimy*, in Ashmole, *Theatrum chemicum britannicum*, p. 7.

　　②　例如,插图2所示的绘画准确地描绘了当时的化学[炼金术]实验室中经常发生的爆炸;然而,这幅画的真实要义在于背景,在于一个正在给孩子擦屁股的女人无言地表达的评论。

金术士》(*Alghemist*)是这些图像中最早的之一。1558 年菲利普•加勒(Philips Galle)制作的版画(图 7.3)使勃鲁盖尔的这幅作品广为传播,且被证明极有影响力。该场景显示了一个被毁的家庭。画作中心是一个手拿空钱袋的心烦意乱的女人在其炼金术丈夫背后用手势示意,她的丈夫正把他们最后一枚硬币丢入坩埚。一个傻瓜蹲在地板上,通过模仿炼金术士而抱以沉默。与此同时,孩子们在空橱柜里玩耍,强调了因父亲有前途的计划而导致的贫困。在背景中,父亲的劳动使整个家庭——最大的孩子仍然头顶一口空锅——尝到了苦果,进入了救济院。坐在右边的学者的含义略显模糊。他可能正在向从业者宣读指导,但除别人以外,他似乎是唯一的评论者,作手势让观众看这误入歧途的生活。在勃鲁盖尔的原作中,这位学者指向的是他的书中用大号字体印刷的"炼金术士"(al-ghemist)一词——这在荷兰文中是一个双关语,意思是"一切都丧失了"。① 在加勒的版画中,一则补充的格言将这幅画的意思引向了警告而不是谴责。它的诗句在一定程度上模仿了《翠玉录》和其他化学[炼金术]格言的风格,说:"无知者应当忍受

---

① 关于对这幅作品的解释以及更一般地关于艺术中的炼金术,参见 Lawrence M. Principe and Lloyd Dewitt, *Transmutations: Alchemy in Art* (Philadelphia: Chemical Heritage Foundation, 2002), pp. 11—12, 以及 A. A. A. M. Brinkman, *De Alchemist in de Prentkunst* (Amsterdam: Rodopi, 1982), pp. 41—53。另见 Jane Russell Corbett, "Conventions and Change in Seventeenth-Century Depictions of Alchemists," in *Alchemy and Art*, ed. Jacob Wamberg (Copenhagen: Museum Tusculanum Press, 2006), pp. 249—271, 以及 A. A. A. M. Brinkman, *Chemie in de Kunst* (Amsterdam: Rodopi, 1975)。关于这一主题的"经典"之作是 Jacques van Lennep, *Art et alchimie* (Brussels: Meddens, 1966)。然而,虽然这本书包含着有用的清单,但其解释却是基于现已过时的炼金术观念,因此应当很小心地对待。

事物,然后勤勉地工作。"因此它似乎在说——就像乔叟的《自耕农的故事》一样——炼金术并非人人都能学。它不是改善人生命运的手段,肯定也不是捷径。天赋不够的人应当避开它,致力于他们更适合并且更可能成功的某种事物。

184

图 7.3　Philips Galle,*Alghemist*,1558。据彼得·勃鲁盖尔的一幅画所作的版画。

　　勃鲁盖尔关于家庭为化学[炼金术]所毁的这幅图催生了该主题的一系列变种。后来有数十幅版画和绘画都借鉴了他的《炼金术士》。阿德里安·凡·德·范尼(Adriaen van de Venne)1636年的《富裕的贫困》(*Rijcke-armoede*)(插图 8)显示,父亲在熔炉旁忙碌,完全忘记了其家庭困境。他的妻子抬头望着天,孩子们要食物时,她伸手出示家里的最后一枚硬币。理查德·布拉肯比赫(Richard Brakenburgh)在关于该主题的更大画作中重复了其中许多特征(插图 9)。画中踌躇满志的化学家[炼金术士]指着他那包粉末,仿佛对他的妻子说:"这一次真的要奏效了!"而她却对着他们的小儿子做手势,后者正朝着倒放的坩埚徒劳地打气,不仅浪费时间和木炭(两者都是价格不菲),而且还取代了勃鲁盖尔绘画中的傻瓜——这显然在暗示任何熟悉这两件作品的人。除了未能履行维持家庭的责任,父亲还以恶劣的榜样败坏了他的后代。事实上,站在父亲后面的一个哥哥正握住风箱的手柄,快乐地上下摇晃,从而参与了父亲的浪费活动。它们共同传递的信息是,通过制金来追求财富导致了家庭毁灭。这些绘画中的教益似乎类似于古谚——"鞋匠不应离开鞋楦"(Shoemaker, stick to your last)。①

炼金术士风格的绘画,小大卫·特尼尔斯(David Teniers the Younger,1610 - 1690)的创作最为丰富。有趣的是,他从一个非常不同的角度来描绘炼金术士。在一些画中,特尼尔斯让化学家[炼金术士]的腰带上悬吊着一个鼓鼓的钱袋,也许是为了直接反驳勃鲁盖尔和他的追随者们(插图10)。没有被毁的家庭,没有饥饿的孩子,没有愚蠢的行为或即将发生的灾难。尽管作坊混乱不堪,但化学家[炼金术士]表现出了勤勉和生产能力。后来,特尼尔斯甚至画了一幅自画像,将自己描绘成一个化学家[炼金术士],也许是为了强调画家和化学家[炼金术士]在创造和制作方面有一个共同主题——画家将简单的材料结合起来以产生珍贵的艺术作品,化学家[炼金术士]则将简单的物质结合起来以产生更有价值的物质。

和特尼尔斯一样,在年纪略轻的托马斯·韦克(Thomas Wijck,1616 - 1677)创作的画中,化学家[炼金术士]也表现得道德

①　意思是:"你只管自己的事吧。我的工作该怎么做,用不着你来指点。"——译者

高尚而非道德败坏。在一幅类似于肖像的个人场景中（插图 11），韦克笔下的化学家［炼金术士］拥有学者的所有特性。他衣着考究地坐在那里阅读书籍和文稿，同时还注意着他的蒸馏。窗边悬挂着一些书信。场面安详而宁静，而不是混乱和破败。在另一幅画中，韦克描绘的家庭和谐画面非常有趣（插图 12），它同样可能有意要与勃鲁盖尔式的图像形成对立。母亲和孩子们在准备晚餐，父亲在书房中工作，他的一个蒸馏器与家人的饭食共用炉灶。

关于化学［炼金术］在现代早期社会中的模糊地位，这些艺术品共同作了重申和评论。在它们的描绘中，化学［炼金术］既是一种令人着迷的追求，可能毁掉不小心或不明智的追随者，招致贫穷和不道德，也是一种创造性的劳动，需要不懈的努力、学习和技能。

戏剧中的化学［炼金术］

186

然而，17 世纪的戏剧几乎总是用喜剧手法来描绘化学家［炼金术士］。有时候，他只是一个笨蛋，另一些时候则是彻头彻尾的骗子。本·琼森（Ben Jonson）的《炼金术士》（*The Alchemist*，1610）是最著名的例子。[①] 它的主人公萨托尔（Subtle）是一个语速很快的骗子，其目标是利用愚蠢主顾的贪婪本性，而不是通过贱金属来获得黄金。他保证（但一直拖延着）会制造出一块哲人石，并

---

① 关于炼金术与伊丽莎白时代和斯图亚特时代的戏剧和文学体裁的联系，参见 Stanton J. Linden, *Darke Hieroglyphicks: Alchemy in English Literature from Chaucer to the Restoration* (Lexington: University Press of Kentucky, 1996)。

从上当者那里骗取了礼物和钱。琼森还写过假面剧——这些宫廷 187
表演或可称为"寓意演出"。其中几部使用了炼金术的意象和概
念，其问世时间大约与《炼金术士》相同。他的《宫廷炼金术士所证
实的汞》(*Mercury Vindicated from the Alchemists at Court*)大量
借鉴了波兰化学家[炼金术士]米沙埃尔·森蒂弗吉乌斯在当时的
一部著作，《炼金术士》表明琼森对相关的术语和表达极为熟悉，即
使在它们被嘲弄时。①

　　在威廉·康格里夫(William Congreve, 1637 - 1708)的《老光
棍》(*The Old Batchelor*)中，一个人被怂恿向另一个人勒索钱财，
得到的建议是"汤姆，用一点儿化学[炼金术]就可以从泥土中提取
黄金"。"请相信我，"他的同伴回应道，"我和化学家[炼金术士]一
样穷，也一样勤劳"，从而将当时的风俗画中贫穷与勤劳的对比主
题再次结合起来。类似的巧妙失调(artful dissonance)同样可见
于康格里夫的《如此世道》(*Way of the World*)，这部作品描写了
一个害相思病的女人"就像任何化学家[炼金术士]在'点金之日'
(the Day of Projection)一样，心中充满希望，头脑中充满关爱"。②
对化学家[炼金术士]和化学[炼金术]的诸如此类的提及表明，

---

　　①　Edgar Hall Duncan, "Jonson's *Alchemist* and the Literature of Alchemy," *Proceedings of the Modern Language Association* 61 (1946):699—710; "The Alchemy in Jonson's *Mercury Vindicated*," *Studies in Philology* 39 (1942):625—637; Stanton J. Linden, "Jonson and Sendivogius: Some New Light on 'Mercury Vindicated'," *Ambix* 24 (1977):39—54.
　　②　"点金之日"是指化学家[炼金术士]第一次检验其哲人石嬗变能力的重要日子。William Congreve, *Way of the World*, in *The Complete Plays of William Congreve*, ed. Herbert Davis (Chicago: University of Chicago Press, 1967), pp. 46 and 431.

读者们必定已经非常熟悉化学家[炼金术士]的特征及其手艺的要点。

　受化学[炼金术]影响的讽刺和幽默也出现在 1694 年为巴黎意大利剧院(Théâtre Italien)所写的喜剧《吹气者》(Les Souffleurs)中。此标题的英译是"The Puffers",它贬义地指过分乐观的化学家[炼金术士]朝着坩埚下面的煤不断吹气(souffler)。(我建议用《吹嘘者》[The Blowhards]作为另一种可能的翻译。)《吹气者》讲述了一对邻居试图制造哲人石,竟一直未觉察到发生在他们眼皮底下的偷情。这篇对话里充满了化学[炼金术]的讽刺和暗示。哲人石即将完成的时候,形形色色有着相似意图的人聚集在一起见证点金,并合唱赞颂这门技艺的效力(图 7.4)。

> 化学[炼金术]是多么美妙!
> 通过炼金药和金液,
> 它的惊人效力使我们堪比众神。
>
> 最可鄙的贫穷,
> 无法控制的衰老,
> 最不可治愈的疾病,
> 甚至不可阻挡的命运,
> 都感受到了我们无与伦比的石头
> 那奇迹般的效果。
> 化学[炼金术]是多么美妙!

它的力量是多么惊人！①

图 7.4 《吹气者》第三幕中的场景。注意各种冒烟的炉子和仪器，特别是后面的大炉，顶部有一个哲学蛋（含有正在成熟的哲人石）。化学[炼金术]仪器和风箱被用作后墙上的战利品装饰。出自 Les Souffleurs; *ou*, *La pierre philosophale d'Arlequin*（Amsterdam, 1695）。

----

① "Que la chimie est admirable," from [Michel Chilliat?], *Les Souffleurs; ou, La pierre philosophale d'Arlequin*（Paris, 1694）, pp. 114—115 and 121. 第一版包含九首为剧本撰写的音乐，虽然大多数副本都缺少所有曲谱或大多数曲谱。关于法国和意大利戏剧中的炼金术，参见"Théâtre et Alchimie," *Chrysopoeia* 2（1988）, fascicle 1 中的论文。

诗歌中的化学［炼金术］

剧作家嘲弄化学家［炼金术士］,诗人则同时从正面和反面使用化学［炼金术］的主题和概念。威廉·莎士比亚(1564－1616)在他的第三十三首十四行诗中优雅地利用了化学［炼金术］核心的转化力量:

> 多少次我曾看见灿烂的朝阳,
> 用他那至尊的眼媚悦着山顶,
> 金色的脸庞吻着青碧的草场,
> 把黯淡的溪水镀成一片金黄。

大约在同一时间,约翰·多恩(John Donne,1572－1631)用制金者同样恒常的希望和失败来例证一个新郎过分的乐观和最终未竟的希望。

> 啊,这全是人们卖的假药;
> 还没有一个炼金术士能炼出仙丹,
> 却在大肆吹嘘他的药罐,
> 其实他只不过偶然碰巧
> 炮制出了某种气味刺鼻的药;
> 情人们也是如此,梦想极乐世界,

得到的却只是一个凛冽的夏夜。[①]

"假炼金术士"的形象

艺术、文学和戏剧对化学家[炼金术士]的不同描绘肯定为第四章详细阐述的"炼金术"与"化学"在 18 世纪的分裂奠定了基础。失败与骗子的形象和故事有助于造就一个刻板而持久的类别,所有满怀希望的制金者最终都被纳入其中。因此,炼金术骗子这个 189 陈腐的类别值得直接关注。

对假制金者所作欺骗的描述形成了至迟从伊斯兰中世纪开始的连续传统,最终导致制金在 18 世纪遭到道德攻击。然而,这样的描述不仅出自批评家和讽刺作家,而且也出自制金者本人。制金者既是为了警告那些缺乏警惕性的人注意可能的花招,也是为了把自己与那些在文学和公众心目中已经变得声名狼藉的不光彩的刻板印象明确区分开来。[②] 还有许多故事讲述的是,化学家[炼

---

① John Donne, "Loves Alchymie," in *The Complete English Poems of John Donne*, ed. C. A. Patrides (London: J. M. Dent, 1985), p. 86. 关于多恩与化学[炼金术],参见 Jocelyn Emerson, "John Donne and the Noble Art," in *Textual Healing: Essays in Medieval and Early Modern Medicine*, ed. Elizabeth Lane Furdell (Leiden: Brill, 2005), pp. 195—221, 以及 Edgar Hill Duncan, "Donne's Alchemical Figures," *English Literary History* 9 (1942): 257—285。

② 两个例子是 Michael Maier, *Examen fucorum pseudo-chymicorum detectorum et in gratiam veritatis amantium succincte refutatorum* (Frankfurt, 1617) 和 Heinrich Khunrath, *Trewhertzige Warnungs-Vermahnung* (Magdeburg, 1597)。关于前者,参见 Wolfgang Beck, "Michael Maiers Examen Fucorum Pseudo-chymicorum: eine Schrift wider die falschen Alchemisten," PhD diss., Technische Universität München, 1992, 以及 Robert Halleux, "L'alchimiste et l'essayeur," in Meinel, *Die Alchemie in der europaischen Kultur-und Wissenschaftsgeschichte*, pp. 277—291。

金术士]做出了美好的承诺却无法兑现,因为欺骗了强大的主顾而遭到处决。这些叙述中有许多是真实的,但若认为所有这些不幸都是现代意义上的真实欺骗则是错误的。在许多情况下,这些从业者都是学到或发明了某种改良金属的工艺——并不总是涉及像哲人石一样伟大的东西——或是提高了采矿或精炼的效率。他们对未来的成功感到自信,也许在小规模的希望迹象出现之后,他们与王室主顾签订了法律合同。持有合同的这些炼金术士最近被(恰当地)称为"承包化学家[炼金术士](entrepreneurial chymists)"。① 他们的合同规定了主顾应当为住宿、工作区和材料提供多少费用,并为可交付项和交付日期建立具体条款。倘若工艺失败,从业者便未能履行合同。按照对合同义务的通常理解——至少是在这种合同签订最多的德国各地——这种失败被视为"欺骗"(Betrügerei)。但这些从业者并不一定是不诚实的。这类犯罪一般涉及许诺某种无法完成的事情,简而言之就是欺骗统治者,对于这种罪行可判处死刑。处决失败的化学家[炼金术士]主要发生在德国;在法国或英国,这种处决记录很少。这种区别也许更多是因为不同的法律制度,而不是因为不同的做法或从业者。

承包化学家[炼金术士]通常不会写学术论著。事实上,知情的作者往往会批评他们是冒牌货、不务正业的人和假化学家[炼金术士]——或者更多情况下被称为骗子。这些作者最多会把承包

---

① Tara Nummedal, *Alchemy and Authority in the Holy Roman Empire* (Chicago: University of Chicago Press, 2007)阐述了这个术语,并对"合同炼金术"(contractual alchemy)以及"假炼金术士"这一范畴的构建作了丰富的档案研究。

化学家［炼金术士］称为"工艺骗子"（process-mongers），他们缺乏可靠的哲学基础或理论基础来获得想要的东西。这种分类在一定程度上是准确的，即使随之而来的道德评价仍然可疑。区分像斯塔基或瓦伦丁那样的人的成熟理论和实验纲领与那些同统治者签订合同的人的更具经验性的努力当然是正确的。但这两群人都代表着现代早期化学［炼金术］的重要方面。[①] 一群人汗流浃背地守着烟熏火燎的炉子，不断换着配方，但并没有出版书，另一群人不仅出版书，在当时可能也更引人注目，因此即使没有同样直接地参与这门学科的思想发展，也更要为人们对化学家［炼金术士］的一般印象负责。前者的人数肯定要比后者多得多。

　　宫廷王室不仅是赞助炼金术士承包人的中心，更是赞助更广泛的化学家［炼金术士］的中心。在法国，亨利四世（1589－1610在位）的宫廷兴奋地谈论着新帕拉塞尔苏斯主义医学的倡导者，后者认为他们的新疗法和他们的君主乃是新时代的标志。从西班牙埃斯科里亚尔（El Escorial）的宏伟宫殿，到弗朗切斯科·德·美第奇（Francesco de'Medici）和科西莫·德·美第奇（Cosimo de'Medici）的佛罗伦萨，再到德国各地的众多小贵族宫廷，用化学［炼金术］方法生产药水的蒸馏室持续运转。用来改进矿物和金属的作坊也是常见的设备。黑森-卡塞尔的"学者"莫里茨（Moritz "the Learned" of Hessen-Kassel，1572－1632）不仅创立了化学

---

　　① 例如参见 William Eamon，"Alchemy in Popular Culture：Leonardo Fioravanti and the Search for the Philosopher's Stone，"*Early Science and Medicine* 5（2000）：196—213，以及 Tara Nummedal，"Words and Works in the History of Alchemy，"*Isis* 102（2011）：330—337。

［炼金术］医学的第一个大学教授职位，而且领导着一群积极从事制金和医疗化学的相互竞争的宫廷化学家［炼金术士］。整个 17 世纪，几位神圣罗马皇帝在布拉格和维也纳的宫廷一直在吸引化学家［炼金术士］，据说那里就嬗变举行过无数"公开演示"。简而言之，化学［炼金术］——在其各个方面——并不局限于孤立的实验室或私人书房，而是也（往往引人注目地）介入了现代早期的宫廷文化。①

炼金术与宗教文学

和世俗文学的作者一样，宗教作家和演说家也会利用化学［炼金术］思想。② 化学［炼金术］中无处不在的净化和改进主题与宗

---

① Bruce Moran, *The Alchemical World of the German Court*, Sudhoffs Archiv 29 (Stuttgart: Steiner Verlag, 1991); Pamela H. Smith, *The Business of Alchemy: Science and Culture in the Holy Roman Empire* (Princeton, NJ: Princeton University Press, 1994); Jost Weyer, *Graf Wolfgang von Hohenlohe und die Alchemie: Alchemistische Studien in Schloss Weikersheim 1587 -1610* (Sigmaringen, Germany: Thorbecke, 1992); Mar Rey Bueno, *Los señores del fuego: Destiladores y espagíricos en la corte de los Austrias* (Madrid: Corona Borealis, 2002), and "La alquimia en la corte de Carlos II (1661 - 1700)," *Azogue* 3 (2000), online at http://www. revistaazogue. com; Alfredo Perifano, "Theorica et practica dans un manuscrit alchimique de Sisto de Boni Sexti da Norcia, alchimiste à la cour de Côme Iᵉʳ de Médicis," *Chrysopoeia* 4 (1990 -1991): 81— 146; Didier Kahn, "King Henry IV, Alchemy, and Paracelsianism in France (1589 - 1610)," in Principe, *Chymists and Chymistry*, pp. 1—11.

② 关于这个主题，参见 Sylvain Matton, "Thématique alchimique et littérature religieuse dans la France du XVIIᵉ siècle," *Chrysopoeia* 2 (1998): 129—208; Matton, *Scolastique et alchimie*, pp. 661—737; and Sylvia Fabrizio-Costa, "De quelques emplois des thèmes alchimiques dans l'art oratoire italien du XVIIᵉ siècle," *Chrysopoeia* 3 (1989): 135—162。

教道德观念之间肯定存在着天然的亲和性。《圣经》中多次把检验 191
和净化人心比做用火来精炼贵金属。① 马丁·路德(1483－1546)
赞扬化学[炼金术]以寓意方式例证了基督教原则,尽管他对制金
始终保持怀疑。② 对于化学[炼金术]至关重要的蒸馏操作——使
纯粹的挥发性(即"精神的")物质与混合物中较为粗糙和卑贱的成
分分离开来——常常像是宗教文学中的一种比喻。例如,主教让-
皮埃尔·加缪(Jean-Pierre Camus,1584－1652)为实现一种"精神
炼金术"提供了一个"实验室配方":

> 让我们把所有好的和坏的想法、情感、激情、恶习和美德
> 混合在一起,放入我们的理智这个蒸馏器。然后把它放在对
> 永恒之火的记忆和回忆中,就好像放在熔炉上,我们将会看到
> 一些奇妙的结果。这种火热的思考将把混乱的元素分开,比
> 如喧闹的野心,贪欲之土,虚荣之风,贪婪之水,傲慢之气。它
> 将驱散所有这些愚蠢,摧毁成千上万尘世欲望的渣滓,以便从
> 中吸取完全天真的美妙观念。……它将驱散我们所有的恶习
> 和罪恶,从我们的灵魂中汲取虔诚之精华。……这难道不是
> 一种美妙的化学[炼金术]吗?③

---

① 例如 1 Peter 1:7,Proverbs 17:3 and 27:21,Wisdom 3:6,and Job 23:10。

② 参见 Sylvain Matton,"Remarques sur l'alchimie transmutatoire chez les
théologiens réformés de la Renaissance,"*Chrysopoeia* 7 (2000－2003):171—187,esp.
pp.172—175。

③ Jean-Pierre Camus,cited in Matton,"Thématique alchimique,"p.149.

化学［炼金术］的几乎每一个方面——分离和结合、帕拉塞尔苏斯主义医学、制金以及一系列制造性的化学［炼金术］操作——都出现在天主教和新教的无数布道和小册子中。宗教作家从嬗变炼金术和医学炼金术中自由地借用观念和图像作为隐喻，嬗变作家也从宗教和神学中自由地借用观念和图像，以服务于他们自己的隐喻目的。[①] 例如，萨勒的圣弗朗索瓦（St. Francis de Sales, 1567－1622）在写爱的转化力量时惊呼："噢，神圣的炼金术！噢，神圣的点石成金的力量！我们激情、情感和行动的所有金属都被它转化为神圣之爱的最为纯净的黄金。"同一时期的另一位演说家也将神的恩典称为"将一切事物变成黄金的真正的哲人石"。[②]

把化学［炼金术］观念用作宗教中的修辞点缀或隐喻（反之亦然），这很容易理解。但化学［炼金术］与宗教的关系要远为深刻和复杂。本书的每一章都在某种程度上触及了炼金术-宗教的内在力量。这些相互关系不仅对于更全面地了解化学［炼金术］至关重要，而且对于更一般地阐明关于现代早期世界观的更大观点也同样至关重要。要想厘清这个极为复杂的难题，我们不妨先来考察化学家［炼金术士］一再声称的其神秘知识的神圣起源和地位。

---

① Matton,"Remarques sur l'alchimie transmutatoire"; John Slater, "Rereading Cabriada's *Carta*: Alchemy and Rhetoric in Baroque Spain,"*Colorado Review of Hispanic Studies* 7 (2009):67—80, esp. 73—75.

② 引自 Matton,*Scolastique et alchimie*, p. 726。

炼金术作为"神的恩赐"

化学家[炼金术士]经常把关于如何制备哲人石或其他伟大化学[炼金术]秘密的知识称为"神的恩赐"（*donum dei*）。例如，托马斯·诺顿在其《炼金术的顺序》（*Ordinall of Alchimy*）开篇便宣称，

> 神圣的炼金术超凡而奇妙：
> 这是一门奇妙的科学，秘密的哲学，
> 是神的独特恩典和恩赐。[1]

这部作品幸存下来的最早手稿和它的印刷版包含着一幅插图，描绘了一个学生双膝跪地从老师那里领受炼金术的秘密（图7.5）。[2] 坐着的老师对学生说："在神圣的封印之下领受神的恩赐。"学生则回答说："我会秘密地保守神圣炼金术的秘密。"画面上方翱翔着一只代表圣灵的鸽子，侧面的天使携带的条幅上镌刻着《诗篇》中的诗句（《诗篇》45:7 和 27:14），让人强烈地感受到神的启示。现代人往往不会把任何自然知识称为神圣的或神的恩赐，所以这些表达和图像似乎表明制金是某种特殊的东西，与其

---

① Norton, *Ordinall*, p. 13；关于诺顿，参见 J. Reidy, "Thomas Norton and the *Ordinall of Alchimy*," *Ambix* 6 (1957):59—85.

② 该手稿现藏于大英图书馆，Additional MS 10302。它的图案明显不同于后来的印刷版。

他知识有显著不同,更类似于宗教知识而非自然知识。诚然,这些关于其神圣起源和神圣性的主张曾被用来支持 19、20 世纪的观念,即炼金术从根本上说是一种精神的、超自然的或宗教的活动,但必须把这些表达置于其历史语境中,才能按照其作者的意图得到理解。

图 7.5　学生从老师那里领受炼金术的秘密,并承诺保密。出自 Thomas Norton, *Ordinall of Alchimy*; engraving in *Theatrum chemicum britannicum* (London, 1652)。

193　　首先,关于化学[炼金术]秘密之特殊地位的重复主张都是"惯用语"(*topoi*)——几乎所有现代炼金术作者都会理所当然地把它们用作文学惯例。第二章讲述了这些惯用语在公元9、10世纪随着贾比尔派著作的指引风格而出现,此后模仿阿拉伯风格以使其作品具有更高权威性的中世纪拉丁作者将它们延续了下去。这种模仿不仅包括源于伊斯玛仪派著作的指引风格,还包括加入了无处不在的阿拉伯语"*insha'allah*"(如果神愿意)的拉丁文对应语。因此奇怪的是,一些基督教文本的宗教语气实际在一定程度上是由穆斯林对虔敬的表达所决定的。后来的欧洲作者(往往是宗教修会的成员,或至少是虔诚的平信徒)进一步发展和扩展了这些到那时已经变得几乎无意识的惯用语。

　　其次,"神的恩赐"实际上是一个专业用语,被用在中世纪和文艺复兴时期讨论知识地位的神学和法律文献中。圣托马斯·阿奎那(以及其他人)断言,所有知识实际上都是一种神的恩赐。此话是在暗指一条既定的法律准则,即"知识是神的恩赐,所以不能售卖"(*scientia donum dei est*,*unde vendi non potest*)。[①] 这条准则源于一场道德争论,即教师要求学生付费是否合法(未达成共识)。背后的想法是,既然知识是一种神的恩赐,那么获得知识的人就没有权利出售它,部分是因为他并不实际拥有它,部分是因为这样做是买卖圣物,犯下了售卖精神物品之罪。中世纪晚期和现代早期

194

---

　　① 　St. Thomas Aquinas, *Summa theologica*,1ae 2a,quaestio 112,articulus 5 and 2ae 2a,quaestio 9;更多的出处以及在法律和伦理语境下对这个问题的讨论,参见 Gaines Post,Kimon Giocarinis,and Richard Kay,"The Medieval Heritage of a Humanistic Ideal:'Scientia donum dei est,unde vendi non potest,'"*Traditio* 11 (1955):195—234,以及 Gaines Post,"Master's Salaries and Student-Fees in Mediaeval Universities," *Speculum* 7 (1932):181—198。

的化学［炼金术］作者们肯定知道这个术语的背景。他们对这个术语的使用既强调了所有知识的最终来源（当然特别是提升他们自己知识的地位），又强调必须明智而恰当地使用知识这一恩赐。[1]

第三，最重要的是，现代人往往会在现代早期的人不会切断联系的地方切断联系，这里是指切断科学与宗教的联系。现代人喜欢把这两者隔离开来，让彼此保持安全的距离。今天的许多读者确信这些现代惯例本质上是正常的，因此往往认为制金作者们把自己的主题说成神的恩赐是不正常的，也就是说，需要作特别的解释。但需要作特别解释的也许恰恰是现代人：目前业已接受的学科身份界限是在何处、为何以及被何人建立的？现代早期的人认为神是万物的创造者，一切事物都是他的恩赐。所有作者，无论是化学［炼金术］的还是其他的，都知道并会引用《圣经》的话，即"各样美善的恩赐和各样全备的赏赐都是从上头来的，从众光之父那里降下来的"（《雅各书》1：17）。而现代人则往往将神的行动或存在想象成例外事件，与日常生活相隔十万八千里。但对于现代早期的人来说，神的行动和存在是恒定的、日常的甚至熟悉的。

因此，查阅乔治·斯塔基的一本实验室笔记，可以瓦解那些令人舒适的现代范畴，在关于实验的确切日期、所使用材料的重量以

---

① 请注意，禁止给知识贴上价格标签，并不意味着要将它免费给予所有人，尽管有神的诫命："你们白白地得来，也应当白白地给人"（Matthew 10：8）。关于这个问题，参见 Carla Hesse, "The Rise of Intellectual Property, 700 BC—AD 2000: An Idea in the Balance," *Daedalus* 131（2002）：26—45。

及加热时间长度的详细记录中,我们发现了这样一条:

> 1656 年 3 月 20 日,在布里斯托尔,神向我透露了万能溶剂的全部秘密;让永恒的祝福和荣耀归于他。[①]

这里斯塔基非常实事求是地记录了他对"神的恩赐"的领受,就好像他在描述某个重要但并不很令人惊讶的实验结果似的。虽然这条简洁的记录并未明确指出这种恩赐是如何传递给他的,但在另一本笔记中,他描述了一系列有逻辑联系的实验,他称之为"神的意愿"(*divino nutu*)的结果。而在另一本笔记中,他说:"我做了许多不成熟的试验,但神最终惠允把我引入这门真正的技艺中。"[②]斯塔基很清楚,他以实验室操作获得的知识是一种神的恩赐,但是因为神永远存在,以微妙的方式及时暗示我发现事物的日常表现背后的东西。这里既没有在云端戏剧性地高声说话的神,也没有陷入狂喜状态的化学家[炼金术士]。斯塔基的笔记描述了因顿悟的神秘瞬间而感恩神的化学家[炼金术士],我们有时称之为"尤里卡时刻"(eureka moment)。这位化学家[炼金术士]工作勤勉,总能意识到神的无处不在和神意,承认其造物主是知识的最终来源。我们可以认为这个观点使神成为常规的和平淡无奇的,将神贬低为日常世界的一部分;但也有一种观点看起来同样合理,

---

① Starkey,*Alchemical Laboratory Notebooks and Correspondence*,p. 175.
② 关于斯塔基屡屡承认神的帮助,参见 Starkey,*Alchemical Laboratory Notebooks and Correspondence*,pp. 43,67—69,113,190,and 302;对这个问题的更多讨论,参见 Newman and Principe,*Alchemy Tried in the Fire*,pp. 197—205。

而且更符合现代早期的观念，那就是：通过与超越者建立恒常无声
的联系，它使世界和人的奋斗成为神圣的。

这种联系是旨在从多个层次将人类、自然界和神联系在一起
的一张关联之网中的一环。① 这种现代早期的相互联系的宇宙观
在罗伯特·弗拉德（Robert Fludd，1574－1637）设计的复杂图像
中得到了描绘。弗拉德是英格兰的医生、学者和哲学家，他与当时
一些最著名的思想家展开了争论。在哲人石等化学［炼金术］主题
方面，他也有过著述。② 图 7.6a 所示的优雅版画是在 1617 年制
196 作的，其制作者可能是米沙埃尔·迈尔雇用的那位艺术家——马
特乌斯·梅里安。

地球位于图像的中心，其上坐着一只猿（图 7.6b）。这只猿代
表人的技艺，往往被称为"自然之猿"（ape of nature），因为它模仿
（"apes"）自然的运作。猿的高度界定了代表各种人类知识的四个
同心圆。从地球向外移动的第一个圆描述了"技艺在矿物界纠正
自然"，对蒸馏的微型描绘代表化学［炼金术］——这种技艺通过把
贱金属嬗变成黄金，将有毒物质转化为药物，或者将普通之物转化

---

① 　对现代早期"关联世界"的基础和含义的简要论述，参见 Principe，*The Scientific Revolution*，pp. 21—38。

② 　关于弗拉德的文献，参见 Allen G. Debus，ed.，*Robert Fludd and His Philosophical Key*（New York：Science History Publications，1979），pp. 51—52；一项更新的研究是 Johannes Rösche，*Robert Fludd：Der Versuch einer hermetischen Alternative zur neuzeitlichen Naturwissenschaft*（Göttingen：V&R，2008）；在炼金术方面的更多内容，另见 François Fabre，"Robert Fludd et l'alchimie：Le *Tractatus Apologeticus integritatem societatis de Rosea Cruce defendens*，"*Chrysopoeia* 7（2000－2003）：251—291。关于弗拉德与哈维的联系，参见 Allen G. Debus，"Robert Fludd and the Circulation of the Blood，"*Journal of the History of Medicine and Related Sciences* 16（1961）：374—393。

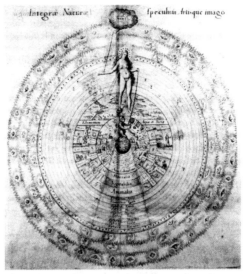

图 7.6a,b　整个自然和技艺形象之镜（*"The Mirror of the Whole of Nature and the Image of Art"*），引自 Robert Fludd,*Utriusque cosmi historia*（Oppenheim,1617）。

为有用的不寻常之物来纠正物质的缺陷。下一个圆显示了"技艺在植物界辅助自然",并以农业和果树嫁接为例。之后是"技艺在

动物界补充自然",并以医学、养蚕、人工孵蛋、(根据古老的信念)
从牛的尸体中自发产生蜜蜂等等为例。这三种实用技艺都有一个
共同主题,那就是在炼金术中非常明显的对自然的改进。第四个
圆中是"更加自由"的技艺,即那些更加不受功利生产奴役的技艺。
在弗拉德的特殊列表中,它们都以数学为基础:天文学、音乐、几何
学、计时、绘画、防御工事等。

　　由猿和四个圆所代表的人类活动领域与宇宙的其余部分不可
避免地联系在一起。猿的手腕连在一个站在它上方代表大自然的
女性身上,大自然控制着人的技艺能做的事情。她所界定的同心
圆领域包含着(向外依次是)矿物和金属,植物,以及包含人在内的
动物。再往上便超出了地界,七颗行星的同心圆在地心宇宙中围
绕着地球旋转。这里弗拉德画了几条对应的线作为例子。左边有
两条线把土星与矿物界的铅和锑相连。同样,右边金星也与铜和
雌黄相连。左边太阳与男人相连,他张开双臂迎着连线(太阳和男
人都有热和干的性质)。与之对称,右边女人受到冷和湿的月亮的
影响,她在自己身上模仿月亮的每月周期。

198　　同样值得注意的是,自然本身并不比人的技艺更独立,因为她
自己的手腕也连在一根链条上,执链之手从位于物理宇宙之外的
各级天使上方的一团神圣的云中伸下来,物理宇宙则被一个恒星
圈所包围。该云团带有"四字母圣名"(Tetragrammaton),即表达
不可言说的神之名号的四个希伯来字母。因此,这幅寓意图显示
了人类的每一项生产活动都被自然用链子拴住,而自然又被拴在
神的手中。整个宇宙体系被连接成一个相互联系、相互作用的复杂
整体。以这种观点看来,化学家[炼金术士]在实验室里的工作——

在最低的圆中作了描绘——总是与神的意志相联系，也就是说仍然依赖于神的恩赐和指导，就像农夫、医生和天文学家的工作一样。

这种紧密相连的宇宙观拥有深植于西方文化中的多个来源。新柏拉图主义思想强调"自然的阶梯"的观念，从无生命的物质到超越的"太一"，每一个存在物都被连接在一个等级分明的链条中。亚里士多德在其自然哲学中努力做到无所不包；他关于运动、因果关系、性质等方面的观点始终如一地适用于自然的各个领域。天界对地球的影响——占星术所依据的《翠玉录》中表述的大宇宙和小宇宙的相互作用（"上者来自下界，下者来自上界"）——被认为每天都可见于潮汐、季节以及罗盘朝着北极星的转向；这种相互作用将天界事物与地界事物联系在一起。也许最有说服力的是，基督徒信仰一个单一的、全能的、天意的、无所不知的神，这意味着世界是一个统一、和谐、相互作用的整体——一个真正意义上的宇宙（*cosmos*），即一个高度有序的整体——因为它是同一个完全首尾一致的心灵的产物。天地万物反映了造物主的统一性。

有了这个更大的背景，我们就可以更好地理解卓越的海因里希·昆拉特（约 1560－1605）了。[①] 昆拉特广泛的兴趣和活动进一步表明了现代早期思想内部的联系，特别是在化学[炼金术]和宗教领域。他的确参与过实际的制金，也肯定过法术活动——亦即用仪式方法祈求在梦境和异象中得到神的启示——对于获得制金

---

① 关于昆拉特有许多不可靠的材料；可靠的学术成果请参见 Peter Forshaw 目前正在进行的工作，比如 "Alchemy in the Amphitheatre: Some Considerations of the Alchemical Content of the Engravings in Heinrich Khunrath's *Amphitheatre of Eternal Wisdom* (1609)," in Wamberg, *Alchemy and Art*, pp. 195—220。

等主题的知识的价值。因此毫不奇怪,他明确指出,关于哲人石的知识是神的恩赐。但这个术语对他来说究竟是什么意思呢?昆拉特断言,这种恩赐包含两大秘密,也就是第五章所描述的那两个秘密:知道正确的初始材料,知道如何实际处理它以产生哲人石。在重申关于这些秘密的知识乃是神的恩赐(*Gabe und Geschenck Gottes*)之后,昆拉特继续说:

> 亲爱的古代哲学家们获得了关于这件事物[哲人石和它的质料]的知识和实践,我们可以从他们的书中清楚地看到这一点。他们要么是通过一种特殊的神圣灵感、秘密异象或神灵启示从神那里获得的,要么是从另一位哲学家和人类导师那里获得的,要么是通过勤奋的阅读和正确的书籍,沉思、冥想和明智地观察更大世界中自然的美妙运作,从自然之光那里获得的。①

请再慢慢读一遍这张清单。昆拉特将现代人会截然分开的东西并列在一起。神的启示和异象与普通的人类教育、研究书籍和认真观察整个世界排在一起。它们之间的联系是,神最终是知识的来源。所有知识要么直接来自于神;要么经由一种天使般的异象,间接但超自然地来自于神;要么经由一位人类导师的声音、一本书的话或者对天地万物的观察研究,间接而自然地来自于神。我们现代人会把神的活动列为一个特殊类别,而对于昆拉特(或斯塔基、弗拉德或许多同时代人)来说,这不过是另一种获取知识的

---

① Heinrich Khunrath, *Lux in tenebris* (n. p. , 1614), pp. 3—4.

方法罢了——或者毋宁说,神的活动最终被视为获取知识的所有方法的基础。"每一项有价值的恩赐,每一项真正的馈赠都来自上界,从光明之父降临而来。"简而言之,这种观点缘于现代早期的人感觉和意识到神在其日常生活和世界中恒常存在。这是我们所失去世界的一部分。在重新获得它之前,我们不可能真正理解现代早期的人是如何思考和生活的。

现代口语用法中仍然留有这种世界观的踪迹。当我们头脑中突然出现一种想法或某个问题的答案时,我们往往称之为"灵机一动"(*moment of inspiration*),即使我们并没有意识到这个词所蕴含的神学。创造性的想法究竟从何而来呢? 现代早期的人会说,它们最终来自于天地万物的伟大源头。因此,获得稀有的知识——无论以何种方式获得——其实是神的恩赐。但这种恩赐并不一定包裹在雷电或狂喜的异象中(尽管有这种可能);它可以在阅读一本书时,侧耳倾听老师的教诲时,沉思自然的行为时,或者俯身摆弄坩埚时悄无声息地降临。

自然、神和人这一复合体中存在的各种联系可以发挥进一步的也许更令人惊奇的功能。和通常一样,昆拉特对哲人石的处理也是从它实际存在的证据开始的。他先是诉诸证词,这是过去拥有哲人石的人所提供的他所谓的"重复经验"。然后他引用了化学[炼金术]理论的支持,他称之为"正确做哲学的化学家[炼金术士]的共识"。但是接着,他又补充了据称最有说服力的第三条证据,即

> 哲人石与耶稣基督的美妙和谐,这是神并非徒然地摆在我们眼前的。如果基督徒能正确地思考哪怕就这一个证据,或

者接受其指导,那么它就必然会预示和证明天然哲人石的可能性,这种神圣的、天上的石头从世界之始就存在于自然中。①

　　昆拉特在这里声称,基督保证了哲人石的现实性。他究竟在谈论什么?他如何来证明这一飞跃?在部分程度上,昆拉特是在利用一个人们熟知的将基督与哲人石联系起来的隐喻——这种联系是中世纪晚期在伪维拉诺瓦的阿纳尔德、鲁庇西萨的约翰的著作以及《哲学家的玫瑰花园》中发展出来的。制造哲人石时,制备的成分在哲学蛋中被加热,直到在“死亡”中变黑;进一步加热,在一个类似于“复活”的过程中使其“恢复”成一种新的、美化的和精细化的物质。然后,这个制作完成的石头可以“治愈”贱金属的缺陷和瑕疵,就像复活的基督通过治愈不完美的堕落人性和万物来救赎世界一样。

201　　　然而,对昆拉特来说,基督与哲人石之间的这种比较——或如他所说的“类比和谐”(*harmonia analogica*)——远不只是一种隐喻、寓言或诙谐,而是有提供证明和证据的能力。救世主基督及其属性的存在保证了一种带有类似物质属性的物质石头的存在。这种起连接作用的类比(基督-哲人石)充当着一个证明,将一个事物的确定存在传递给另一个事物的确定存在。这是如何可能的呢?一方面,它是对“上者来自下界,下者来自上界”这则格言的终极表达。另一方面,它又表达了现代与现代早期对隐喻和类比的理解之间的一种深刻差异。现代世界认为这些隐喻和类比是人类心灵

---

①　Heinrich Khunrath, *Lux in tenebris* (n. p. , 1614), pp. 9—10.

的创造。而对于昆拉特和他的许多同时代人来说，它们既不是任意的，也不是人类想象的产物，而是作为真实的联系独立存在于世界本身的结构当中。它们隐藏在那里，等待被发现。

近三个世纪前，彼得·伯努斯几乎说了同样的事情，尽管他是沿着另一个方向来谈论哲人石与基督的联系的。伯努斯声称，基督教产生之前的内行们用其观察报告来制造哲人石，以预言弥赛亚因圣灵感孕而生。距离昆拉特时代更近的罗伯特·波义耳也通过其实验室观察恢复了一系列化学[炼金术]操作结尾处的初始材料，以此作为关于身体复活的基督教教义的证据。[①] 其他作者则基于再生（palingenesis）做了同样的事情。医生托马斯·布朗（Thomas Browne，1605－1682）爵士写道，他对哲人石的了解"教给了我许多神性，指导了我的信仰：那个不朽的精神和我灵魂中不可毁灭的实质如何可能隐藏起来，在这个肉体中小憩"。[②]

医师、化学家[炼金术士]皮埃尔-让·法布尔（Pierre-Jean Fabre，1588－1658）就包括制金在内的化学[炼金术]的各个方面多有著述，他于 1632 年出版了非凡的《基督教炼金术士》（Alchymista christianus），该书也许最广泛地运用了化学[炼金术]观察来指向神学真理。其目的是"通过化学类比和比喻来解释基督

① Robert Boyle，*Some Physico-Theological Considerations about the Possibility of the Resurrection*，in *Works of Robert Boyle*，8：295—327. 类似的用法实际上可以追溯到公元 5 世纪的 Aeneas of Gaza，*Theophrastus*，in *Patrologia graeca*，ed. J. P. Migne（Paris，1868），85：871—1003，esp. 983—984 and 992。另见 Matton，"Thématique alchimique，"pp. 180—190。

② Thomas Browne，*Religio medici*，in *Works of Sir Thomas Browne*，ed. Geoffroy Keynes（Chicago：University of Chicago Press，1964）1：50.

教信仰尽可能多的奥秘",并且显示"使用化学［炼金术］技艺的基
202　督徒的正统教义、生活和美德"。① 法布尔的目标与伊桑·艾伦·
希区柯克(Ethan Allen Hitchcock)在 19 世纪提出的炼金术解释
虽然表面上相似,实则有着深刻的分歧。法布尔并没有将炼金术
完全归于神学寓言;相反,他认为实际的实验工作和现象是与神学
真理共存和同延的,而且与之有着天然联系。化学［炼金术］表达
和确证了神学真理。造物主在其整个创世过程中,难道不是已经
将他自己的类比形象或寓意形象植入了吗? 人在天地万物中可以
发现这些形象。这种对世界的看法部分基于"两本书"的教义,该
教义在圣奥古斯丁(公元 354 - 430)那里得到了最充分的阐述,在
现代早期则被神学家和自然哲学家广泛接受。它指出,神以两种
不同的方式向人类展示自己:通过《圣经》中的话语,以及通过"自
然之书"即受造物。因此,研究自然世界,比如通过化学［炼金术］,
当然会揭示"许多神性"。

　　关键是,这些观念和看法并非炼金术所独有。类似的观点和
论证存在于整个现代早期的思想中。例如:

　　　　球体(这是神和创造主的形象)中……有三个区域,象征
　　　着三位一体的三个位格:球心象征着圣父,球面象征着圣子,

---

　　① Pierre-Jean Fabre, *Alchymista christianus* (Tolouse, 1632); available as a re-
print with accompanying French translation as *L'alchimiste chrétien*, ed. and trans.
Frank Grenier, Textes et Travaux de Chrysopoeia 7 (Paris: SÉHA; Milan: Archè,
2001). 法布尔的 *Manuscriptum ad Fredericum* 是一部井然有序的解释性文本,对于更
完整地理解 17 世纪的制金理论和原理极为有用,关于这一文本,参见 Bernard Joly, *La
rationalité de l'alchimie au XVIIe siècle* (Paris: Vrin, 1992)。

中间的空间象征着圣灵。宇宙的许多主要部分也是这样安排的：太阳在中心，恒星天球在球面，行星系统在中间区域。[①]

这段话的作者并非"炼金术士"，而是以其行星运动定律而闻名的著名天文学家约翰内斯·开普勒（1571—1630），直到今天，这些定律仍然是物理学和天文学课程的标准内容。这里引用的话是他用来支持哥白尼日心说的论证的一部分，认为太阳位于宇宙的中心，地球围绕太阳运动，而不是相反。开普勒的论证并非从观察证据出发，而是使用了（借用昆拉特的话说）"类比和谐"，即物理宇宙和它不可见的创造者之间的一种类比关联。神的属性保证了一个日心宇宙。圣父是永恒不变的源泉，因此他的物理象征，他在宇宙中的类似物或隐喻，即太阳，必须静止于中心，照亮、温暖并且无形地引导包括地球在内的所有行星。"类比和谐"正是对事物如其所是的证明。事实上，开普勒在他的所有作品中都是"使用类比这条线索穿越了自然秘密的迷宫"。[②]

　　所有知识的关联，自然、神和人的相互联系，以及类比作为证据的力量亦见于学识渊博的耶稣会士阿塔那修斯·基歇尔（1601/2—1680）的作品中。他于 1641 年出版的《磁体》（*The Magnet*）一书的卷首插图（图 7.7）显示了这些关联，并以"万物皆由隐秘之结

203

---

①　Johannes Kepler, *Epitome of Copernican Astronomy*, bk. 4 in *Ptolemy, Copernicus, Kepler*; *Britannica Great Books*, vol. 16 (Chicago: Encyclopedia Britannica, 1952), pp. 853—854.

②　Johannes Kepler, *Harmonices mundi*, in *Gesammelte Werke*, ed. Max Caspar (Munich: Beck Verlag, 1940) 6:366; in English in *Ptolemy, Copernicus, Kepler*, 16:1083.

图 7.7 **Athanasius Kircher, SJ,** *Magnes sive de magnetica arte* （**Rome,** **1641**)卷首插图,显示了所有知识、自然世界、人和神的相互联系。

所连接”(*Omnia nodis arcanis connexa quiescunt*)作了总结。带有各种知识(天文学、哲学、透视光学、音乐、神学、医学等)名称的标志排成了一个圆,均由链条连接。而这些标志又被连接到其内部的三个更大的圆上:星界(一切比月球更远的东西)、月下世界(地球)和小宇宙(即人)。宇宙的这三重划分本身又被连接在一起,其中心(与这三者平等地相接触)是原型世界(*mundus arche-*

typus），即神的心灵，它包含着宇宙中一切可能事物的模型。

在基歇尔看来，磁体对铁的看不见的力量恰恰例证了这些看不见的联系或"隐秘之结"。[①]　于是，他在其著作的开篇便详细描述了磁体及其效果，然后向外扩展到显示类似"磁"效应的其他物体：比如静态的吸引、向日葵转向太阳、共感振动、某些植物和动物之间的共感和反感、行星的轨道运动，等等。就这样，基歇尔以一种在我们和他同时代的一些读者看来往往怪异的方式，慢慢地从一个例子上升到另一个例子，直到最终超越物理世界的界限，将所有这些现象与神那不可见但却无法逃脱的爱联系在一起，这是约束所有事物的唯一真正原始的力量，它将天地万物以磁的方式吸引到它的来源。于是根据基歇尔的教导，我们每天都能从磁铁的作用中见证神的爱。

这些类比——如果你愿意，也可称它们为隐喻、和谐——对于现代早期思想家的意义远远超过了对于现代人的意义。对于现代早期的人来说，类比是世界上实际存在的东西，是一种被有意嵌入世界结构的实际联系。隐喻和类比构成了他们多层次、多价值、高度关联的世界的一个核心方面。这种"类比和谐"的力量来自于他们的世界观，认为世界是由一个前后一致、无所不能、无所不知的神创造的，它的每一个角落都被赋予了意义、寓意和目的，在这个世界中，天与地、神与人（神的形象）被以可见和不可见的方式联系

205

---

① 　Mark A. Waddell, "Theatres of the Unseen: The Society of Jesus and the Problem of the Invisible in the Seventeenth Century"(PhD diss., Johns Hopkins University, 2006), pp. 80—114.

在一起,这些方式可以通过多种手段进行发现和探索。因此,类比的相似性并非诗意的人类心灵的产物,而是创世计划中的一条线索。

考虑到这种世界观,昆拉特对哲人石存在性的证明就变得更加清晰了,而且更一般地指向对现代早期世界的更深理解。世界中的复杂联系和对称为其中每一个事物都提供了一层意义。同时代的艺术作品——绘画、文学作品和音乐——都是基于对多层次的意义和寓意的爱,这些意义并非浮于表面,而是需要观众费心解读出来。有教养的现代早期的人期待从他们的艺术、文学和戏剧中解读出多层次的意义,并乐于寻找和发现它们。至关重要的是,这一时期的自然哲学家们通常认为,同样的多层次意义不仅存在于人的创造中,在更大程度上也存在于神的创造即自然世界本身之中。神作为最终的作者和艺术家,在每一个层次都把世界创造成富含寓意、价值和象征意义的巴洛克式杰作。因此,对自然世界的观察所携带的意义远远超出了直接观察的孤立对象。

就炼金术而言,我想指出的是,它与神的关系的确非常密切,但这种关系在现代早期并非完全独特。当时对自然世界的其他研究中也有类似的密切关系(比如在开普勒和基歇尔那里)。这些关系不仅是虔敬的表现,更是当时众多思想家所秉持的统一宇宙观的表现。炼金术与宗教之间的显著关联有时似乎使炼金术显得与"科学"截然不同,但只是与我们今天的科学进行比较时才是如此。如果把开普勒、波义耳或牛顿这样的公认人物置于正确的背景,他们也不再符合现代科学观念。然而,他们(和炼金术)的确符合他们那个时代的"自然哲学",亦即对包括人、自然和神在内的相互关联的整个世界所作的全面研究。① 许多现代早期思想的目标都涉及寻找、构建和使用世界中的联系，而不是像在现代科学中常见的那样，只对所研究的事物本身进行解剖和隔离。从现代早期的统一宇宙观来看，现代物理学家所追求的大统一理论（化学家[炼金术士]寻求哲人石的方式）想法固然不错，但最终只是一件眼界偏狭的琐事，因为它包含的太少，忽视的太多。我认为，炼金术之所以在我们看来显得奇怪，部分原因在于它反映了自然哲学沦为科学以前现代早期思想的更大背景，它所使用的思维方式和看世界的方式并没有在现代科学的方法论和形而上学中传承给我们。

领略了化学[炼金术]的活力和多样性以及它与其他许多知识和创造性领域的联系之后，化学[炼金术]在现代早期文化中流传如此之广也就不足为奇了。在人类努力的各个分支中，它激起了艺术家、作家、神学家和自然哲学家的想象力，因为它与他们拥有许多共同的看法和目标。现代早期的化学[炼金术]以其引人注目的图像和观念（一旦我们正确地、语境化地理解了它们的内容）可以极大地帮助我们理解前现代世界的许多一般看法，关于这个世界，我们还有更多的东西要了解。

---

① 关于自然哲学的两种定义，参见 Walter Pagel，"The Vindication of Rubbish，" originally published in the 1945 *Middlesex Hospital Journal*，reprinted in *Religion and Neoplatonism in Renaissance Medicine*（London：Variorum，1985），1—14，on p. 11，以及 Dennis Des Chene，*Physiologia：Natural Philosophy in Late Aristotelian and Cartesian Thought*（Ithaca，NY：Cornell University Press，1996），p. 3："在这个主题中，物理学、形而上学和神学可以聚在一起商讨它们的主张"。

结　　语

　　将普通金属转化为贵金属的想法激发了想象力,制金和其他炼金术努力体现了这种吸引力。但炼金术不只是炼金,甚至不只是将一种物质转化为另一种物质。从近两千年前出现于希腊-罗马时代的埃及一直到现在,它在各种思想文化背景中沿着多条线索发展起来。无数实践者出于各种理由、沿着多条途径、朝着各种目标追求它。前面各章所概述的种种思想和实践使炼金术究竟是什么这个基本问题变得更难回答了。任何简单的回答都是不够的。但认识到这种多样性和动态性(无论是历时的还是共时的)却能以更有趣和更具历史准确性的方式揭示炼金术的身份。不过,在这形形色色的做法、目标、观念和实践者当中,这门高贵的技艺也的确出现了一些相对稳定的特征。

　　首先,炼金术是一种头手并用的努力。它既是理论的又是实践的,既是文字的又是实验的,而且这两个方面还不断进行互动。关于物质及其构成的理论——佐西莫斯的“灵魂和身体”,贾比尔的“汞和硫”,盖伯的“最小部分”,帕拉塞尔苏斯的“三要素”,经院学者的原初质料和实体形式,范·赫尔蒙特的“种子”,以及所有其他理论——都支持着炼金术的目标,指导着实际的实验室工作。实验室和更大世界中的观察形成了一个经验核心,使这些理论能够从中产生并且继续发展。这些理论的存在及其在实际工作中的作用使人们不再相信那种旧的观念，即炼金术仅仅是不断试错的烹调术罢了。

反过来，炼金术的实验室活动和结果——一部部文本对它们作了或清晰或模糊的描述，在寓言和寓意画中得到隐藏和揭示，并为幸存下来的人工制品所见证——也使人们不再相信炼金术士居住在一个纯思辨的世界，或者他们的直接目标并不是物质性的。炼金术士们仔细阅读前人的著作，以期将它们付诸实践，并且根据自己的经验不断做出重新诠释和补充。炼金术士的范围跨度极大，既有书斋中的理论家，也有狭隘的配方追随者，但炼金术的核心取决于理论与实践的互动。它跨越了工匠与思想的不同领域，成为一种探索世界及其可能性的研究性事业，其目标既包括认知也包括行动。

由于强调实际工作，炼金术也是一种生产性的事业。生产新材料，以及转变或改进普通材料，是炼金术传统中的一个核心主题。炼金术士试图制备的产品既有像哲人石、万能溶剂和金液这样的宏大秘密，也有级别较低的转化剂、草药以及其他药物制剂，还有从矿石中产出更多金属、更好的合金、颜料、玻璃、染料、化妆品以及其他许多商品。一些实践者致力于制备其中一两种产品，而另一些人则将注意力和专业技能转向了更多甚至全部产品。这种对生产材料的强调往往会使炼金术遭到更具书卷气的观察者的嘲笑，但却获得了手工业以外任何其他学科都无法相比的一种特殊程度的物质性（physicality）。它还使用来操纵、鉴定和分析物质的方法发展和积累起来，形成了一个丰富的"实践"（how-to）知识库。

炼金术的生产力并不仅限于物质产品，它还旨在产生关于自然世界的知识。加工和转化物质需要了解物质究竟是什么，理解其隐秘的本性、性质和构成。炼金术士的经验使他们提出了（例如）关于看不见的半永恒物质微粒的假说，这些假说处于物质转化的核心，可以解释他们的观察结果。他们注意到实验中使用的材料重量是守恒的，并据此来更好地监测结果。他们为物质及其性质编目，记录了自然世界的丰富性和多样性。简而言之，他们试图理解自然世界，揭示、观察和利用其过程，提出并完善对其运作的解释，寻求其神秘的秘密。

关键是，对于现代人来说，"自然"世界并不像对于现代早期的人一样被如此整齐地界定。在一个充满意义的世界中，人、神和自然在多个层次上深深交织在一起，炼金术士的实验室研究和发现要比今天化学家的类似活动具有更广的范围和影响。在这个更广的范围内，神学真理与自然真理可以彼此反映和阐明，研究自然距离研究神只有一步之遥。因此，炼金术拥有跨越多个知识文化分支的多重价值。难怪它不仅启发了其他自然研究者，还启发了许多艺术家和作家（直到今天也是如此），他们可以在炼金术的声明、承诺和语言中找到自己的意义。因此，炼金术不仅是科学史、医学史和技术史的一部分，也是艺术史、文学史、神学史、哲学史、宗教史等历史的一部分。这些不同的文化联系和它多元化的角色使炼金术——以及同时期的天文学、自然志和其他自然哲学追求——迥异于关注点更为狭隘的现代科学。

不过，作为自然哲学不可或缺的一部分，炼金术首先仍然是漫长科学史的一部分,是人类力图认识、理解、控制和利用世界的努力的一部分。它那晦涩难懂的文本遗产、长期存在的错误观念以及对其目标和实践者的错误论述往往掩盖了这种联系,但目前的学术成果恢复了炼金术与现代科学之间的连续性(并未忽视重要区别)。炼金术士坚持实际工作与理论思辨相结合,这促进了一种实验主义文化,发展出了对于现代科学事业至关重要的研究方法(例如分析与综合)。炼金术士渴望生产出金银、宝石、更好的药物等产品,这为人类改进自然的技术力量作了辩护。因此,炼金术与化学并无分明的界线。诚然,无论是目标、理论和世界观,还是社会专业结构和文化地位,都在渐渐发生改变,但着眼于理解物质,通过转化物质来服务于实际目标,这在"炼金术"与"化学"之间建立了一种共同性和连续性。我们也许很难说清楚,今天的化学家距离乔治·斯塔基,是否比斯塔基距离贾比尔,或者贾比尔距离佐西莫斯更远。尽管这些人无疑会对彼此的具体想法和理论(更不要说文化假设)感到困惑,但我认为,他们在这些差异中也许会认识到某种亲缘关系,将他们连接成一个希望追问和操纵物质世界的漫长的"化学[炼金术]"传统。当然,chemeia, al-kīmíyā', alchemia, chymistry 和 chemistry 的实践者们所发展和秉持的许多观念随后被证明在事实上并不正确,但科学并不是一个由现成事实组成的集合,而是由特定时间地点的人类观察者所讲述的一个关于世界的不断发展的故事。化学家[炼金术士]曾经是(而且继续是)这个故事的重要作者。

　　当炼金术史先驱弗兰克·舍伍德·泰勒(Frank Sherwood Taylor)撰写 1952 年出版的那部流行的概论《炼金术士》(*The*

Alchemists)时,基于他所看到的关于这一主题的仍然非常不完整的知识状况,他谦虚地仅把它称为一份"临时报告"。现在六十多年过去了,我们对炼金术已经有了远为广泛和深刻的理解。日益增多的炼金术学者大大扩展了我们的知识,炼金术已经回到了严肃的学术研究和话语之中。不过,当我写下这最后几行字时,我不禁回想起我在数不清的图书馆和档案馆中看到的成千上万页炼金术著作和手稿,其中许多从未得到仔细阅读。甚至只是一瞥我自己的书架,也会看到一本本令人生畏的大部头著作,其中排印得密密麻麻的大量铅字仍然等待着知识渊博的人使其重见天日,进入我们的叙事。"生命短暂而艺无穷。"无论哪本书都不可能揭示炼金术的所有秘密。我们还有许多东西要学,这门高贵的技艺还有许多东西可教。

参考文献

Abrahams, Harold J. "Al-Jawbari on False Alchemists." *Ambix* 31 (1984):
84 - 87.

Adelung, Johann Christoph. *Geschichte der menschlichen Narrheit ; oder, Leb-ensbeschreibungen berühmter Schwarzkünstler, Goldmacher, Teufels-banner, Zeichenund Liniendeuter, Schwärmer, Wahrsager, und anderer philosophischer Unholden.* 7 vols. Leipzig, 1785 - 1789.

Agricola, Georgius. *De re metallica.* Basel, 1556.

Albert the Great. *Alberti Magni opera omnia.* Edited by August Borgnet. 37
vols. Paris, 1890 - 1899.

———. "*Libellus de alchimia*" *Ascribed to Albertus Magnus.* Translated by
Virginia Heines, SCN. Berkeley: University of California Press, 1958.

Al-Jawbari. *La voile arraché.* Translated by René R. Khawan. 2 vols. Paris:
Phèbus, 1979.

Anawati, Georges C. "L'alchimie arabe." In Rashed and Morelon, *Histoire des
sciences arabes*, 3: 111 - 142.

———. "Avicenne et l'alchimie." In *Convegno internazionale, 9 - 15 aprile
1969 : Oriente e occidente nel medioevo ; filosofia e scienze*, pp. 285 - 345.
Rome: Accademia Nazionale dei Lincei, 1971.

Anthony, Francis. *The apologie, or defence of ··· aurum potabile.* London,
1616.

Arnald of Villanova, pseudo-. *De secretis naturae.* Edited and translated by
Antoine

Calvet. In "Cinq traités alchimique médiévaux," *Chrysopoeia* 6 (1997 - 1999):
154 - 206.

———. *Thesaurus thesaurorum et rosarium philosophorum*. In *Bibliotheca chemica curiosa*, 1:662 – 676.

———. *Tractatus parabolicus*. Edited and translated by Antoine Calvet. *Chrysopoeia* 5 (1992 – 1996):145 – 171.

Ashmole, Elias, ed. *Theatrum chemicum britannicum*. London, 1652.

Atwood, Mary Anne. *A Suggestive Inquiry into the Hermetic Mystery*. London: T. Saunders, 1850. Reprint, Belfast: William Tait, 1918.

Aurnhammer, Achim. "Zum Hermaphroditen in der Sinnbildkunst der Alchemisten." In Meinel, *Die Alchemie in der europäischen Kultur - und Wissenschaftsgeschichte*, pp. 179 – 200.

Avicenna. *See* Ibn-Sinā.

Bagliani, Agostino Paravicini. "Ruggero Bacone e l'alchimia di lunga vita: Riflessioni sui testi." In "Alchimia e medicina nel Medioevo," *Micrologus* 9 (2003):33 – 54.

Baldwin, Martha. "Alchemy and the Society of Jesus in the Seventeenth Century: Strange Bedfellows?" *Ambix* 40 (1993):41 – 64.

Balinūs. "Le *De secretis naturae* du pseudo-Apollonius de Tyane: Traduction latine par Hugues de Santalla du *Kitāb sirr al-ḫalīqa* de Balinūs." Edited by Françoise Hudry. In "Cinq traités alchimique médiévaux," *Chrysopoeia* 6 (1997 – 1999):1 – 153.

———. *Sirr al-khalīqah wa ṣanʿāt al-ṭabīʿah*. Edited by Ursula Weisser. Aleppo: Aleppo Institute for the History of Arabic Science, 1979.

Baud, Jean-Pierre. *Le procés d'alchimie*. Strasbourg: CERDIC, 1983.

Baudrimont, Alexandre. *Traité de chimie générale et expérimentale*. Paris, 1844.

Becher, Johann Joachim. *Magnalia naturae*. London, 1680.

Beck, Wolfgang. "Michael Maiers Examen Fucorum Pseudo-chymicorum: Eine Schrift wider die falschen Alchemisten." PhD diss., Technische Universität München, 1992.

Beguin, Jean. *Tyrocinium chymicum*. Paris, 1612.

Benson, Robert L., and Giles Constable, eds. *Renaissance and Renewal in the*

Twelfth Century. With Carol D. Lanham. Cambridge, MA: Harvard University Press, 1982. Reprint, Toronto: Medieval Academy of America, 1991.

Benzenhöfer, Udo. *Johannes'de Rupescissa Liber de consideratione quintae essentiae omnium rerum deutsch*. Stuttgart: Franz Steiner Verlag, 1989.

——. *Paracelsus*. Reinbek: Rowohlt, 1997.

Beretta, Marco. *The Alchemy of Glass: Counterfeit, Imitation, and Transmutation in Ancient Glassmaking*. Sagamore Beach, MA: Science History Publications, 2009.

Berthelot, Marcellin. *La chimie au moyen âge*. 3 vols. Paris, 1893.

Berthelot, Marcellin, and C. E. Ruelle, eds. *Collections des alchimistes grecs*. 3 vols. Paris, 1888.

Bibliotheca chemica curiosa. Edited by J. J. Manget. 2 vols. Geneva, 1702. Reprint, Sala Bolognese: Arnoldo Forni, 1976.

Bidez, Joseph et al., eds. *Catalogue des manuscrits alchimiques grecs*. 8 vols. Brussels: Lamertin, 1924 – 1932.

Bignami-Odier, Jeanne. "Jean de Roquetaillade." In *Histoire littéraire de la France*, 41: 75 – 240.

Boerhaave, Herman. *Elementa chemiae*. 2 vols. Paris, 1733.

Bolton, H. Carrington. "Hysterical Chemistry." *Chemical News* 77 (1898): 3 – 5, 16 – 18.

——. "The Revival of Alchemy." *Science* 6 (1897): 853 – 863.

Bonus, Petrus. *Margarita preciosa novella*. In *Bibliotheca chemica curiosa*, 2: 1 – 80.

Borrichius, Olaus. *Conspectus scriptorum chemicorum celebriorum*. In *Bibliotheca chemical curiosa*, 1: 38 – 53.

——. *De ortu et progressu chemiae*. Copenhagen, 1668. Reprinted in *Bibliotheca chemica curiosa*, 1: 1 – 37.

——. *Hermetis, Aegyptiorum et chemicorum sapientia ab Hermanni Conringii animadversionibus vindicata*. Copenhagen, 1674.

Bouyer, Louis. "Mysticism: An Essay on the History of a Word." In *Understanding Mysticism*, pp. 42 – 55. Garden City, NY: Image Books, 1980.

Boyle, Robert. *The Correspondence of Robert Boyle*. Edited by Michael Hunter, Lawrence M. Principe, and Antonio Clericuzio. 6 vols. London: Pickering and Chatto, 2001.

———. *Dialogue on Transmutation*. Edited in Principe, *The Aspiring Adept*, pp. 233 – 295.

———. *The Works of Robert Boyle*. Edited by Michael Hunter and Edward B. Davis. 14 vols. London: Pickering and Chatto, 1999 – 2000.

Brinkman, A. A. A. M. *De Alchemist in de Prentkunst*. Amsterdam: Rodopi, 1982.

———. *Chemie in de Kunst*. Amsterdam: Rodopi, 1975.

Brunschwig, Jacques, and Geoffrey E. R. Lloyd, eds. *Greek Thought: A Guide to Classical Knowledge*. Cambridge, MA: Belknap Press of Harvard University Press, 2000.

Buddeus, Johann Franz. *Quaestionem Politicam an alchimistae sint in republica tolerandi?* Magdeburg, 1702. Translated in German under the title *Untersuchung von der Alchemie*; in *Deutsches Theatrum Chemicum*, 1: 1 – 146.

Buntz, Herwig. "Das *Buch der heiligen Dreifaltigkeit*, sein Autor und seine Überlieferung. "*Zeitschrift für deutsches Altertums und deutsche Literatur* 101 (1972): 150 – 160.

Burkhalter, Fabienne. "La production des objets en métal (or, argent, bronze) en Égypte Héllénistique et Romaine à travers les sources papyrologiques. " In *Commerce et artisanat dans l'Alexandrie héllénistique et romaine*, edited by Jean-Yves Empereur, pp. 125 – 133. Athens: EFA, 1998.

Burr, David. *The Spiritual Franciscans: From Protest to Persecution in the Century after St. Francis*. University Park: Penn State University Press, 2001.

Caley, Earle Radcliffe. "The Leiden Papyrus X: An English Translation with Brief Notes. "*Journal of Chemical Education* 3 (1926): 1149 – 1166.

———. "The Stockholm Papyrus: An English Translation with Brief Notes. " *Journal of Chemical Education* 4 (1927): 979 – 1002.

Calvet, Antoine. "Alchimie et Joachimisme dans les *alchimica* pseudo-Arnaldiens. "In Margolin and Matton, *Alchimie et philosophie à la Renaissance*, pp. 93 – 107.

———. "Un commentaire alchimique du XIVe siècle：Le *Tractatus parabolicus* du ps.-Arnaud de Villaneuve. "In *Le Commentaire*：*Entre tradition et innovation*, edited by Marie-Odile Goulet-Cazé, pp. 465 – 474. Paris：Vrin, 2000.

———. "Étude d'un texte alchimique latin du XIVe siècle：Le *Rosarius philosophorum* attribué au medecin Arnaud de Villeneuve. "*Early Science and Medicine* 11 (2006)：162 – 206.

———. "La théorie *per minima* dans les textes alchimiques des XIVe et XVe siècles. "In López-Pérez, Kahn, and Rey Bueno, *Chymia*, pp. 41 – 69.

Cambriel, L. P. François. *Cours de philosophie hermétique ou d'alchimie*. Paris, 1843.

Cameron, H. Charles. "The Last of the Alchemists. "*Notes and Records of the Royal Society* 9 (1951)：109 – 114.

Caron, Richard. "Notes sur l'histoire de l'alchimie en France à la fin du XIXe et au début du XXe siècle. "In *Ésotérisme, gnoses & imaginaire symbolique*, edited by Richard Caron, Joscelyn Godwin, Wouter J. Hanegraaff, and Jean-Louis Vieillard-Baron, pp. 17 – 26. Leuven：Peeters, 2001.

Casaubon, Meric. *A True and Faithfull Relation*. London, 1659.

Chang, Ku-Ming (Kevin). "The Great Philosophical Work：Georg Ernst Stahl's Early Alchemical Teaching. "In López-Pérez, Kahn, and Rey Bueno, *Chymia*, pp. 386 – 396.

———. "Toleration of Alchemists as Political Question：Transmutation, Disputation, and Early Modern Scholarship on Alchemy. "*Ambix* 54 (2007)：245 – 273.

Chaucer, Geoffrey. *Canterbury Tales*. Translated by David Wright. Oxford：Oxford University Press, 1985.

[Chilliat, Michel?]. *Les Souffleurs；ou, La pierre philosophale d'Arlequin*. Paris, 1694.

Cockren, Archibald. *Alchemy Rediscovered and Restored*. London：Rider, 1940.

Coelum philosophorum. Frankfurt and Leipzig, 1739.

Cohen, I. Bernard. "Ethan Allen Hitchcock: Soldier-Humanitarian-Scholar, Discoverer of the 'True Subject'of the Hermetic Art."*Proceedings of the American Antiquarian Society* 61 (1951):29 – 136.

Collectanea chymica. London, 1893.

Collesson, Jean. *Idea perfecta philosophiae hermeticae*. In *Theatrum chemicum*, 6:143 – 162.

Congreve, William. *The Complete Plays*. Edited by Herbert Davis. Chicago: University of Chicago Press, 1967.

Conring, Hermann. *De Hermetica Aegyptorum*. Helmstadt, 1648.

———. *De Hermetica medicina*. Helmstadt, 1669.

Constantine of Pisa. *The Book of the Secrets of Alchemy*. Edited and translated by Barbara Obrist. Leiden: Brill, 1990.

Copenhaver, Brian. *Hermetica: The Greek Corpus Hermeticum and the Latin Asclepius*. Cambridge: Cambridge University Press, 1992.

Corbett, Jane Russell. "Conventions and Change in Seventeenth-Century Depictions of Alchemists."In Wamberg, *Alchemy and Art*, pp. 249 – 271.

Craven, J. B. *Count Michael Maier, Doctor of Philosophy and Medicine, Alchemist, Rosicrucian, Mystic, 1568 – 1622*. Kirkwall, UK: Peace and Sons, 1910.

Cremer, Abbot. *Testamentum Cremeri*. In *Musaeum hermeticum*, pp. 531 – 544.

Crisciani, Chiara. "Exemplum Christi e sapere: Sull'epistemologia di Arnoldo da Villanova."*Archives internationales d'histoire des sciences* 28 (1978): 245 – 287.

———. *Il Papa e l'alchimia : Felice V, Guglielmo Fabri e l'elixir*. Rome: Viella, 2002.

Crisciani, Chiara, and Agostino Paravicini Bagliani, eds. *Alchimia e medicina nel Medioevo*. Micrologus Library 9. Florence: Sismel, 2003.

Cunningham, Andrew. "Paracelsus Fat and Thin: Thoughts on Reputations and Realities,"In Grell, *Paracelsus*, pp. 53 – 77.

Cyliani. *Hermés dévoilé*. Paris, 1832. Reprint, Paris: Éditions Traditionnelles,

1975.

Darmstaedter, Ernst. "Zur Geschichte des *Aurum potabile*." *Chemiker-Zeitung* 48 (1924):653 – 655,678 – 680.

——. "Liber Misericordiae Geber: Eine lateinische Übersetzung des grösseren Kitāb alrahma." *Archiv für Geschichte der Medizin* 17 (1925):187 – 197.

De auro potabili. In *Theatrum chemicum*,6:382 – 393.

Debus, Allen G. *The Chemical Philosophy: Paracelsian Science and Medicine in the Sixteenth and Seventeenth Centuries*. 2 vols. New York: Science History Publications, 1977.

——. *The French Paracelsians*. Cambridge: Cambridge University Press, 1991.

——. "Robert Fludd and the Circulation of the Blood." *Journal of the History of Medicine and Related Sciences* 16 (1961):374 – 393.

——. *Robert Fludd and His Philosophical Key*. New York: Science History Publications, 1979.

Del Rio, Martin. *Disquisitionum magicarum libri sex*. Ursel, 1606.

——. *Investigations into Magic*. Translated and edited by P. G. Maxwell-Stuart. Manchester: Manchester University Press, 2000.

Demaitre, Luke M. *Doctor Bernard de Gordon: Professor and Practitioner*. Toronto: Pontifical Institute of Medieval Studies, 1980.

Deutsches Theatrum Chemicum. Edited by Friedrich Roth-Scholtz. 3 vols. Nuremberg, 1728.

DeVun, Leah. "The Jesus Hermaphrodite: Science and Sex Difference in Premodern Europe." *Journal for the History of Ideas* 69 (2008):193 – 218.

——. *Prophecy, Alchemy, and the End of Time: John of Rupescissa in the Late Middle Ages*. New York: Columbia University Press, 2009.

Digby, Kenelm. *A Choice Collection of Rare Chymical Secrets*. London, 1682.

——. *A Discourse on the Vegetation of Plants*. London, 1661.

Dobbs, Betty Jo Teeter. *The Foundations of Newton's Alchemy; or, Hunting of the Greene Lyon*. Cambridge: Cambridge University Press, 1975.

——. *The Janus Faces of Genius*. Cambridge: Cambridge University Press,

, 1991.

——. "Newton's Commentary on *The Emerald Tablet* of Hermes Trismegestus: Its Scientific and Theological Significance. "In *Hermeticism and the Renaissance*, edited by Ingrid Merkel and Allen G. Debus, pp. 182 – 191. Washington, DC: Folger Shakespeare Library, 1988.

——. "Studies in the Natural Philosophy of Sir Kenelm Digby: Part I. "*Ambix* 18 (1971): 1 – 25.

——. "Studies in the Natural Philosophy of Sir Kenelm Digby: Part II. "*Ambix* 20 (1973): 143 – 163.

——. "Studies in the Natural Philosophy of Sir Kenelm Digby: Part III. "*Ambix* 21 (1974): 1 – 28.

Dorn, Gerhard. *Physica Trismegesti*. In *Theatrum chemicum*, 1: 362 – 387.

Duchesne, Joseph. *Ad veritatem Hermeticae medicinae*. Paris, 1604.

Duclo, Gaston. *De triplici praeparatione argenti et auri*. In *Theatrum chemicum*, 4: 371 – 388.

Duncan, Edgar H. "The Alchemy in Jonson's *Mercury Vindicated*. "*Studies in Philology* 39 (1942): 625 – 637.

——. "Donne's Alchemical Figures. "*English Literary History* 9 (1942): 257 – 285.

——. "Jonson's Alchemist and the Literature of Alchemy. "*Proceedings of the Modern Language Association* 61 (1946): 699 – 710.

——. "The Literature of Alchemy and Chaucer's Canon's Yeoman's Tale: Framework, Theme, and Characters. "*Speculum* 43 (1968): 633 – 656.

——. "The Yeoman's Canon's 'Silver Citrinacioun. '"*Modern Philology* 37 (1940): 241 – 262.

Durocher, Alain, and Antoine Faivre, eds. *Die templerische und okkultistische Freimaurerei im 18. und 19. Jahrhundert*. 4 vols. Leimen, Germany: Kristkeitz, 1987 – 1992.

Duveen, Denis. "James Price (1752 – 1783) Chemist and Alchemist. "*Isis* 41 (1950): 281 – 283.

Eamon, William. "Alchemy in Popular Culture: Leonardo Fioravanti and the Search for the Philosopher's Stone. " *Early Science and Medicine* 5

(2000);196 – 213.

Eliade,Mircea. *The Forge and the Crucible*. Chicago; University of Chicago Press,1978. Originally published as *Forgerons et alchimistes*. Paris; Flammarion,1956.

——. "Metallurgy, Magic and Alchemy. "Cahiers de Zalmoxis, 1. Paris; Librairie Orientaliste Paul Geuthner,1938.

Emerson,Jocelyn. "John Donne and the Noble Art. "In *Textual Healing*; *Essays in Medieval and Early Modern Medicine*, edited by Elizabeth Lane Furdell,pp. 195 – 221. Leiden;Brill,2005.

Eymerich, Nicolas. *Contra alchemistas*. Edited by Sylvain Matton. *Chrysopoeia* 1 (1987);93 – 136.

Fabre,François. "Robert Fludd et l'alchimie; Le *Tractatus Apologeticus integritatem societatis de Rosea Cruce defendens. "Chrysopoeia* 7 (2000 – 2003);251 – 291.

Fabre, Pierre-Jean. *Alchymista christianus*. Toulouse, 1632. Reprinted, with accompanying French translation, as *L'alchimiste chrétien*, edited and translated by Frank Grenier. Textes et Travaux de Chrysopoeia,7. Paris; SÉHA;Milan;Archè,2001.

——. *Hercules piochymicus*. Toulouse,1634.

Fabrizio-Costa, Sylvia. "De quelques emplois des thèmes alchimiques dans l'art oratoire italien du XVIIᵉ siècle. "*Chrysopoeia* 3 (1989);135 – 162.

Faivre,Antoine,ed. *René Le Forestier*; *La Franc-Maçonnerie templière et occultiste aux XVIIIᵉ et XIXᵉ siècles*. Paris;Aubier-Montaigne,1970.

Fanianus,Johannes Chrysippus. *De jure artis alchimiae*. In *Theatrum chemicum*,1;48 – 63.

Festugière,A. J. *La révélation d'Hermés Trismégeste*. Paris; Librarie Lecoffre,1950.

Figala,Karin,and Ulrich Neumann. " 'Author,Cui Nomen Hermes Malavici';New Light on the Biobibliography of Michael Maier (1569 – 1622). "In Rattansi and Clericuzio,*Alchemy and Chemistry in the Sixteenth and Seventeenth Centuries*,pp. 121 – 148.

——. " À propos de Michel Maier; Quelques découvertes bio-bibliographiques. "In Kahn and Matton, *Alchimie: Art, histoire, et mythes*, pp. 651 – 664.

Figuier, Louis. *L'Alchimie et les alchimistes*. 2nd ed. Paris, 1856.

Fischer, Hermann. *Metaphysische, experimentelle und utilitaristische Traditionen in der Antimonliteratur zur Zeit der "wissenschaftlichen Revolution": Eine kommentierte Auswahl-Bibliographie*. Braunschweiger Veröffenlichungen zu Geschichte der Pharmazie und der Naturwissenschaften. Brunswick, 1988.

Flamel, Nicolas, pseudo-. *Exposition of the Hieroglyphicall Figures*. London, 1624. Reprint, New York: Garland, 1994.

Forshaw, Peter J. "Alchemy in the Amphitheatre: Some Considerations of the Alchemical Content of the Engravings in Heinrich Khunrath's *Amphitheatre of Eternal Wisdom* (1609). "In Wamberg, *Alchemy and Art*, pp. 195 – 220.

———. "Vitriolic Reactions: Orthodox Responses to the Alchemical Exegesis of Genesis. "In *The Word and the World: Biblical Exegesis and Early Modern Science*, edited by Kevin Killeen and Peter J. Forshaw, pp. 111 – 136. Basingstoke: Palgrave, 2007.

Franck de Franckenau, Georg, and Johann Christian Nehring. *De Palingenesia*. Halle, 1717.

Fück, J. W. "The Arabic Literature on Alchemy according to An-Nadim. " *Ambix* 4 (1951): 81 – 144.

Ganzenmüller, Wilhelm. "Das Buch der heiligen Dreifaltigkeit. " *Archiv der Kulturgeschichte* 29 (1939): 93 – 141.

Garber, Margaret. "Transitioning from Transubstantiation to Transmutation: Catholic Anxieties over Chymical Matter Theory at the University of Prague. "In Principe, *Chymists and Chymistry*, pp. 63 – 76.

Garbers, Karl, and Jost Weyer, eds. *Quellengeschichtliches Lesebuch zur Chemie und Alchemie der Araber im Mittelalter*. Hamburg: Helmut Buske Verlag, 1980.

Ge, Hong. *Alchemy, Medicine, Religion in the China of AD 320*. Cambridge, MA: MIT Press, 1967.

Geffarth, Renko. *Religion und arkane Hierarchie: Der Orden der Gold-und Rosenkreuzer als geheime Kirche im 18. Jahrhundert.* Leiden: Brill, 2007.

Das Geheimnis aller Geheimnisse ... oder der güldene Begriff der geheimsten Geheimnisse der Rosen-und Gülden-Kreutzer. Leipzig, 1788.

Geoffroy, Étienne-François. "Des supercheries concernant la pierre philosophale. "*Mémoires de l'Académie Royale des Sciences* 24 (1722): 61 - 70.

Geoghegan, D. "A Licence of Henry VI to Practise Alchemy. "*Ambix* 6 (1957): 10 - 17.

Gilbert, R. A. *A. E. Waite: Magician of Many Parts.* Wellingborough, UK: Crucible, 1987.

——. *The Golden Dawn: Twilight of the Magicians.* San Bernardino, CA: Borgo Press, 1988.

Gmelins Handbuch der anorganischen Chemie. Leipzig: Verlag Chemie, 1924 -.

Goltz, Dietlinde. "Alchemie und Aufklärung: Ein Beitrag zur Naturwissenschafts-geschichtsschreibung der Aufklärung. "*Medizinhistorische Journal* 7 (1972): 31 - 48.

Grafton, Anthony. "Protestant versus Prophet: Isaac Casaubon on Hermes Trismegistus. "*Journal of the Warburg and Courtauld Institutes* 46 (1983): 78 - 93.

Grant, Edward. *The Foundations of Modern Science in the Middle Ages.* Cambridge: Cambridge University Press, 1996.

Grell, Ole Peter, ed. *Paracelsus: The Man and His Reputation, His Ideas and Their Transformation.* Leiden: Brill, 1998.

Gruman, Gerald J. *A History of Ideas about the Prolongation of Life.* Philadelphia: American Philosophical Society, 1966. Reprint, New York: Arno Press, 1977.

Guerrero, José Rodríguez. "Some Forgotten Fez Alchemists and the Loss of the Peñon de Vélez de la Gomera in the Sixteenth Century. "In *Chymia: Science and Nature in Medieval and Early Modern Europe*, edited by Miguel López-Pérez, Didier Kahn, and Mar Rey Bueno, pp. 291 - 309. Newcastle-upon-Tyne: Cambridge Scholars, 2010.

Güldenfalk, Siegmund Heinrich. *Sammlung von mehr als hundert wahrhaften Transmutationgeschichten*. Frankfurt, 1784.

Gutas, Dimitri. *Greek Thought, Arabic Culture: The Graeco-Arabic Translation Movement in Baghdad and Early 'Abbasid Society*. London: Routledge, 1998.

Halleux, Robert. "Albert le Grand et l'alchimie."*Revue des sciences philosophiques et théologiques* 66 (1982):57 – 80.

———. "L'alchimiste et l'essayeur." In Meinel, *Die Alchemie in der europäischen Kulturund Wissenschaftsgeschichte*, pp. 277 – 291.

———. *Les alchimistes grecs I: Papyrus de Leyde, Papyrus de Stockholm, Recettes*. Paris: Les Belles Lettres, 1981.

———. "La controverse sur les origines de la chimie de Paracelse à Borrichius. " In *Acta conventus neo-latini Turonensis*, 2:807 – 817. Paris: Vrin, 1980.

———. "Le mythe de Nicolas Flamel, ou les méchanismes de la pseudépigraphie alchimique."*Archives internationales de l'histoire des sciences* 33 (1983): 234 – 255.

———. "Ouvrages alchimiques de Jean de Rupescissa."In *Histoire littéraire de la France*, 41:241 – 277.

———. *Le problème des métaux dans la science antique*. Paris: Les Belles Lettres, 1974.

———. "La réception de l'alchimie arabe en Occident."In Rashed and Morelon, *Histoire des sciences arabes*, 3:143 – 154.

———. *Les textes alchimiques*. Turnhout, Belgium: Brepols, 1979.

———. "Theory and Experiment in the Early Writings of Johan Baptist Van Helmont. "In *Theory and Experiment*, edited by Diderik Batens, pp. 93 – 101. Dordrecht: Rediel, 1988.

Hallum, Benjamin C. Essay review of the *Tome of Images*. *Ambix* 56 (2009):76 – 88.

———. "Zosimus Arabus. "PhD diss., Warburg Institute, 2008.

Hanegraaff, Wouter J. *Esotericism and the Academy: Rejected Knowledge in Western Culture*. Cambridge: Cambridge University Press, 2012.

Hanegraaff, Wouter J., Antoine Faivre, Roelof van den Broek, and Jean-Pierre

Brach,eds. *The Dictionary of Gnosis and Western Esotericism.* 2 vols. Leiden:Brill,2005.

Hannaway,Owen. "Georgius Agricola as Humanist. "*Journal of the History of Ideas* 53 (1992):553 – 560.

Harkness,Deborah. *John Dee's Conversations with Angels: Cabala, Alchemy,and the End of Nature.* Cambridge: Cambridge University Press, 1999.

Hartog,P. J. ,and E. L. Scott. "Price,James (1757/8 – 1783). "*Oxford Dictionary of National Biography*, s. v. Oxford: Oxford University Press, 2004.

Haskins,Charles Homer. *The Renaissance of the Twelfth Century.* Cambridge,MA: Harvard University Press,1927.

Hassan,Ahmad Y. "The Arabic Original of the*Liber de compositione alchemiae.*"*Arabic Sciences and Philosophy* 14 (2004):213 – 231.

Helvetius,Johann Friedrich. *Vitulus aureus.* In *Musaeum hermeticum*,pp. 815 – 863.

Hirai,Hiro. *Le concept de semence dans les théories de la matière à la Renaissance de Marsile Ficin à Pierre Gassendi.* Turnhout,Belgium:Brepols, 2005. *Histoire littéraire de la France.* 41 vols. Paris:Academie des Inscriptions et Belles-Lettres, 1981.

Hitchcock,Ethan Allen. *Remarks upon Alchemy and the Alchemists.* Boston, 1857. Reprint,New York:Arno Press,1976.

——. *Remarks upon Alchymists.* Carlisle,PA,1855.

Hoffmann, Klaus. *Johann Friedrich Böttger: Vom Alchemistengold zum weissen Porzellan.* Berlin:Verlag Neues Leben,1985.

Hoghelande,Ewald van. *Historiae aliquot transmutationis metallicae ⋯ pro defensione alchymiae contra hostium rabiem.* Cologne,1604.

Holmyard,E. J. *Alchemy.* Harmondsworth:Penguin,1957.

——,ed. and trans. *The Arabic Works of Jābir ibn Hayyān.* Paris:Geuthner, 1928.

——. "The Emerald Table. "*Nature* 112 (1923):525 – 526.

——. "Jābir ibn-Hayyān. "*Proceedings of the Royal Society of Medicine*,

Section of the History of Medicine 16 (1923):46 – 57.

Howe, Ellic, ed. *The Alchemist of the Golden Dawn ; The Letters of the Reverend W. A. Ayton to F. L. Gardner and Others 1886 – 1905*. Wellingborough, UK: Aquarian Press, 1985.

———. *The Magicians of the Golden Dawn*. New York: Samuel Weiser, 1978.

Hudry, Françoise, ed. "Le *De secretis naturae* du pseudo-Apollonius de Tyane: Traduction latine par Hugues de Santalla du *Kitāb sirr al-ḫalīqa* de Balīnūs." In "Cinq traités alchimique médiévaux," *Chrysopoeia* 6 (1997 – 1999):1 – 153.

Hunter, Michael. "Alchemy, Magic, and Moralism in the Thought of Robert Boyle." *British Journal for the History of Science* 23 (1990):387 – 410.

———. *Robert Boyle by Himself and His Friends*. London: Pickering, 1994.

Hunter, Michael, and Lawrence M. Principe. "The Lost Papers of Robert Boyle." *Annals of Science* 60 (2003):269 – 311.

Husson, Bernard. *Transmutations alchimiques*. Paris: Editions J'ai Lu, 1974.

Ibn-Khaldūn. *The Muqaddimah ; An Introduction to History*. 3 vols. New York: Pantheon, 1958.

Ibn-Sīnā. *Avicennae de congelatione et conglutinatione lapidum , Being Sections of the Kitāb al-Shifā'*. Edited by E. J. Holmyard and D. C. Mandeville. Paris: Paul Geuthner, 1927.

———. *Avicennae de congelatione et conglutinatione lapidum*. In *Bibliotheca chemica curiosa* , 1:636 – 638.

Jābir ibn-Hayyān. *Das Buch der Gifte*. Edited by Alfred Siggel. Wiesbaden: Akademie der Wissenschaften und der Literatur, 1958.

———. *Dix traités d'alchimie*. Translated by Pierre Lory. Paris: Sinbad, 1983.

———. "Liber Misericordiae Geber: Eine lateinische Übersetzung des grösseren Kitāb alrahma." Edited by Ernst Darmstaedter. *Archiv für Geschichte der Medizin* 17 (1925):187 – 197.

Jantz, Harold. "Goethe, Faust, Alchemy, and Jung." *German Quarterly* 35 (1962):129 – 141.

Jennings, Hargrave. *The Rosicrucians*. London, 1870.

John of Antioch. *Iohannes Antiocheni fragmenta ex Historia chronica*. Edited and translated by Umberto Roberto. Berlin:De Gruyter,2005.

John of Rupescissa. *The Book of the Quinte Essence*. Edited by F. J. Furnivall. London: Early English Text Society, 1866. Reprint, Oxford: Oxford University Press,1965.

——. *De confectione veri lapidis philosophorum*. In *Bibliotheca chemica curiosa*,2:80 – 83.

——. *Liber lucis*. In *Bibliotheca chemica curiosa*,2:84 – 87.

Johnson,Rozelle Parker. *Compositiones variae:An Introductory Study*. Illinois Studies in Language and Literature 23. Urbana,1939.

Jollivet-Castelot,François. *Comment on devient alchimiste*. Paris,1897.

——. *La révolution chimique et la transmutation des métaux*. Paris:Chacornac,1925.

——. *La synthèse de l'or*. Paris:Daragon,1909.

——. *Synthèse des sciences occultes*. Paris,1928.

Joly,Bernard. "L'alkahest,dissolvant universel,ou quand la théorie rend pensible une pratique impossible. "*Revue d'histoire des sciences* 49 (1996):308 – 330.

——. *La rationalité de l'alchimie au XVIIe siècle*. Paris:Vrin,1992.

——. "La rationalité de l'Hermétisme:La figure d'Hermès dans l'alchimie à l'âge classique. "*Methodos* 3 (2003):61 – 82.

Jong,H. M. E. de. *Michael Maier's Atalanta Fugiens:Sources of an Alchemical Book of Emblems*. Leiden:Brill,1969.

Jung,Carl Gustav. *Collected Works of Carl Gustav Jung* (20 vols.):vol. 9, pt. 2:*Aion*;vol. 12:*Psychology and Alchemy*;vol. 13:*Alchemical Studies*; vol. 14:*Mysterium Conjunctionis*. London:Routledge,1953 – 1979.

——. "Die Erlösungsvorstellungen in der Alchemie. "*Eranos-Jahrbuch 1936*. Zurich:Rhein-Verlag,1937.

——. "The Idea of Redemption in Alchemy. "In *The Integration of the Personality*,edited by Stanley Dell,pp. 205 – 280. New York:Farrar and Rinehart,1939. Kahn,Didier. "Alchemical Poetry in Medieval and Early Modern Europe:A Preliminary Survey and Synthesis;Part I:Preliminary Survey. "

Ambix 57 (2010):249 - 274.

——. *Alchimie et Paracelsianisme en France* (*1567 - 1625*). Geneva: Droz, 2007.

——. "Les débuts de Gérard Dorn. "In *Analecta Paracelsica : Studien zum Nachleben Theophrast von Hohenheims im deutschen Kulturgebiet der frühen Neuzeit* , edited by Joachim Telle, pp. 59 - 126. Stuttgart: Franz Steiner Verlag, 1994.

——. "L'interprétation alchimique de la Genèse chez Joseph Du Chesne dans le contexte de ses doctrines alchimiques et cosmologiques. "In *Scientiae et artes : Die Vermittlung alten und neuen Wissens in Literatur , Kunst und Musik* , edited by Barbara Mahlmann-Bauer, pp. 641 - 692. Wiesbaden, Harrassowitz, 2004.

——. "King Henry IV, Alchemy, and Paracelsianism in France (1589 - 1610). "In Principe, *Chymists and Chymistry* , pp. 1 - 11.

——, ed. *La table d'émeraude et sa tradition alchimique*. Paris: Belles Lettres, 1994. Kahn, Didier, and Sylvain Matton, eds. *Alchimie: Art , histoire , et mythes*. Textes et Travaux de Chrysopoeia 1. Paris: SÉHA; Milan: Archè, 1995.

Kane, Robert. *Elements of Chemistry*. New York, 1842.

Karpenko, Vladimir. *Alchemical Coins and Medals*. Glasgow: Adam Maclean, 1998.

——. "Alchemistische Münzen und Medaillen. "*Anzeiger der Germanisches Nationalmuseums 2001* , pp. 49 - 72. Nuremberg: Germanisches National-museum, 2001.

——. "Coins and Medals Made of Alchemical Metal. "*Ambix* 35 (1988):65 - 76.

——. "Systems of Metals in Alchemy. "*Ambix* 50 (2003):208 - 230.

Kauffman, George B. "The Mystery of Stephen H. Emmens: Successful Alchemist or Ingenious Swindler?"*Ambix* 30 (1983):65 - 88.

Keyser, Paul T. "Greco-Roman Alchemy and Coins of Imitation Silver. " *American Journal of Numismatics* 7 - 8 (1995):209 - 233.

Khunrath, Heinrich. *Lux in tenebris*. N. p. , 1614.

——. *Trewhertzige Warnungs-Vermahnung*. Magdeburg, 1597.

Kibre, Pearl. "Albertus Magnus on Alchemy." In *Albertus Magnus and the Sciences : Commemorative Essays 1980*, edited by James A. Weisheipl, pp. 187 – 202. Toronto : Pontifical Institute of Mediaeval Studies, 1980.

——. "Alchemical Writings Attributed to Albertus Magnus." *Speculum* 17 (1942) : 511 – 515.

Kircher, Athanasius. *Mundus subterraneus*. Amsterdam, 1678.

Klein-Francke, Felix. "Al-Kindi." In *The History of Islamic Philosophy*, edited by Seyyed Hossein Nasr and Oliver Leaman, pp. 165 – 177. New York : Routledge, 1996.

Kraus, Paul. *Jābir ibn Hayyān : Contribution à l'histoire des idées scientifiques dans l'Islam*. Vol. 1, *Le Corpus des écrits jābiriens. Mémoires de L'Institut d'Égypte* 44 (1943).

——. *Jābir ibn Hayyān : Contribution à l'histoire des idées scientifiques dans l'Islam*. Vol. 2, *Jābir et la science grecque. Mémoires de L'Institut d'Égypte* 45 (1942). Reprint, Paris : Les Belles Lettres, 1986.

——, ed. *Jābir ibn-Hayyān : Textes choisis*. Paris : Maisonneuve, 1935.

Lambsprinck. *De lapide philosophico*. In *Musaeum hermeticum*, pp. 337 – 371.

Lapidus. *In Pursuit of Gold : Alchemy in Theory and Practice*. New York : Samuel Weiser, 1976.

Leibenguth, Erik. *Hermetische Poesie des Frühbarock : Die "Cantilenae intellectuales" Michael Maiers*. Tübingen : Max Niemeyer Verlag, 2002.

Leibniz, Gottfried Wilhelm. "Œdipus chymicus." *Miscellanea Berolinensia* 1 (1710) : 16 – 21.

Lemay, Richard. "L'authenticité de la Préface de Robert de Chester à sa traduction du *Morienus*." *Chrysopoeia* 4 (1990 – 1991) : 3 – 32.

Lemery, Nicolas. *Cours de chymie*. Paris : 1683.

Lenglet du Fresnoy, Nicolas. *Histoire de la philosophie hermétique*. 3 vols. Paris, 1742 – 1744.

Lennep, Jacques van. *Art et alchimie*. Brussels : Meddens, 1966.

Lenz, Hans Gerhard, ed. *Triumphwagen des Antimons : Basilius Valentinus*,

Kerckring, Kirchweger; Text, Kommentare, Studien. Elberfeld, Germany: Humberg, 2004.

Leo Africanus. *A Geographicall Historie of Africa*. London, 1600.

Le Pelletier, Jean. *L'Alkaest; ou, Le dissolvant universel de Van Helmont*. Rouen, 1706.

Levey, Martin. *Chemistry and Chemical Technologies in Ancient Mesopotamia*. Amsterdam: Elsevier, 1959.

Lindberg, David C. *The Beginnings of Western Science*. 2nd ed. Chicago: University of Chicago Press, 2007.

Linden, Stanton J. *Darke Hieroglyphicks: Alchemy in English Literature from Chaucer to the Restoration*. Lexington: University Press of Kentucky, 1996.

——. "Jonson and Sendivogius: Some New Light on 'Mercury Vindicated.'" *Ambix* 24 (1977): 39 – 54.

Lloyd, G. E. R. *Greek Science after Aristotle*. New York: Norton, 1973.

López-Pérez, Miguel, Didier Kahn, and Mar Rey Bueno, eds. *Chymia: Science and Nature in Medieval and Early Modern Europe*. Newcastle-upon-Tyne: Cambridge Scholars Publishing, 2010.

Lory, Pierre, ed. *L'Élaboration de l'Élixir Suprême*. Damascus: Institut Français de Damas, 1988.

Luca, Alfred, and John R. Harris. *Ancient Egyptian Materials and Industries*. London: Arnold, 1962.

Lüthy, Christoph. "The Fourfold Democritus on the Stage of Early Modern Europe." *Isis* 91 (2000): 442 – 479.

Magdalino, Paul, and Maria Mavroudi. *The Occult Sciences in Byzantium*. Geneva: La Pomme d'Or, 2006.

Maier, Michael. *Arcana arcanissima*. London, 1613.

——. *Atalanta fugiens*. Oppenheim, Germany, 1618.

——. *Examen fucorum pseudo-chymicorum detectorum et in gratiam veritatis amantium succincte refutatorum*. Frankfurt, 1617.

——. *Tripus aureus*. Frankfurt, 1618.

Malcolm, Noel. "Robert Boyle, Georges Pierre des Clozets, and the Asterism:

New Sources. "*Early Science and Medicine* 9 (2004):293 – 306.

Mandosio, Jean-Marc. "La place de l'alchimie dans les classifications des sciences et des arts à la Renaissance. "*Chrysopoeia* 4 (1990 – 1991):199 – 282.

Margolin, Jean-Claude, and Sylvain Matton, eds. *Alchimie et philosophie à la Renaissance*. Paris: Vrin, 1993.

Martelli, Matteo. "Chymica Graeco-Syriaca: Osservationi sugli scritti alchemici pseudo-Democritei nelle tradizioni greca e sirica. "In '*Uyūn al-Akhbār*: *Studi sul mondo Islamico*; *Incontro con l'altro e incroci di culture*, edited by D. Cevenini and S. D'Onofrio, pp. 219 – 249. Bologna: Il Ponte, 2008.

——. " 'Divine Water' in the Alchemical Writings of Pseudo-Democritus. " *Ambix* 56 (2009):5 – 22.

——. "Greek Alchemists at Work: 'Alchemical Laboratory' in the Greco-Roman Egypt. "*Nuncius* 26 (2011):271 – 311.

——. "L'opera alchemica dello Pseudo-Democrito: Un riesame del testo. " *Eikasmos* 14 (2003):161 – 184.

——, ed. *Pseudo-Democrito*: *Scritti alchemici*, *con il commentario di Sinesio*; *Edizione critica del testo greco*, *traduzione e commento*. Textes et Travaux de Chrysopoeia 12. Paris: SÈHA; Milan: Arché, 2011.

Martels, Zweder van. "Augurello's *Chrysopoeia* (1515): A Turning Point in the Literary Tradition of Alchemical Texts. "*Early Science and Medicine* 5 (2000):178 – 195.

Martin, Craig. "Alchemy and the Renaissance Commentary Tradition on *Meteorologica* IV. "*Ambix* 51 (2004):245—262.

Martin, Luther H. "A History of the Psychological Interpretation of Alchemy. "*Ambix* 22 (1975):10 – 20.

Martinez Oliva, Juan Carlos. "Monetary Integration in the Roman Empire. "In *From the Athenian Tetradrachm to the Euro*, edited by P. L. Cottrell, Gérasimos Notaras, and Gabriel Tortella, pp. 7 – 23. Burlington, VT: Ashgate, 2007.

Martinón-Torres, Marcos. "Some Recent Developments in the Historiography of Alchemy. "*Ambix* 58 (2011):215 – 237.

Martinón-Torres, Marcos, and Thilo Rehren. "Alchemy, Chemistry and Metallurgy in Renaissance Europe: A Wider Context for Fire Assay Remains. " *Historical Metallurgy* 39 (2005):14 - 31.

——. "Post-Medieval Crucible Production and Distribution: A Study of Materials and Materialities. " *Archaeometry* 51 (2009):49 - 74.

Martinón-Torres, Marcos, Thilo Rehren, and I. C. Freestone. "Mullite and the Mystery of Hessian Wares. " *Nature* 444 (2006):437 - 438.

Marx, Jacques. "Alchimie et Palingénésie. " *Isis* 62 (1971):274 - 289.

Matton, Sylvain. "L'influence de l'humanisme sur la tradition alchimique. " In "Le crisi dell'alchemia, " *Micrologus* 3 (1995):279 - 345.

——. "L'interprétation alchimique de la mythologie. " *Dix-huitième siècle* 27 (1995):73 - 87.

——. "Une lecture alchimique de la Bible: Les ' Paradoxes chimiques ' de Francois Thybourel. " *Chrysopoeia* 2 (1988):401 - 422.

——. "Remarques sur l'alchimie transmutatoire chez les théologiens réformés de la Renaissance. " *Chrysopoeia* 7 (2000 - 2003):171 - 187.

——. *Scolastique et alchimie*. Textes et Travaux de Chrysopoeia 10. Paris: SÉHA; Milan: Archè, 2009.

——. "Thématique alchimique et littérature religieuse dans la France du XVIIᵉ siècle. " *Chrysopoeia* 2 (1998):129 - 208.

McGuire, J. E. , and P. M. Rattansi. "Newton and the Pipes of Pan. " *Notes and Records of the Royal Society of London* 21 (1966):108 - 143.

McIntosh, Christopher. *Eliphas Lévi and the French Occult Revival*. London: Rider, 1975.

——. *The Rose Cross and the Age of Reason: Eighteenth Century Rosicrucianism in Central Europe and Its Relationship to the Enlightenment*. Leiden: Brill, 1992.

Mehrens, A. F. " Vues d'Avicenne sur astrologie et sur le rapport de la responsabilité humaine avec le destin. " *Muséon* 3 (1884):383 - 403.

Meinel, Christoph. "Alchemie und Musik. " In *Die Alchemie in der europäischer Kulturund Wissenschaftsgeschichte* , pp. 201 - 228.

——, ed. *Die Alchemie in der europäischer Kultur-und Wissenschaftsge-*

schichte. Wölfenbütteler Forschungen 32. Wiesbaden: Harrassowitz, 1986.

Mellor, J. W. *A Comprehensive Treatise on Inorganic and Theoretical Chemistry*. 16 vols. London: Longmans, 1922 – 1937.

Mercier, Alain. "August Strindberg et les alchimistes français: Hemel, Vial, Tiffereau, Jollivet-Castelot. "*Revue de littérature comparée* 43 (1969): 23 – 46.

Merkur, Dan. "Methodology and the Study of Western Spiritual Alchemy. " *Theosophical History* 8 (2000): 53 – 70.

Mertens, Michèle. *Les alchimistes grecs IV, i: Zosime de Panopolis, Mémoires authentiques*. Paris: Les Belles Lettres, 2002.

——. "Graeco-Egyptian Alchemy in Byzantium. "In Magdalino and Mavroudi, *The Occult Sciences in Byzantium*, pp. 205 – 230.

Minnen, Peter van. " Urban Craftsmen in Roman Egypt. " *Münstersche Beiträge zur antiken Handelsgeschichte* 6 (1987): 31 – 87.

Möller, H. "Die Gold-und Rosenkreuzer, Struktur, Zielsetzung und Wirkung einer anti-aufklärerischen Geheimgesellschaft. "In *Geheime Gesellschaften*, edited by Peter Christian Ludz, pp. 153 – 202. Heidelberg: Schneider, 1979.

Moran, Bruce T. *The Alchemical World of the German Court*. Sudhoffs Archiv 29. Stuttgart: Franz Steiner Verlag, 1991.

——. "Alchemy and the History of Science: Introduction. "*Isis* 102 (2011): 300 – 304.

——. *Andreas Libavius and the Transformation of Alchemy: Separating Chemical Cultures with Polemical Fire*. Sagamore Beach, MA: Science History Publications, 2007.

——. *Distilling Knowledge: Alchemy, Chemistry, and the Scientific Revolution*. Cambridge, MA: Harvard University Press, 2005.

Morhof, Daniel Georg. *De metallorum transmutatione epistola*. In Manget, *Bibliotheca chemica curiosa*, 1: 168 – 192.

Morienus. *De compositione alchemiae*. In *Bibliotheca chemica curiosa*, 1: 509 – 519.

——. *A Testament of Alchemy*. Edited and translated by Lee Stavenhagen. Hanover, NH: University Press of New England / Brandeis University

Press,1974.

Musaeum hermeticum. Frankfurt, 1678. Reprint, Graz: Akademische Druck, 1970.

Muslow, Martin. "Ambiguities of the *Prisca Sapientia* in Late Renaissance Humanism."*Journal of the History of Ideas* 65 (2004):1 – 13.

Needham, Joseph. "The Elixir Concept and Chemical Medicine in East and West."*Organon* 11 (1975):167 – 192.

――. *Science and Civilisation in China*. Vol. 5, *Chemistry and Chemical Technology*. Cambridge:Cambridge University Press,1974 - 1983.

Neumann, Ulrich. "Michel Maier (1569 – 1622): 'Philosophe et médecin. '"In Margolin and Matton,*Alchimie et philosophie à la Renaissance*, pp. 307 – 326.

Newman, William R. *Atoms and Alchemy*. Chicago: University of Chicago Press,2006.

――. *Gehennical Fire : The Lives of George Starkey ,an American Alchemist in the Scientific Revolution*. Cambridge, MA: Harvard University Press, 1994.

――. "Genesis of the *Summa perfectionis*." *Archives internationales d'histoire des sciences* 35 (1985):240 - 302.

――. "The Homunculus and His Forebears:Wonders of Art and Nature."In *Natural Particulars : Nature and the Disciplines in Renaissance Europe*, edited by Anthony Grafton and Nancy Siraisi, pp. 321 – 345. Cambridge, MA:MIT Press,1999.

――. "New Light on the Identity of Geber."*Sudhoffs Archiv* 69 (1985):79 – 90.

――. "Newton's *Clavis* as Starkey's *Key*."*Isis* 78 (1987):564 – 574.

――. "The Philosophers' Egg:Theory and Practice in the Alchemy of Roger Bacon."In "Le crisi dell'alchimia,"*Micrologus* 3 (1995):75 – 101.

――. *Promethean Ambitions :Alchemy and the Quest to Perfect Nature*. Chicago:University of Chicago Press,2004.

――. *The Summa Perfectionis of the Pseudo-Geber : A Critical Edition, Translation,and Study*. Leiden:Brill,1991.

——. "Technology and Alchemical Debate in the Late Middle Ages. "*Isis* 80 (1989):423 – 445. Newman, William R. , and Lawrence M. Principe. *Alchemy Tried in the Fire : Starkey, Boyle, and the Fate of Helmontian Chymistry*. Chicago:University of Chicago Press,2002.

——. "Alchemy vs. Chemistry: The Etymological Origins of a Historiographic Mistake. "*Early Science and Medicine* 3 (1998):32 – 65.

Nicholson, Paul T. , and Ian Shaw, eds. *Ancient Egyptian Materials and Technology*. Cambridge:Cambridge University Press,2000.

Noll, Richard. *The Aryan Christ*. New York:Random House,1997.

——. *The Jung Cult*. Princeton, NJ:Princeton University Press,1994.

Norton, Thomas. *Ordinall of Alchimy*. In Ashmole, *Theatrum chemicum britannicum*.

Nummedal, Tara. *Alchemy and Authority in the Holy Roman Empire*. Chicago:University of Chicago Press,2007.

——. "Words and Works in the History of Alchemy. "*Isis* 102 (2011):330 – 337.

Obrist, Barbara. *Les débuts de l'imagerie alchimique*. Paris: Le Sycomore, 1982.

Opsomer, Carmélia, and Robert Halleux. " L'Alchimie de Théophile et l'abbaye de Stavelot. "In *Comprendre et maîtriser la nature au Moyen Age*, edited by Guy Beaujouan, pp. 437 – 459. Geneva:Droz,1994.

Osler, Margaret J. *Reconfiguring the World : Nature, God, and Human Understanding from the Middle Ages to Early Modern Europe*. Baltimore: Johns Hopkins University Press, 2010.

Pagel, Walter. *Joan Baptista Van Helmont*. Cambridge:Cambridge University Press,1982.

——. *Paracelsus:An Introduction to Philosophical Medicine in the Era of the Renaissance*. Basel:Karger,1958.

Paneth, Fritz. "Ancient and Modern Alchemy. "*Science* 64 (1926):409 – 417.

Pantheus. *Voarchadumia*. In *Theatrum chemicum*,2:495 – 549.

Papathanassiou, Maria K. "L'Œuvre alchimique de Stephanos d'Alexandrie. " In Viano, *L'Alchimie et ses racines philosophiques*, pp. 113 – 133.

——. "Stephanos of Alexandria: A Famous Byzantine Scholar, Alchemist and Astrologer. "In Magdalino and Mavroudi, *The Occult Sciences in Byzantium*, pp. 163 – 203.

——. "Stephanus of Alexandria: On the Structure and Date of His Alchemical Work. "*Medicina nei secoli* 8 (1996): 247 – 266.

Paracelsus, [pseudo?]. *De rerum natura.* In *Sämtliche Werke*, edited by Karl Sudoff. *Abteilung* 1: *Medizinische, wissenschaftliche, und philosophische Schriften* (Munich: Oldenbourg, 1922 – 1933), 11: 316 – 317.

Percolla, Vincenzo. *Auriloquio.* Edited by Carlo Alberto Anzuini. Textes et Travaux de Chrysopoeia 2. Paris: SÉHA; Milan: Archè, 1996.

Pereira, Michela. *The Alchemical Corpus Attributed to Raymond Lull.* London: Warburg Institute, 1989.

——. "La leggenda di Lullo alchimista. "*Estudios lulianos* 27 (1987): 145 – 163.

——. "*Medicina* in the Alchemical Writings Attributed to Raimond Lull. "In Rattansi and Clericuzio, *Alchemy and Chemistry in the Sixteenth and Seventeenth Centuries*, pp. 1 – 15.

——. "Sulla tradizione testuale del *Liber de secretis naturae seu de quinta essentia* attribuito a Raimondo Lullo. "*Archives internationales d'histoire des sciences* 36 (1986): 1 – 16.

——. " Teorie dell'elixir nell'alchimia latina medievale. " In " Le crisi dell'alchimia, "*Micrologus* 3 (1995): 103 – 148.

——. " Un tesoro inestimabile: Elixir e *prolongatio vitae* nell'alchimiae del'300. "*Micrologus* 1 (1992): 161 – 187.

Pereira, Michela, and Barbara Spaggiari. *Il Testamentum alchemico attribuito a Raimondo Lullo.* Florence: Sismel, 1999.

Perifano, Alfredo. "Theorica et practica dans un manuscrit alchimique de Sisto de Boni Sexti da Norcia, alchimiste à la cour de Côme Ier de Médicis. "*Chrysopoeia* 4 (1990 – 1991): 81 – 146.

Pernety, Antoine-Joseph. *Dictionnaire mytho-hermétique.* Paris, 1758.

——. *Les fables égyptiennes et grecques dévoilées.* 2 vols. Paris, 1758. Reprint, Paris: La Table d'émeraude, 1982.

Petrarch. *Remedies for Fortune Fair and Foul*. Translated by Conrad H. Rawski. 5 vols. Bloomington: Indiana University Press, 1991.

Petrus Bonus. *Margarita pretiosa novella*. In *Bibliotheca chemica curiosa*, 2: 1 – 80.

Philalethes, Eirenaeus [George Starkey]. *Introitus apertus ad occlusum regis palatium*. In *Museum hermeticum*, pp. 647 – 699.

———. *Ripley Reviv'd*. London, 1678.

———. *Secrets Reveal'd; or, An Open Entrance to the Shut-Palace of the King*. London, 1669.

Pike, Albert. *Morals and Dogma of the Ancient and Accepted Scottish Rite*. London, 1871.

Plessner, Martin. "Hermes Trismegistus and Arab Science. "*Studia Islamica* 2 (1954): 45 – 59.

———. "Neue Materialien zur Geschichte der Tabula Smaragdina. "*Der Islam* 16 (1928): 77 – 113.

———. "The Place of the *Turba Philosophorum* in the Development of Alchemy. "*Isis* 45 (1954): 331 – 338.

———. *Vorsokratische Philosophie und griechische Alchemie*. Wiesbaden: Steiner, 1975.

Pluche, Noël Antoine. *Histoire du ciel*. 2 vols. Paris, 1757.

Poisson, Albert. *Théories et symboles des alchimistes*. Paris, 1891.

Porto, Paulo Alves. " 'Summus atque felicissimus salium' : The Medical Relevance of the Liquor Alkahest. "*Bulletin of the History of Medicine* 76 (2002): 1 – 29.

Post, Gaines. "Master's Salaries and Student-Fees in Mediaeval Universities. " *Speculum* 7 (1932): 181 – 198.

Post, Gaines, Kimon Giocarinis, and Richard Kay. "The Medieval Heritage of a Humanistic Ideal: 'Scientia donum dei est, unde vendi non potest. '"*Traditio* 11 (1955): 195 – 234.

Powers, John C. " 'Ars sine Arte' : Nicholas Lemery and the End of Alchemy in Eighteenth-Century France. "*Ambix* 45 (1998): 163 – 189.

———. *Inventing Chemistry: Herman Boerhaave and the Reform of the*

Chemical Arts. Chicago: University of Chicago Press, 2012.

Prescher, Hans. *Georgius Agricola : Persönlichkeit und Wirken für den Bergbau und das Hüttenwesen des 16. Jahrhunderts.* Weinheim: VCH, 1985.

Price, James. *An Account of some Experiments on Mercury, Silver and Gold, made in Guildford in May, 1782.* Oxford, 1782.

Priesner, Claus. "Johann Thoelde und die Schriften des Basilius Valentinus." In Meinel, *Die Alchemie in der europäischen Kultur-und Wissenschaftgeschichte*, pp. 107 – 118.

Principe, Lawrence M. "Alchemy Restored." *Isis* 102 (2011): 305 – 312.

——. "Apparatus and Reproducibility in Alchemy," In *Instruments and Experimentation in the History of Chemistry*, edited by Frederic L. Holmes and Trevor Levere, pp. 55 – 74. Cambridge, MA: MIT Press, 2000.

——. *The Aspiring Adept : Robert Boyle and His Alchemical Quest.* Princeton, NJ: Princeton University Press, 1998.

——. "Chemical Translation and the Role of Impurities in Alchemy: Examples from Basil Valentine's *Triumph-Wagen.*" *Ambix* 34 (1987): 21 – 30.

——, ed. *Chymists and Chymistry.* Sagamore Beach, MA: Chemical Heritage Foundation and Science History Publications, 2007.

——. "D. G. Morhof's Analysis and Defence of Transmutational Alchemy." In *Mapping the World of Learning : The Polyhistor of Daniel Georg Morhof*, edited by Françoise Wacquet, pp. 138 – 153. Wolfenbüttler Forschungen 91. Harrassowitz: Wiesbaden, 2000.

——. "Diversity in Alchemy: The Case of Gaston 'Claveus' DuClo, a Scholastic Mercurialist Chrysopoeian." In *Reading the Book of Nature : The Other Side of the Scientific Revolution*, edited by Allen G. Debus and Michael Walton, pp. 181 – 200. Kirksville, MO: Sixteenth Century Press, 1998.

——. "Georges Pierre des Clozets, Robert Boyle, the Alchemical Patriarch of Antioch, and the Reunion of Christendom: Further New Sources." *Early Science and Medicine* 9 (2004): 307 – 320.

——. "Reflections on Newton's Alchemy in Light of the New Historiography of Alchemy." In *Newton and Newtonianism : New Studies*, edited by James

E. Force and Sarah Hutton, pp. 205 – 219. Dordrecht: Kluwer, 2004.

———. "Revealing Analogies: The Descriptive and Deceptive Roles of Sexuality and Gender in Latin Alchemy."In *Hidden Intercourse : Eros and Sexuality in the History of Western Esotericism*, edited by Wouter J. Hanegraaff and Jeffrey J. Kripal, pp. 208 – 229. Leiden: Brill, 2008.

———. "A Revolution Nobody Noticed? Changes in Early Eighteenth Century Chymistry."In *New Narratives in Eighteenth-Century Chemistry*, edited by Lawrence M. Principe, pp. 1 – 22. Dordrecht: Springer, 2007.

———. *The Scientific Revolution : A Very Short Introduction*. Oxford: Oxford University Press, 2011.

———. "Transmuting Chymistry into Chemistry: Eighteenth-Century Chrysopoeia and Its Repudiation."In *Neighbours and Territories : The Evolving Identity of Chemistry*, edited by José Ramón Bertomeu-Sánchez, Duncan Thorburn Burns, and Brigitte Van Tiggelen, pp. 21 – 34. Louvain-la-Neuve, Belgium: Mémosciences, 2008.

———. "Van Helmont."In *Dictionary of Medical Biography*, edited by W. F. Bynum and Helen Bynum, 3: 626 – 628. Westport, CT: Greenwood Press, 2006.

———. *Wilhelm Homberg and the Transmutations of Chymistry*. Forthcoming.

Principe, Lawrence M. , and Lloyd Dewitt. *Transmutations : Alchemy in Art*. Philadelphia: Chemical Heritage Foundation, 2002.

Principe, Lawrence M. , and William R. Newman. "Some Problems in the Historiography of Alchemy."In *Secrets of Nature : Astrology and Alchemy in Early Modern Europe*, edited by William Newman and Anthony Grafton, pp. 385 – 434. Cambridge, MA: MIT Press, 2001.

Prinke, Rafal T. "Beyond Patronage: Michael Sendivogius and the Meanings of Success in Alchemy."In López-Pérez, *Chymia*, pp. 175 – 231.

Pumphrey, Stephen. "The Spagyric Art; or, The Impossible Work of Separating Pure from Impure Paracelsianism: A Historiographical Analysis."In Grell, *Paracelsus*, pp. 21 – 51.

Putscher, Marielene. "Das *Buch der heiligen Dreifaltigkeit* und seine Bilder in Handschriften des 15. Jahrhunderts. "In Meinel, *Die Alchemie in der europäischen Kultur-und Wissenschaftsgeschichte*, pp. 151 – 178.

Rampling, Jennifer. "The Alchemy of George Ripley, 1470 – 1700." PhD diss. ,Clare College,University of Cambridge,2000.

——. "The Catalogue of the Ripley Corpus:Alchemical Writings Attributed to George Ripley. "*Ambix* 57 (2010):125 – 201.

——. "Establishing the Canon:George Ripley and His Alchemical Sources. " *Ambix* 55 (2008):189 – 208.

Ranking,G. S. A. "The Life and Works of Rhazes (Abu Bakr Muhammad bin Zakariya ar-Razi). " *XVII International Congress of Medicine*, London 1913, *Proceedings*,sec. 23, pp. 237 – 268.

Rashed,Roshdi,and Régis Morelon,eds. *Histoire des sciences arabes*. Vol. 3, *Technologie,alchimie et sciences de la vie*. Paris:Seuil,1997.

Rattansi,Piyo, and Antonio Clericuzio, eds. *Alchemy and Chemistry in the Sixteenth and Seventeenth Centuries*. Dordrecht:Kluwer,1994.

Ray,Praphulla Chandra. *A History of Hindu Chemistry*. 2 vols. London: Williams and Norgate,1907 – 1909. Expanded ed. ,under the title *History of Chemistry in Ancient and Medieval India*, Calcutta:Indian Chemical Society,1956.

Read,John. *Prelude to Chemistry:An Outline of Alchemy*, *Its Literature and Relationships*. London:Bell and Sons,1936.

Rebotier,Jacques. "La musique cachée de l'*Atalanta fugiens*. "*Chrysopoeia* 1 (1987):56 – 76.

——. "La *Musique de Flamel*. "In Kahn and Matton,*Alchimie:Art,histoire, et mythes*, pp. 507 – 546.

Regardie,Israel. *The Philosopher's Stone*:*A Modern Comparative Approach to Alchemy from the Psychological and Magical Points of View*. London: Rider,1938.

Reidy,J. "Thomas Norton and the *Ordinall of Alchimy*. "*Ambix* 6 (1957): 59 – 85.

Rey Bueno,Mar. "La alquimia en la corte de Carlos II (1661 –1700). "*Azogue* 3 (2000). Online at http://www. revistaazogue. com.

————. *Los señores del fuego : Destiladores y espagíricos en la corte de los Austrias*. Madrid : Corona Borealis, 2002.

Reyher, Samuel. *Dissertatio de nummis quibusdam ex chymico metallo factis*. Kiel, Germany, 1690.

Ricketts, Mac Linscott. *Mircea Eliade : The Romanian Roots, 1907 - 1945*. Boulder, CO : East European Monographs, 1988.

Ripley, George. *Compound of Alchymie*. In Ashmole, *Theatrum Chemicum Britannicum*, 107 - 193.

Roosen-Runge, Heinz. *Farbgebung und Technik frümittelalterlicher Buchmalerei : Studien zu den Traktaten "Mappae Clavicula" und "Heraclius"*. 2 vols. Munich : Deutscher Kunstverlag, 1967.

Rosarium philosophorum : Ein alchemisches Florilegium des Spätmittel-alters. Edited by Joachim Telle. 2 vols. Weinheim : VCH, 1992.

Rose, Thomas Kirke. "The Dissociation of Chloride of Gold. " *Journal of the Chemical Society* 67 (1895) : 881 - 904.

Ruff, Andreas. *Die neuen kürzeste und nützlichste Scheide-Kunst oder Chimie theoretisch und practisch erkläret*. Nuremberg, 1788.

Ruska, Julius. "Al-Biruni als Quelle für das Leben und die Schriften al-Rāzī's. " *Isis* 5 (1923) : 26 - 50.

————. "Die Alchemie ar-Razi's. " *Der Islam* 22 (1935) : 281 - 319.

————. "Die Alchemie des Avicenna. " *Isis* 21 (1934) : 14 - 51.

————. *Al-Rāzī's Buch der Geheimnis der Geheimnisse*. Berlin : Springer, 1937. Reprint, Graz : Verlag Edition Geheimes Wissen, 2007.

————. *Arabische Alchemisten I : Chālid ibn-Jazīd ibn-Mu'āwija. Heidelberger Akten von-Portheim-Stiftung* 6 (1924). Reprint, Vaduz, Liechtenstein : Sändig Reprint Verlag, 1977.

————. *Arabische Alchemisten II : Ǧa'far al Ṣādiq, der Sechste Imām. Heidelberger Akten von-Portheim-Stiftung* 10 (1924). Reprint, Vaduz, Liechtenstein : Sändig Reprint Verlag, 1977.

————. *Tabula Smaragdina : Ein Beitrag zur Geschichte der hermetischen Literatur*. Heidelberg : Winter, 1926.

——. *Turba philosophorum*：*Ein Beitrag zur Geschichte der Alchemie*. Berlin：Springer，1931.

Ruska，Julius，and E. Wiedemann. "Beiträge zur Geschichte der Naturwissenschaften LXVII：Alchemistische Decknamen. "*Sitzungsberichte der Physikalisch-medizinalischen Societät zu Erlangen* 56（1924）：17 - 36.

S. A. ［Sapere Aude，pseudonym of William Wynn Westcott］. *The Science of Alchymy*. London：Theosophical Publishing Society，1893.

Saffrey，Henri Dominique. "Historique et description du manuscrit alchimique de Venise *Marcianus graecus* 299. "In Kahn and Matton，*Alchimie：Art，histoire，et mythes*，Textes et Travaux de Chrysopoeia 1，pp. 1 - 10. Paris：SÉHA；Milan：Archè，1995.

Sala，Angelo. *Processus de auro potabili*. Strasbourg，1630.

Schott，Heinz，and Ilana Zinguer，eds. *Paracelsus und seine internationale Rezeption in der frühen Neuzeit*. Leiden：Brill，1998.

Segonds，Alain-Philippe. "Astronomie terrestre/Astronomie céleste chez Tycho Brahe. "In *Nouveau ciel，nouvelle terre：La révolution copernicienne dans l'allemagne de la réforme（1530 - 1630）*，edited by Miguel Ángel Granada and Édouard Mehl，pp. 109 - 142. Paris：Les Belles Lettres，2009.

——. "Tycho Brahe et l'alchimie. "In Margolin and Matton，*Alchimie et philosophie à la Renaissance*，pp. 365 - 378.

Shackelford，Jole. "Tycho Brahe，Laboratory Design，and the Aim of Science：Reading Plans in Context. "*Isis* 84（1993）：211 - 230.

Siggel，Alfred. *Decknamen in der arabischen alchemistischen Literatur*. Berlin：Akademie Verlag，1951.

Silberer，Herbert. *Hidden Symbolism of Alchemy and the Occult Arts*. New York：Dover，1971.

Sivin，Nathan. *Chinese Alchemy：Preliminary Studies*. Cambridge，MA：Harvard University Press，1968.

——. "Research on the History of Chinese Alchemy. "In *Alchemy Revisited*，edited by Z. R. W. M. von Martels，pp. 3 - 20. Leiden：Brill，1990.

Slater，John. "Rereading Cabriada's *Carta*：Alchemy and Rhetoric in Baroque Spain. "*Colorado Review of Hispanic Studies* 7（2009）：67 - 80.

Smith, Cyril Stanley, and John G. Hawthorne. *Mappae Clavicula : A Little Key to the World of Medieval Techniques*. Transactions of the American Philosophical Society 64. Philadelphia: American Philosophical Society, 1974.

Smith, Pamela H. "Alchemy as a Language of Mediation in the Habsburg Court. "*Isis* 85 (1994):1 – 25.

——. *The Business of Alchemy : Science and Culture in the Holy Roman Empire*. Princeton, NJ: Princeton University Press, 1994.

Stahl, Georg Ernst. *Fundamenta chymiae dogmaticae*. Leipzig, 1723.

——. *Philosophical Principles of Universal Chemistry*. Translated by Peter Shaw. London, 1730.

Stapleton, H. E. , R. F. Azo, and M. Hidayat Husain. "Chemistry in Iraq and Persia in the Tenth Century AD. "*Memoirs of the Asiatic Society of Bengal* 8 (1927):317 – 418.

Stapleton, H. E. , R. F. Azo, Hidayat Husain, and G. L. Lewis. "Two Alchemical Treatises Attributed to Avicenna. "*Ambix* 10 (1962):41 – 82.

Starkey, George. *The Alchemical Laboratory Notebooks and Correspondence of George Starkey*. Edited by William R. Newman and Lawrence M. Principe. Chicago: University of Chicago Press, 2004.

——. *Liquor Alkahest*. London, 1675.

Steele, Robert B. "The Treatise of Democritus on Things Natural and Mystical. "*Chemical News* 61 (1890):88 – 125.

Stoltzius von Stoltzenberg, Daniel. *Chymisches Lustgärtlein*. Frankfurt, 1624. Reprint, Darmstadt: Wissenschaftliche Buchgesellschaft, 1964.

Stolzenberg, Daniel. "Unpropitious Tinctures: Alchemy, Astrology, and Gnosis according to Zosimos of Panopolis. "*Archives internationales d'histoire des sciences* 49 (1999):3 – 31.

Stone of the Philosophers. In *Collectanea chymica* , pp. 55 – 120.

Strohmaier, Gotthard. "Al-Mansūr und die frühe Rezeption der griechischen Alchemie. "*Zeitschrift für Geschichte der Arabisch-Islamischen Wissenschaften* 5 (1989):167 – 177.

——. " 'Umāra ibn Hamza, Constantine V, and the Invention of the Elixir. "

Graeco-Arabica 4 (1991):21 - 24.

Sutherland,C. H. V. "Diocletian's Reform of the Coinage: A Chronological Note. "*Journal of Roman Studies* 45 (1955):116 - 118.

Tachenius,Otto. *Epistola de famoso liquore alcahest*. Venice,1652.

——. *Hippocrates chymicus*. London,1677.

Tanckius, Joachim. *Promptuarium Alchemiae*. 2 vols. Leipzig, 1610 and 1614. Reprint,Graz:Akademische Druck,1976.

Taylor,Frank Sherwood. "Alchemical Works of Stephanus of Alexandria, Part I. "*Ambix* 1 (1937):116 - 139.

——. "Alchemical Works of Stephanus of Alexandria, Part II. "*Ambix* 2 (1938):39 - 49.

——. *The Alchemists : Founders of Modern Chemistry*. New York:Schuman, 1949.

Telle,Joachim,ed. *Analecta Paracelsica : Studien zum Nachleben Theophrast von Hohenheims im deutschen Kulturgebiet der frühen Neuzeit*. Stuttgart: Franz Steiner Verlag,1994.

——. "Chymische Pflanzen in der deutschen Literatur. "*Medizinhistorisches Journal* 8 (1973):1 - 34.

——. "Paracelsistische Sinnbildkunst:Bemerkungen zu einer Pseudo-*Tabula smaragdina* des 16. Jahrhunderts. "In *Bausteine zur Medizingeschichte*, pp. 129 - 139. Wiesbaden:Franz Steiner Verlag,1984. French translation: "L'art symbolique paracelsien: Remarques concernant une pseudo-*Tabula smaragdina* du XVIe siècle. "In *Présence de Hèrmes Trismégeste*, edited by Antoine Faivre,pp. 184 - 208. Paris:Albin Michel,1988.

——. "Remarques sur le *Rosarium philosophorum* (1550). "*Chrysopoeia* 5 (1992 - 1996):265 - 320.

Theatrum chemicum. 6 vols. Strasbourg,1659 - 1663. Reprint,Torino:Bottega d'Erasmo,1981.

Theophilus. *On Divers Arts*. Translated by John G. Hawthorne and Cyril Stanley Smith. New York:Dover,1979.

Tiffereau,Cyprien Théodore. *L'art de faire l'or*. Paris,1892.

——. *Les métaux sont des corps composés*. Vaugirard,1855. Reprinted as *L'or et la transmutation des métaux*（Paris,1889）.

Travaglia,Pinella. "I *Meteorologica* nella tradizione eremetica araba:Il *Kitāb sirr al halīqa*. "In Viano,*Aristoteles chemicus*,pp. 99 - 112.

——. *Magic, Causality and Intentionality*: *The Doctrine of Rays in al-Kindī*. Micrologus Library 3. Florence:Sismel,1999.

Ullmann,Manfred. "Hālid ibn-Yazīd und die Alchemie:Eine Legende. "*Der Islam* 55 (1978):181 - 218.

——. *Die Natur-und Geheimwissenschaften im Islam*. Leiden:Brill,1972.

Valentine, Basil. *Chymische Schrifften*. 2 vols. Hamburg, 1677. Reprint, Hildesheim:Gerstenberg Verlag,1976.

——. *Ein kurtz summarischer Tractat ··· von dem grossen Stein der Urhalten*. Eisleben,1599.

Van Bladel,Kevin T. *The Arabic Hermes*:*From Pagan Sage to Prophet of Science*. Oxford:Oxford University Press,2009.

Van Helmont,Joan Baptista. *Opuscula medica inaudita*. Amsterdam,1648. Reprint,Brussels:Culture et Civilization,1966.

——. *Ortus medicinae*. Amsterdam,1648. Reprint,Brussels:Culture et Civilization,1966.

Ventura,Lorenzo. *De ratione conficiendi lapidis philosophici*. In *Theatrum chemicum*,2:215 - 312.

Viano,Cristina, ed. *L'Alchimie et ses racines philosophiques*:*La tradition grecque et la tradition arabe*. Paris:Vrin,2005.

——. "Les alchimistes gréco-alexandrins et le *Timée* de Platon. "In Viano, *L'Alchimie et ses racines philosophiques*,pp. 91 - 108.

——. "Aristote et l'alchimie grecque. "*Revue d'histoire des sciences* 49 (1996):189 - 213.

——,ed. *Aristoteles chemicus*:*Il IV libro dei* Meteorologica *nella tradizione antica e medievale*. Sankt Augustin,Germany:Academia Verlag,2002.

——. "Gli alchimisti greci e l'acqua divina. "*Rendiconti della Accademia Nazionale delle Scienze. Parte II*:*Memorie di scienze fisiche e naturali* 21 (1997):61 - 70.

——. *La matière des choses*:*Le livre IV des Météorologiques d'Aristote et son interprétation par Olympiodore*. Paris: Vrin, 2006.

——. "Olympiodore l'alchimiste et les Présocratiques. "In Kahn and Matton, *Alchimie: Art, histoire, et mythes*, pp. 95 – 150.

Vinciguerra, Antony. "The *Ars alchemie*: The First Latin Text on Practical Alchemy. "*Ambix* 56 (2009): 57 – 67.

Waddell, Mark A. "Theatres of the Unseen: The Society of Jesus and the Problem of the Invisible in the Seventeenth Century. "PhD diss. , Johns Hopkins University, 2006.

Waite, Arthur Edward. *Azoth; or, The Star in the East, Embracing the First Matter of the Magnum Opus, the Evolution of the Aphrodite-Urania, the Supernatural Generation of the Son of the Sun, and the Alchemical Transfiguration of Humanity*. London, 1893. Reprint, Secaucus, NJ: University Books, 1973.

——. *Lives of the Alchemystical Philosophers*. London, 1888. Reprinted under the title *Alchemists through the Ages*, New York: Rudolf Steiner Publications, 1970.

——. *The Secret Tradition of Alchemy*. New York: Alfred Knopf, 1926.

Wamberg, Jacob, ed. *Alchemy and Art*. Copenhagen: Museum Tusculanum Press, 2006.

Warlick, M. E. *Max Ernst and Alchemy: A Magician in Search of a Myth*. Austin: University of Texas Press, 2001.

Wedel, Georg Wolfgang. "Programma vom Basilio Valentino. "In *Deutsches Theatrum Chemicum*, 1: 669 – 680.

Weisser, Ursula. *Das "Buch über das Geheimnis der Schöpfung" von Pseudo-Apollonios von Tyana*. Berlin: Walter de Gruyter, 1980. Reprint de Gruyter, 2010.

Westcott, William Wynn. *See* S. A. [Sapiere, Aude].

Westfall, Richard S. "Alchemy in Newton's Library. "*Ambix* 31 (1994): 97 – 101.

Weyer, Jost. *Graf Wolfgang von Hohenlohe und die Alchemie: Alchemistische Studien in Schloss Weikersheim 1587 – 1610*. Sigmaringen, Germany: Thorbecke, 1992.

Wiedemann, Eilhard. "Zur Alchemie bei der Arabern." *Journal für praktische Chemie* 184 (1907):115 – 123.

Wiegleb, Johann Christian. *Historisch-kritische Untersuchung der Alchimie.* Weimar, 1777. Reprint, Leipzig: Zentral-Antiquariat der DDR, 1965.

Wieland, Christoph Martin. "Der Goldmacher zu London." *Teutsche Merkur*, February 1783, pp. 163 – 191.

Wilsdorf, H. M. *Georg Agricola und seine Zeit.* Berlin: Deutsche Verlag der Wissenschaften, 1956.

Winter, Alison. *Mesmerized: Powers of Mind in Victorian Britain.* Chicago: University of Chicago Press, 1998.

Wujastyk, Dominik. "An Alchemical Ghost: The Rasaratnakara by Nagarjuna." *Ambix* 31 (1984):70 – 84.

Zanier, Giancarlo. "Procedimenti farmacologici e pratiche chemioterapeutiche nel *De consideratione quintae essentiae.*" In *Alchimia e medicina nel Medioevo*, edited by Chiara Crisciani and Agostino Paravicini Bagliani, pp. 161 – 176. Micrologus Library 9. Florence: Sismel, 2003.

Ziegler, Joseph. *Medicine and Religion c. 1300: The Case of Arnau de Vilanova.* Oxford: Clarendon Press, 1998.

Zosimos of Panopolis. *On the Letter Omega.* Edited and translated by Howard M. Jackson. Missoula, MT: Scholars Press, 1978.

索　引

（页码为英文原书页码，请参照本书边码）

图书在版编目(CIP)数据

炼金术的秘密/(美)劳伦斯·普林西比著;张卜天
译.—北京:商务印书馆,2018(2024.4 重印)
（科学史译丛）
ISBN 978-7-100-16163-3

Ⅰ.①炼…　Ⅱ.①劳…②张…　Ⅲ.①炼金—冶金
史—世界　Ⅳ.①TF831-091

中国版本图书馆 CIP 数据核字(2018)第 100214 号

科学史译丛

炼金术的秘密

〔美〕劳伦斯·普林西比　著

张卜天　译

商　务　印　书　馆　出　版
(北京王府井大街36号　邮政编码100710)
商　务　印　书　馆　发　行
北京中科印刷有限公司印刷
ISBN　978-7-100-16163-3

2018 年 7 月第 1 版　　　　　开本 880×1230　1/32
2024 年 4 月北京第 8 次印刷　印张 11⅛　插页 4
定价:68.00 元

《科学史译丛》书目